流域耗水管理方法与实践

任宪韶　吴炳方　著

科学出版社

北京

内 容 简 介

　　本书是针对水资源匮乏流域的耗水管理方法及其应用的基础理论著作。全书共八章,第一、二章阐述了现行水资源管理的方法、特征、措施以及存在的不足,并就全世界典型缺水地区管理水资源的经验与教训进行了总结,说明实施耗水管理的必要性;第三至七章阐述了耗水管理的相关概念、地表蒸散遥感监测手段——ETWatch、流域耗水管理的应遵循的原则,存在的方法、措施与实践,从理论与实践上说明了水资源匮乏地区实施流域耗水管理的可行性与方法;第八章为流域耗水管理的展望,在已有的流域耗水管理的基础之上,对其还需要发展的方向进行了阐述。

　　本书具有基础性和前沿性的特点,可供水资源规划、管理、遥感应用等学科的科研人员、专业技术人员与管理人员参考。

图书在版编目(CIP)数据

流域耗水管理方法与实践/任宪韶,吴炳方著.—北京:科学出版社,2014.6
　ISBN 978-7-03-040684-2

　Ⅰ.①流…　Ⅱ.①任…②吴…　Ⅲ.①流域-耗水率-水资源管理-研究-中国　Ⅳ.①TV213.4

中国版本图书馆 CIP 数据核字(2014)第 103561 号

责任编辑:韦　沁　韩　鹏 / 责任校对:钟　洋
责任印制:钱玉芬 / 封面设计:耕者设计工作室

*科 学 出 版 社*出版
北京东黄城根北街 16 号
邮政编码:100717
http://www.sciencep.com

北京通州皇家印刷厂印刷
科学出版社发行　各地新华书店经销

*

2014 年 6 月第　一　版　　开本:787×1092　1/16
2014 年 6 月第一次印刷　　印张:16 1/2
字数:391 000

定价:118.00 元
(如有印装质量问题,我社负责调换)

序

　　水危机已经成为 21 世纪人类发展中的最大挑战之一。2009 年 3 月 12 日，联合国教科文组织发布的《世界水资源开发报告》指出，随着世界人口数量急剧上升、全球气候变化以及各国发展的需求，水资源的供应将日趋紧张，到 2030 年，全球将有近半数人口用水高度紧张。水危机已经成为全球性的严重问题，也对科技界提出了更高的要求。

　　为应对水资源危机，人类采取了各种应对措施，但危机并没有得到有效的缓解，局部地区还有加剧的趋势。在缺水的中东地区，人们预言 21 世纪中东将为水而战。在中国、印度与美国西部等地区，尽管采取了大量的节水措施，但都存在严重的地下水超采和湖泊萎缩现象，甚至出现越节水、越超采的恶性循环。

　　京畿之地的海河流域是我国的政治、经济与文化中心，由于常年的地下水超采，海河流域已经形成了世界上最大的"漏斗区"，伴随而来的是地表下沉、水质恶化与生态环境破坏等一系列的问题。"有河皆枯，有水皆污"已是海河流域水资源的真实写照。水资源已经成为制约华北地区经济发展、城市化与社会和谐稳定的重要因素。

　　纵观水循环的整个过程，只有水的蒸散发才是水资源的真正消耗，因此，削减水资源的消耗是遏制地下水超采的唯一途径，是促进区域水资源可持续利用的重要举措。在世界银行 GEF 海河流域水资源与水环境综合管理项目和中国科学院知识创新工程重大工程生态环境效应遥感监测与评估重大项目的支持下，作者在实践中摸索与总结了一套先进的流域耗水管理方法，丰富与完善了水资源管理方法。

　　作为一名遥感领域的老兵，我非常关注遥感技术在解决国家重大需求方面的作用，并极力推动遥感技术与行业需求的紧密结合。在阅读该书的过程中，我欣喜地看到海河水利委员会任宪韶和中国科学院吴炳方密切合作共同作出的努力，特别是看到我曾经工作过的单位——中国科学院遥感与数字地球研究所的吴炳方博士积极参与了海河流域耗水管理方法与实践的探索，并利用蒸散遥感监测为流域耗水管理提供了可操作的工具与平台所作出的贡献，甚感欣慰与鼓舞。

　　衷心的祝愿该书的出版能够推动遥感与行业需求的紧密结合，发展遥感应用新方法，促进水资源管理方法的创新，为水资源的可持续发展贡献智慧与力量。

中国科学院院士　　徐冠华

2014 年 4 月 25 日

前　言

水是生命之源、生产之要、生态之基。我国是一个水资源匮乏的国家,缺水已成为制约经济发展、影响社会和谐稳定的重要因素。随着经济社会用水的增加,地下水开采强度不断加大、地表水工程大量修建和全球气候变化的影响,在缺水地区引发河道干涸断流、含水层枯竭、地下水污染、地面沉降、地裂缝发育等一系列生态环境恶化问题。

开展节水是维持水资源可持续利用、改善生态环境恶化的一项有效举措。我国的节水任务非常繁重,尤其是在华北、西北、东北等干旱半干旱地区。这些地区已开展了多年的节水,节水水平居全国前列,并且积累了很多有效的成果和成功经验。如何在缺水严重地区,同时又是节水相对先进地区开展更为适合的水资源管理模式,是对我国现行水资源管理模式的严峻挑战。纵观水循环的整个过程,不论是降水、地表水还是地下水,其仅改变了水资源存在的形式与贮存的场所,只有蒸散发才是水资源的真正消耗。因此,只有控制消耗才能真正节水。

2003～2011 年,世界银行在中国启动"GEF 海河流域水资源与水环境综合管理"项目(以下简称"GEF 海河项目"),目的是通过项目的开展和实施减少流域(区域)的耗水和污染,以改善渤海湾的水环境。本项目在水资源管理方面,将传统水资源"供需平衡"管理理念进行了延伸,依据水量平衡原理开展了流域、区域"供耗平衡"管理的理论研究和实践,并明确提出取水量的减少并不意味着同等水资源量的节约,只有减少水资源的消耗量才能真正节水。衡量节水要以是否减少流域(区域)的蒸腾蒸发、提高水分生产率、减少地下水开采(地下水水位上升)、满足流域(区域)生态发展的适宜入海水量为标准。

本书是在"GEF 海河项目"开展的基础上编制完成的。针对流域水资源管理的多样性与复杂性,结合水资源管理的需求,采用理论与实践相结合的方法,结合作者长期从事流域水资源管理、遥感应用研究和教学等工作以及其他研究者的先进经验与技术,参阅了大量国内外优秀成果,从流域的角度全面系统的阐述开展耗水管理的理论、方法、必要性、可行性、措施与实践。我们希望本书的问世,将有助于读者对基于遥感监测的流域耗水管理有清晰而系统的认识,为建立并实施耗水目标控制、定额管理、落实"三条红线"控制的最严格水资源管理制度提供科学依据。

全书共八章,第一章至第二章阐述水资源管理。重点阐述水资源管理的发展历程、成就、经验、特点、采取的主要措施及存在问题,选取世界典型缺水地区管理水资源进行阐述,说明实施耗水管理的必要性。第三章至第七章为流域耗水管理。重点探讨了耗水管理的概念、理念、依据的原理、方法、应遵循的原则、耗水管理的评价以及采取的措施,并从流域以及区域两个角度介绍了水资源耗水管理的方法和工具以及应用实践,重点推荐了采用 ETWatch 进行地表耗水监测的方法、结果以及验证方法,从理论与实践上说明了水资源匮乏地区实施流域耗水管理的紧迫性、可行性与必要性。第八章为流域耗水管理的展望。

中国科学院遥感与数字地球研究所的闫娜娜、曾红伟、王浩、朱伟伟,水利部海河水利委员会的李彦东、王立卿、宋秋波、朱晓春、李建新、韩瑞光、付晓亮、孟宪智、王志良、张俊霞、黄学伟、王永刚等,水利部中国灌溉排水发展中心韩振中、刘斌、孙敏章和顾涛在本书相关章节的编写、资料素材收集、文本整理等方面付出了辛勤劳动,借此机会,特向他们表示衷心的感谢。

本书的出版得到了"GEF 海河项目"、中国科学院知识创新工程重大项目"重大工程生态环境效应遥感监测与评估项目"的资助。

水资源的耗水管理是一项复杂的系统工程,许多的理论和实践还处于研究阶段,由于作者水平有限,难免会有疏漏之处,敬请读者批评指正。

作　者

2013 年 3 月 10 日

目　　录

第一章　水资源管理

　　水,生命的摇篮,是人类生存与发展不可替代的重要自然资源,是环境生态中最活跃物质,其与土壤、空气、阳光构成了生物圈的基本物质。如果没有足够数量和清洁的水,人和动物就不能生存,植物就不能生长,没有水,一切生命都将停止。地球之所以是太阳系中我们所认识的所有生物的唯一家园,就是因为这个星球有水。

　　在太阳辐射和地球引力的推动下,地球上的水以不同的相态周而复始的运动着,构成全球范围内水的大循环,并使各种水体形成一个统一、运动的整体,如图1.1所示。蒸腾蒸发是水循环的重要环节之一,海洋表面的水在太阳能作用下,形成水汽进入大气,并随大气运动,一部分进入陆地上空,在一定的条件下,形成雨、雪。大气降水到达地面,部分转化为地下径流和地表径流,最终又回到海洋。降水大部分被植物蒸发蒸腾或地表和水面蒸发,返回大气中,遇适当条件又形成降水,周而复始,为动植物和人类的生存和发展源源不断提供水资源。据统计,全球陆域年降水 11.9 万 km^3,形成地表和地下径流总量约 4.6 万 km^3,7.3 万 km^3 被自然蒸发蒸腾,返回到大气中。

图 1.1　水循环是联系地球系统地圈-生物圈-大气圈的纽带

据 US Climate Change Science Program, US Global Change Research Program

第一节　水　资　源

　　水资源指全球水量中可为人类生存、发展所利用的水量,主要是指逐年可以得到更新的那部分淡水量。年降水量和河流的年径流量是最能反映水资源数量与特征,而年径流量不仅包含降水时产生的地表水,而且还包括地下水的补给,因此,世界各国通常采用多年平均径流量表示水资源量。

黄万里(1989,1992)将水资源分为主水资源、客水资源。对于一个地区而言,主水资源包括当地的降水、当地地下的潜流;客水资源指上游下来过境的河中水流与有压潜流。

王浩等(2002)定义水资源为即所有为经济社会和生态系统利用的大气降水,既包括地表水和地下水,又包括植被、作物等生态系统利用的土壤水以及冠层与地表的降水截留,但不包括未被生态系统利用的沙漠、裸地、裸露岩石等下垫面上的蒸发。

$$\frac{1}{N}\sum_{i=1}^{i=N} P_i = \frac{1}{N}\sum_{i=1}^{i=N} Rs_i + \frac{1}{N}\sum_{i=1}^{i=N} Rg_i + \frac{1}{N}\sum_{i=1,j=1}^{i=N,j=M} EI_{ij} + \frac{1}{N}\sum_{i=1,j=1}^{i=N,j=M} ET_{ij} +$$
$$\frac{1}{N}\sum_{i=1,j=1}^{i=N,j=M} ES_{ij} + \frac{1}{N}\sum_{i=1}^{i=N} ED_i + \frac{1}{N}\sum_{i=1}^{i=N} \Delta S_i \qquad (1.1)$$

$$W_r = \frac{1}{N}\sum_{i=1}^{i=N} Rs_i + \frac{1}{N}\sum_{i=1}^{i=N} Rg_i \qquad (1.2)$$

$$W = \frac{1}{N}\sum_{i=1}^{i=N} Rs_i + \frac{1}{N}\sum_{i=1}^{i=N} Rg_i + \frac{1}{N}\sum_{i=1,j=1}^{i=N,j=M} EI_{ij} + \frac{1}{N}\sum_{i=1,j=1}^{i=N,j=M} ET_{ij} + \frac{1}{N}\sum_{i=1,j=1}^{i=N,j=M} ES_{ij}$$
$$(1.3)$$

式中,i 为计算年;N 为长系列总年数;j 为生态系统类型(如农田、林地、草地、居民与工业用地等);M 为生态系统总分类数;P 为降水量;Rs 为地表水资源量(实测径流量);Rg 为与地表水不重复的地下水资源量(即降水入渗补给地下水量扣除地下水出流,或潜水蒸发与地下水开采净消耗量之和);EI 为冠层及地表截留蒸发量;ET 为蒸腾量;ES 为棵间土壤蒸发量;ED 为未利用土地(如沙漠、裸地、裸岩等)及稀疏植被中大片裸地上的蒸发量;ΔS 为流域水分蓄变量;W_r 为狭义水资源量;W 为广义水资源量。

随着时代的进步,人们对水资源的认识进一步加深,有的学者将水资源分成蓝水和绿水。蓝水定义为河流流量和深层地下水补给的总和。蓝水实质上是传统水文和工程中定义的水资源。绿水,源于降水的自然下渗,越来越被看作一种可管理的水资源。Falkenmark等(2006)区分了两种绿水组成:绿水资源和绿水流。绿水资源等于土壤中的水分,而绿水流等于实际蒸发(无效部分)和实际蒸腾(有效部分)的和。Liu指出,蓝水为地表水体和地下水中的水;绿水本质上是植物产生生物量所直接消耗的降水,即渗到非饱和区的降水(Liu *et al*.,2009)。狭义的绿水可理解为植被生长所直接消耗的土壤水分,并最终以蒸腾(绿水流)方式返回大气中的水分,即有效蒸散发部分;而广义的绿水可理解为植被生长地区的土壤水,并最终以蒸发和蒸腾(绿水流)的方式返回大气。贾仰文和王浩等(2006)将绿水定义为生态系统利用的雨水,其中间贮存形式是土壤水及冠层截留,最终形式是蒸散发后返回大气的蒸气流。绿水是静态的,绿水流是动态的。绿水流可分为 E 和 T,E 为无效蒸发,T 为有效蒸腾。现绿水已越来越受到重视,并纳入到水资源规划和管理中(Falkenmark *et al*.,2006)。

如何计算一个地区水资源量,学术界存在争议。传统的水资源评价中,通常以流域或三级区为单元分别对地表水资源量和地下水资源量核算;认为地表水资源量是指地表水体的动态水量,即天然河川径流量,地下水资源量是指源于降水和地表水体补给的动态地下水量。由于地表水和地下水相互联系、相互转化,河川径流量中包括一部分地下水排泄量,地下水补给量中有一部分来源于地表水体的入渗,故不能简单地将地表水资源量与地下水资源量相加作为水资源总量,而应扣除相互转化的重复部分。由水资源评价可知,一个地区水资源量的大小包括流经该地区的所有河川径流,即所有的客水资源都是该地区的水资源。

黄万里先生则持反对意见。其观点认为,自然存在的客水资源只有被人们利用时才能算作该地区的水资源。自然存在的客水资源量可能很多,远大于地区或流域的需要量,或大于需引用的水量;客水资源也可能很少,不够使用,例如华北地区日益扩大的农业用水使客水不够用。只有在水资源不够的地区,自然存在的水资源量等于水资源可利用量。在水资源丰富的地区,人们需要估计的利用量小于自然存在的水资源量。

河川径流是地区用水剩余下来的,排向下游,最终出海包括洪流在内的水流。当然它还可部分抽起来利用,但在通航河道里必须保留部分水流以维持航运通行,在不通航的河道里必须保留少量的释污流水,汛期内的洪流是无法调蓄而废弃的水流。通过地区下游末端河流断面的径流量代表这地区及其上游已经用掉后剩余下来的水资源。却不能单独地代表本地区的水资源。一条河的出口径流也只能代表这条河水用剩后的水资源,却远非该河流的可用水资源。例如长江出口平均年流量多达 1 万亿(10^{12})m³,这是上游整个流域剩下来的水量,决不能看作流域的水资源(黄万里,1989,1992)。这里的用水剩余实际是耗水剩余。

估算一个地区的水资源,在较小的面积(如 1 万 km²)内,可以依据当地有效雨量、灌溉和抽井水量推算。但在大面积的流域里,沿河灌排水有出有入,逐段推算十分繁琐,宜按全流域各水文因素平均年水量的平衡方程推算:

$$P\!\downarrow - E\!\uparrow - (\vec{R}-r) = S \tag{1.4}$$

式中,P 为降水量;E 为非利用水的地面水面蒸发;R 为川流量;r 为从河中取用的扣除排回的实际用水量;S 为所利用的水资源量。由此可见,在一定的降水量 P 和蒸发量 E 下,河中剩余水流 $R-r$ 越多,则利用的水资源量 S 反而越少。所以把河中水流作为水资源是错误的(黄万里,1989,1992)。从上列平衡方程式(1.4)可知,所利用的水资源量 S 必小于降水量 P,也必小于扣除川流量 $R-r$ 后剩余的水量:$S<P-R+r$。可见水资源不可能单从川流量 R 或其降水量 P 决定。某一地区的主客水资源,其来源并不限于本流域,也可以从其他流域调拨,只要工程措施合乎经济效益,都可作为本地区的水资源,当然不得大于本地的水资源需求。所以水资源含有经济因素的概念,不像降水、川流纯属水文因素(黄万里,1989,1992)。

王浩等(2002)定义的水资源与传统水资源差别在于它增加了有效降水项,即生态系统对降水的有效利用量(有效蒸发)。传统的水资源评价口径只侧重于径流性的水资源,认为只有径流性的水资源可通过水利工程等措施被人类控制并利用,而忽略了土壤水资源的评价(王浩等,2009,2010)。随着人类认识的进步,虽然土壤水不能直接为人类利用,但能被植被、农田等生态系统就地直接利用于生物量生产,且每年都能通过降水得到更新,因此也应作为水资源进行考虑。Falkenmark 指出土壤水在农业生产中的用水比例可高达 2/3,是农业生产的重要水量来源(Falkenmark et al.,2006)。在干旱地区,由于水资源的紧缺,与人类密切相关的农业生产越来越依赖于土壤水,因此越来越多的国内外学者将土壤水作为水资源的一部分进行评价（Gerten *et al.*，2005；Jewitt，2006；Liu *et al.*，2009）。

抛开水资源量评估方法的差异，就某种方法而言，随着人类扰动的日益增强，如何精确的计算水资源量也面临着巨大挑战。就河川径流量而言，在自然状态下，天然径流量可由径流测站观测得到，但在人类扰动作用下，河川上游的径流大部分被大坝拦截，或者被人类大量的取走用于满足各种用水需求，例如，农田灌溉、居民生活用水、工厂用水、维持生态环境用水等。在这种情况下，测站径流已不能代表河川的天然径流量。为了得到准确的地表水资源量，需对测站径流进行水量还原，但由于缺乏必要的监测设备，有些取水量和排水量数据无法获得，如山区农民修建大量的小型水库、池塘、集水池来收集降水用于农田灌溉等，因此精确的还原水量十分困难。地下水资源量根据水文和水文地质参数计算获得，但水文地质参数的获得带有很强的经验性，且依赖于水文分区的准确性，此外，河川上游的人类用水活动的加剧，会导致河川径流量的减少，从而减少下游地表水对地下水的补给。

第二节　水资源管理

人类社会从早期的择水而居，到水害控制、发展水利，从大河文明到现代水利，人类社会发展一直伴随着对水资源的开发利用，而且水在经济社会发展中的地位越来越重要，对其依赖性越来越强烈。随着社会发展，人们通过修建水利工程，提高水的利用程度抵制各种水灾害；人类社会越发展，技术水平越高，对水的开发程度就越高。

经济社会发展的各行各业，如农业、工业、发电、航运、城镇生活等，都需要充足而可靠的供水。水给人类带来了极大的恩惠，从水资源开发利用中获得了显著效益，灌溉农业的发展，为人类提供了丰富食品，世界17%的灌溉耕地为人类提供了40%的粮食（张启舜，2000）。没有水就没有社会经济的发展与进步。但是，水也不是取之不尽的，在一定的地区、一定时间水总是有限的，当社会生活和生产的耗水量达到或超过当地水资源可利用量时，就会导致产生危害人类社会本身的生态环境问题，进而制约人类经济社会的发展和进步。

一、水资源需求

地球上水的总量为13.86亿 km³，其中96.5%为海水，淡水资源只占2.53%，其中大部分又以固态形式储存于冰川、雪山，可被人们开发利用的仅是其中很少一部分。

尽管我国水资源总量丰富，但人均水资源量却很少。若以河川径流量计算，我国淡水资源28000亿 m³，占全球水资源的6%，仅次于巴西、加拿大、俄罗斯，居第四位。但按目前人口，人均只有2000m³，仅为世界平均水平的1/4，在世界上名列121位，是全球人均水资源最贫乏的国家之一。

此外，我国水资源在空间上分布极端不平衡，8140亿 m³ 可利用水资源量大部分在南方丰水地区。由于我国工业化、城市化进程加快，以及确保粮食安全的需要，对水资源的供给保证率提出更高要求，对水资源的压力越来越大。据相关研究表明，我国每年因供水不足造成工业产值的损失上千亿元。农业用水因城市和工业的发展而被大量占用,每年有 700 万 hm² 耕地因水源不足而无法灌溉,估计仅此一项就少生产粮食 150 亿～200 亿 kg。与此同时,我国用水方式还没有完全按照科学发展的要求来实现,现在的用水还是比较粗放的、浪费的,也为我们国家水资源的开发利用保护带来了巨大的压力,维系生态环境系统基本功能的水量被挤占,使生态系统失去平衡。城乡大量废污水排放,又使环境受到污染,水资源问题矛盾重重,已经成我国经济、社会进一步发展的主要障碍。

（一）城市化对水的需求

城市发展对水的需求表现为城市人口数量增加以及生活水平提高对水的需求增加。城市发展不但要保证居民日常生活用水,还要为城市的建设、工业生产、商业活动、旅游、休闲娱乐活动以及美化环境提供水源,对供水保证率和水质要求也较高。

就全球而言,近年来,城市化进程加速,人口压力不断增大,人类每年用掉的水资源越来越多,如何保障用水的安全,已经成为人类面临的严重挑战。目前,全世界 70 亿人口中有一半人口生活在城市,2011～2050 年的未来 40 年的时间里,全球人口将增长 23 亿,而城市居民将增长 26 亿。由于城市配套设施的发展远远落后于城市化进程,清洁的用水与卫生设施对城市贫民已经构成了直接威胁。目前,全球水资源短缺地区有超过 1 亿的人正在遭受缺水的折磨,全球有 12 亿人得不到干净的饮用水,24 亿人在生活中没有完善的污水处理设施。在第三世界国家,每年大约有 1 万名 5 岁以下的儿童死于与用水不洁相关的疾病(UNDESA,2013)。

改革开放以来,我国城镇建设进入快速发展时期,1978 年,我国城市数量 193 个,到 2000 年增长到 663 个,其中 100 万～200 万人口特大城市 24 个,还有 13 个城市人口超过 200 万,除此之外,还有 20312 个建制镇。1978 年城镇人口 17245 万,占全国人口的 17.9%,至 1998 年,城镇人口增加到 41608 万,占全国总人口的 33.35%。2008 年,城镇人口已达 60667 万,30 年间净增 43422 万,相当于 1978 年的 3.5 倍(刘勇,2011)。在城镇人口迅速增长的同时,城镇生活用水快速增长。1998 年,全国城镇用水 254 亿 m³,2008 年增加到 469 亿 m³,平均每年以 6% 的速度递增。一方面是因为城镇化率不断提高,大量农业人口进入城镇,城镇人口迅速增加,另一方面是人们生活水平不断提高,用水定额有所增加。

与此同时,随着社会主义新农村建设的不断推进和民生水利实施,不但要解决好 3.2 亿人口的供水安全和饮水困难问题,还要基本实现农村生活自来水化。不论城市还是农村,居民生活用水量均会较快增长。

（二）农业用水

农业用水是人类用水大户,其水资源不仅受制约于经济与水文条件,还取决于下列三种自然条件:①可耕地的面积;②本地区无霜期内气温、湿度和日照等气候条件;③这期间的有效雨量和能够利用的客水量。这就是人们熟知的外来谚语:"良好的耕地、气候与雨水的配合是农作高产的条件"。

目前,全球农业用水量约为 28500 亿 m³,占全球总用水量的 70%(高占义,2012),不断增加的人口与粮食结构的变化对有限的水资源造成了巨大压力。目前,全球人口已经达到 70 亿,其中有 16 亿人生活在绝对缺水的地区,2050 年,全球人口将高达 90 多亿。据统计,要生产一个人每天所需要的食物,大概需要 2000~5000L 水。由于生活水平的提高,人类的饮食结构也发生了变化,2000~2050 年,每人年肉食品消费量预计从 37kg 增长至 50kg,生产 1kg 谷物需要消耗 1500L 水,而生产 1kg 肉食品消耗的水资源量是谷物的 10 倍。由于人口的增长,在未来的 25~30 年的时间里,世界人口对粮食的需求将会增长 70%~100%,而普遍的观点认为在增长的粮食需求部分中,有 80%~90%将来自现在的耕地,只有 10%~20%来自新开垦的耕地,然而,由于城市化、沙漠化和盐碱化的影响,世界耕地正在减少。目前,全世界的总耕地面积为 15 亿 hm²,其中 11 亿 hm² 为雨养耕地,4 亿 hm² 有灌排设施,其中 2.1 亿 hm² 耕地有灌溉设施,0.6 亿 hm² 耕地有灌溉和排水设施,有 1.3 亿 hm² 耕地有排水设施。尽管有灌排设施的耕地只占总耕地面积的 27%,但生产了全世界 55%的粮食;而雨养耕地占总耕地面积的 73%,但生产的粮食仅占世界粮食总产量的 45%。而气候变化导致的极端干旱和洪涝事件在显著增加,今后需增加的粮食产量当中的 80%~90%将来自有灌排设施的耕地,只有 10%~20%来自雨养农业。此外,随着工业化与城市化进程的加快,不同行业之间水资源的争夺日趋激烈,农业用水将会被进一步挤压。

我国是一个人口大国,粮食安全关系到国民经济发展和社会稳定的全局,我国又是一个自然灾害较多的国家,洪涝旱等自然灾害始终困扰着农业这一弱质产业。随着工业化、城镇化发展,人口增加和人民生活水平的提高,粮食消费需求呈刚性增长,同时耕地减少、水资源短缺、气候变化等因素对粮食生产的约束日益突出,我国粮食供需将长期趋于紧平衡状态,粮食安全保障面临严峻挑战。新中国成立以来,农业灌溉用水量持续增加,保障了粮食产量不断增长。1949 年农业灌溉用水 1001 亿 m³,到 1997 年增长到 3920 亿 m³,50 年间翻了两番(沈坩卿,1999),同期粮食产量从 2262 亿斤[①]增加到 9883 亿斤,增加了 3.6 倍。粮食产量与灌溉用水量的变化趋势基本一致,灌溉对保障粮食安全具有举足轻重的地位。据统计,我国农田灌溉率 53%,灌溉农田提供的粮食产量占粮食总产量的 74%,灌溉耕地粮食单产与旱地单产之比为 2.3~5.4。近年来,节水灌溉力度不断加大,渠系水利用系数不断提高,在灌溉供水量变化不大的情况下,灌溉面积不断扩大,水分生产率也在不断提高,为粮食产量不断增长提供了条件。

对于中国这样的人口大国,粮食必须依靠国内粮食保障供给,使粮食自给率稳定在较高水平上,在 2005 年粮食总产量达到 9680 亿斤的基础上,又保持连续 7 年增产,自 2007 年以来,粮食产量一直稳定在 10000 亿斤以上。未来,预计到 2030 年前,我国人口还将持续增加,对粮食需求也将进一步增加,粮食安全面临巨大压力。在全国耕地保有量不低于 18.0 亿亩,基本农田不减少的前提下,根本措施是要继续抓好大型商品粮基地建设,继续扩大农田灌溉面积,增加粮食单产。预计到 2030 年灌溉面积将扩大到 6667 万 hm²,农业灌溉总用水量将达到 4500 亿 m³。因此在增加农业供水的同时,不断提高水分生产率,才能实现粮食安全的目标。

---

① 1 斤=500g。

我国灌溉农业大都用漫灌、沟灌的方法,水浪费严重,改用滴灌或塑料管灌,可大量节约水量。

（三）工业用水

工业用水量取决于工业的规模、结构、工艺技术、节水技术与措施等,其中工业结构对工业用水影响明显。由于许多发展中国家正在经历快速的工业化,工业用水量保持着持续增长,据预测,全球每年工业用水量将从 1995 年的 7250 亿 m³ 增加到 2025 年的 11700 亿 m³,工业用水将占到总取水量的 24%（UNESCO,2003）。

新中国成立初期,我国大力发展重工业,为国民经济持续发展奠定了基础,期间,工业用水量增加较快。1949～1980 年,全国工业用水量由 24 亿 m³ 增加到 457 亿 m³,年均增长 10%;1980～1997 年由 457 亿 m³ 增加到 1121 亿 m³,年均增长 5.4%;1997 年后增幅减小。年均增长率 2%。进入 21 世纪后,我国经济保持平衡快速发展,国内生产总值年均增幅在 8% 左右,工业用水量小幅增加,增长的速度为 2.2%,2008 年工业用水 1397 亿 m³,较 1977 年增加 267 亿 m³。尽管增长率减小,但年用水增加量却超过历史上任何时期。在今后工业化发展中,坚持走中国特色新型工业化道路,着力发展高新技术产业,大力振兴装备制造业,改造和提升传统产业,有望进一步减小工业用水量的增加幅度,但用水增加的压力将越来越大。与此同时,未来我国工业布局变化的趋势是:工业重心逐渐由南向北、由东向中西部转移,这些地区工业将呈全面快速发展态势,工业发展将有较大幅度的增长,势必加剧这些地区水资源的紧张状况,对我国水资源供需格局将产生重大影响。

二、水资源管理

水资源管理是随着水资源需求的变化应运而生的,旨在解决水资源供需矛盾,规范和指导水资源的开发利用过程。水资源需求变化是水资源规划和管理的基础,具有很强的时代性。目前以及将来的一定时段里,我国经济社会都会处于高速发展时期,这对水资源管理和配置提出了更高要求。

从历史发展的角度来看,水资源开发利用和管理共经历了四个阶段,即简单管理、供水管理、用水管理和耗水管理。而我国水资源的需求伴随这几个阶段,分别有其各自的内容和特点。

（一）简单管理阶段

自有人类社会以来,人类为求生存,依河傍水而生,简单地以农业灌溉、河道航运为目的进行着水资源利用。直至 20 世纪初,虽然人类文明有了极大发展,但社会经济处于农牧业社会,人类对水资源的需求很大比例是为农业灌溉用水,由于灌溉用水受降水的影响较大,加之当时生产力水平相对又较低,人类对自然的改造能力相对薄弱,供水工程较少、调蓄能力有限,主要是靠天吃饭,这样就导致了用水呈现不稳定状态。严格意义上讲,这一阶段不能说是很有组织和秩序的管理,更多的是用水者自发的管理,这种管理很粗放,效率较低。这一阶段在人类历史上相当漫长,目前在我国一些贫困落后、偏僻的地区依然存在,其他地区大部分截止到 20 世纪 40 年代左右。

（二）供水管理阶段

在经济社会不太发达时期，人们对水资源开发利用量小于可开采量，水资源不是主要矛盾，水利工作的重点是兴修水利，通过建设水资源开发利用工程，增加供给，以尽可能满足人类经济社会发展对水资源量的需要。此阶段往往表现为"以需定供"，就是根据需求来确定供给量，即以水资源需求和技术、经济能力来决定水资源开发工程规模和取水量大小。在经济社会发展的初期阶段，这种管理方式有力地推动了经济社会发展。

在历史上，为了更好地对用水进行调蓄，也出现过许多举世闻名的水利工程，如都江堰、郑国渠、西门豹治邺的引漳十二渠等。也创造了计时轮流灌水的管理措施，大大地提高了人类的主观能动性和对水的管理。

新中国成立以来，党和政府非常重视水利事业。首先在新中国成立初期，提出"水利是农业的命脉"，在此期间，大量修建水利工程，发展灌溉农业，灌溉方式主要以大水漫灌为主。其次，在 20 世纪五六十年代的农业大发展之后，特别是进入现代工业化社会后，使得水资源开发利用更具规模，以水利工程为主要手段，对水资源进行大规模、无节制的开发利用，用水增长十分迅速。而后又因人口的急剧增加，人类必须要解决吃饭问题，因而大规模地开发土地，大力发展灌溉农业，灌溉用水大幅度增长；随着温饱的逐步解决，人类越加要求提高生活质量，因洗浴用水、景观用水等各种生活用水而导致用水进一步增加；同时社会进入工业大发展阶段，工业的高速发展，工业用水的大幅度提高。工业化发展导致了城镇化的发展特别是生产力水平的不断提高和人类改造自然能力的增强，社会经济发展对水资源的需求量增长比较迅速，人均需水量也稳步上升。这一阶段的社会经济发展的主要特征为工业化进程的加速发展，需水快速增长阶段基本和工业化同步。我国有的学者还将这一阶段称为工程经济水利阶段，特点就是以兴建水利工程为主要手段解决人类经济建设和社会发展。目前，我国大部分地区的水利仍处于这个阶段。

（三）用水管理阶段

以需定供的水资源配置只适用于水资源量比较丰富，人类需求能够充分满足情况。这种配置模式，没有充分合理考虑生态和环境的需水量，从而导致生产和生活的可供水量明显偏大，结果使生态环境用水量被大量占用，从而引起生态和环境问题。以我国为例，由于改革开放以来我国社会经济的快速发展，水资源的需求增长迅猛，使得我国原本就比较贫乏的水资源条件有些不堪重负。从 20 世纪 90 年代以来，国民经济对水资源的需求已逐渐开始超过其合理的利用限度，特别是我国北方地区，出现了超采地下水、挤占生态环境用水等局面，致使生态环境不断恶化。其主要表现在河道断流、湖泊湿地萎缩、水土流失、沙尘暴肆虐等。与此同时，生态环境问题引起了全球的高度重视，1992 年联合国在巴西的"里约中心"组织召开了联合国环境发展大会，通过了《21 世纪行动议程》，提出了可持续发展战略，可持续发展的观念开始为人类所认识。随着时间的推移，认识的进步，致使人类愈加认识到，人类社会发展必须改变资源掠夺型的简单外延式的粗放增长模式，水资源需求更是如此。

由于供水管理导致了严重的生态危机，人们意识到供水管理已经不能适应可持续发展的需要,必须对水资源的需求进行强有力的控制,水资源管理随之进入到用水管理阶段。水资源虽为可再生资源,但其又是有限的,即使在水资源丰富的地区,水资源可利用量也是一定的。在资源性缺水地区,通过增加供水很难满足经济社会快速发展对水的需求,随之管理重心向用水转移,通过综合措施,控制需求,力争以有限的资源保障社会经济发展。此阶段形象表述为"以供定需",即以水资源可供给量的多少确定用水规模和用水方式,并合理配置"三生用水"(生产、生活与生态)。这一模式的特点是充分体现和把握了区域水资源特点,要求国民经济和社会发展布局和规划要与水资源条件相适应。

用水管理的主要内容包括制定用水定额,提高用水效率;制定以鼓励节水和抑制需水为目的的政策法规及其相应的技术经济政策,增强公众节水意识,实施取水许可制度和用水计量收费制度;合理核定供水水价和水资源费收费标准,通过经济杠杆抑制需求;开发节水新技术并积极加以推广应用;优化调度地表水和地下水资源,根据用户需求,合理配置优质水与劣质水,优水优用,最大限度挖掘水资源经济效益。

这一阶段,比较注重水资源综合开发利用、科学管理,强化水资源与国民经济的结合,走调整产业结构、加强节水等内涵式发展的道路,强调综合优化配置水资源,从而有效地抑制需水增长的速度和规模。因此,这一时期的用水进入缓慢增长阶段。在未来一段时间内,随着科学技术的快速发展,工程和非工程的节水措施将会不断涌现,水资源需求增长将会放缓。目前,在西方发达国家,特别是欧洲一些进入工业化后期的发达国家(如法国、英国等)和亚洲的日本等国,需水已进入稳定甚至出现负增长。随着经济社会的发展,我国水资源需求也会进入稳定阶段。

（四）耗水管理阶段

供水管理是通过开源来满足需求,而用水管理则是抑制需求减少供水。从供水管理到用水管理,是水资源管理认识上的一次进步,但是,用水管理并非尽善尽美,并没有解决水资源短缺和生态环境破坏等问题。

首先,用水管理需要对需水量进行预测。而现有的水资源需求预测方法主要基于传统分产业预测方法,研究生产、生活用水未来可能出现的需水情况。由于需水预测往往采用过去用水增长趋势或定额变化趋势对未来进行预测,面对新时期用水出现的新情况,预测结果存在一定的局限性,其做出的需水预测越来越遭受国内外专家的质疑。以我国的需水预测为例,需水量预测长期以来一直过度超前,预测结果都已经或者即将被证明是偏大的。如在建设部"城市缺水问题研究报告"中以 1993 年为预测基准年,预测 2000 年全国城市的工业需水量将达到 406 亿 m³,而 2000 年的实际用水量由 1993 年的 291.5 亿 m³降至不足 260 亿 m³。又如北京市曾预测 1995～2000 年市区工业需水量将以年均 6% 的速度递增,而实际上从 1989～1997 年北京市区的工业用水量却减少了 12.5%。1994 年《中国 21 世纪人口、环境与发展白皮书》中预测全国用水量为 6000 亿 m³,而 1997 年全国实际用水量为 5566 亿 m³,1999 年仅为 5591 亿 m³。

其次,用水管理一般是通过节水措施减少取用水量,通过改进生产工艺,提高水的利用率,减少需求,如农业灌溉,通过渠道衬砌、减少渗漏损失、提高渠系水利用系数;采用喷灌、滴灌、微灌降低灌溉定额;通过调整种植结构,减少水稻等耗水量大的作物种植比例,以减少用水量,这些节水措施对提高水资源利用率,促进农业生产发展,保障粮食安全能起到很好作用。但其未将水资源的消耗作为节约用水的控制指标,一些措施不能达到资源性节水目的,有些措施尽管取用水量减少,但资源消耗并没有减少。如喷灌,灌水定额很低,每次灌水一般只湿润到根系活动层,在干旱少雨地区需要多次灌溉,在减少灌溉定额的同时,灌水次数增加,往往增加了棵间蒸发,也减少了灌溉对地下水的补给,导致地下水危机。

为什么用水管理导致了地下水开采的加剧,造成地下水危机呢?通过对自然界水循环过程的深入研究表明,水在太阳辐射与重力作用下,以蒸发、降水、径流等形式周而复始的往返于大气、陆地和海洋之间。陆面上 89% 的降水来自于海洋上蒸发所产生的水汽(通过大气环流带到陆地上空),其余 11% 来自于陆地本身蒸发所产生的水汽。陆面降水落到地面,产生径流,或渗入地下,变为土壤水和地下水,除消耗于蒸发重返大气外,其余汇流入海;地表径流、土壤水和地下水在一定条件下可相互转化。这些转化只是改变了水的存在场所和形式,但并非水量的减少。在进行用水管理时,不当的节水措施,节约的仅仅是工程供水量,而不是水资源量。人们逐渐意识到在周而复始的水文循环中,只有水分的蒸发蒸腾,才会导致水资源量的减少。只有控制水资源的消耗,才能真正节约水资源,即耗水管理(王浩等,2009,2010)。

从用水管理到耗水管理,是水资源管理上的一次飞跃。同时实践也证明,耗水管理是节约水资源的有效手段,以美国为例,耗水管理已经成为美国水资源管理的重要手段,在美国,不论是城市取水还是灌区取水,都采取了取水与退水的双重监测机制,以此严格控制水的消耗。美国水管理部门还推广实行了大量先进的技术,利用卫星遥感监测草坪绿地的实际耗水情况,采用土壤预警装置、气象装置等设备指导用水户实施真正的耗水管理。

随着我国资源水利的深入开展,节水型社会的建设,国务院以国发〔2012〕3 号印发《关于实行最严格水资源管理制度的意见》(简称《意见》)。《意见》提出了“三条红线”的指标。即加强水资源开发利用控制红线管理,严格实行用水总量控制,到 2030 年全国用水总量控制在 7000 亿 m³ 以内;加强用水效率控制红线管理,全面推进节水型社会建设,到 2030 年用水效率达到或接近世界先进水平,万元工业增加值用水量降低到 40m³ 以下,农田灌溉水有效利用系数提高到 0.6 以上;加强水功能区限制纳污红线管理,到 2030 年主要污染物入河湖总量控制在水功能区纳污能力范围之内,水功能区水质达标率提高到 95% 以上。

要落实水资源开发利用的用水总量控制红线,必须采取有效的节水措施,在对水资源取水量进行控制的同时也减少水资源的消耗。目前,我国通过世界银行节水灌溉项目与 GEF 海河水资源与水环境综合管理项目的实施,耗水管理理念正逐步被人们所接受,以海河流域为例,ET 已经成为海河流域开发利用红线控制性指标。

需要说明的是,供水管理、用水管理、耗水管理不是截然分开的,只是不同发展阶段管理的侧重点有所不同。供水管理,在努力增加供水的同时,也在强调节约用水。用水管理,是尽可能使国民经济发展与水资源相适应,控制需求,同时尽可能增加供给,以保障经济社会发展对水的需求。例如,在水资源严重紧缺的海河流域,在强调以需定供的同时,也在积极开源。流域内在积极推进双峰寺、吴家庄等综合利用水利工程建设；规划建设水系沟通工程，统一调配洪涝水，开发利用雨洪资源；在沿海地区，积极利用海水资源，电厂等用水大户直接利用海水作为冷却水，建设海水淡化厂，增加淡水供给；特别是积极推进引江、引黄等外流域调水工程建设。近年来，引黄入津、济冀，对于缓解天津、河北水危机发挥了重要作用，白洋淀引黄调水工程挽救了白洋淀，改善了流域生态环境。耗水管理同样不能忽视供水管理、用水管理，只是在供水管理、用水管理的基础上增加水资源消耗控制指标。

三、水资源管理的特性

水资源管理都是特定的时代，为适应经济发展的需求，制订的有效管理措施，其具有如下特性。

（一）具有很强的时代性

人类对自然界的实践活动是和认知水平密切相关的，而实践的水平和成果正是随着对自然认识的提高和科技的发展而逐渐变化的。水资源的管理也同样具有这一特点，回看水资源管理，可以清晰地看出，管理的手段是取决于当时的认知水平、国家政策、科技力量等因素。

20世纪初期到新中国成立这段时间，政治时局动荡，生产力发展水平极为缓慢，对水资源的利用主要出于农业需求，城镇供水发展缓慢。

新中国成立后，工农业仍然在很长一段时间内都处于战争后的恢复阶段，以海河平原的地下水开发利用为例，1949～1957年，地下水的开采基本都是浅层地下水，采用的取水构筑物是砖井，动力方面都是人力和牲畜为主，对深层地下水缺乏一定的认识，更缺少开采的手段工具，地下水开采量比较少，每年约30亿 m³，地下水可得到充分补给，浅层地下水位较高，海河东部平原盐碱化问题严重。1958～1964年，部分地区开始利用木制管井，离心泵抽水，在沿海区域浅层水矿化度较高，已经开始开采承压水，但限于当时的技术水平，基本是实验性质的开采。1965～1979年，我国提出了农业发展的一系列政策，平原地区开始了"旱、涝、碱、咸"综合治理，应对大面积的土壤盐碱化，结合农业灌溉，开始了机井建设高潮，揭开了大规模开发地下水的序幕，然而这个阶段正好是降水偏少，气候开始逐渐干旱的时期。伴随着地下水位开始区域性下降，并出现若干水位下降漏斗，部分专家学者在实践中逐渐开始认识到地下水并不是"取之不尽、用之不竭"的。20世纪80年代到20世纪末期，伴随着改革开放的春风，工农业空前的发展对水资源的需求迅猛增加以及供需矛盾日益突出，已成为制约经济社会发展的主要因素。这一时期除了进一步开发地表水，提高地表水可利用量之外，仍持续开采地下水，无论浅层地下水还是深层地下水，开采量逐渐增大，开采井的深度也有加深的趋势。2000年以后，经济持续高速、高效发展，水资源供需严重不平衡促使了南水北调工程的加快建设。

纵观开发利用的历程，可以看出，传统水资源在每一个阶段的管理都是当时的时代特点决定的，国家政策、科技水平以及对资源和环境的认知决定了水资源管理的理念、方式和手段。

（二）具有充分的适宜性

尽管目前看来传统的水资源管理存在不少的问题和弊端,但是回顾新中国成立以来的水资源管理历程,每一个阶段的水资源管理应该说在当时都取得了很好的效果,也对国家建设和经济发展起到了很大的作用,具有充分的有效性和适宜性。

新中国成立之后,国家提出水利是农业的命脉,为了恢复农业生产,修建了大量的水库、塘坝、灌溉渠道,这些工程对当时的粮食生产起到了不可替代的作用。20世纪60年代到改革开放以前,我国经济发展比较缓慢,然而人口增长却十分迅速,以修建工程为主的水资源管理方式正是在农业生产压力比较大的情况下诞生的,在当时可以说是起到了比较好的效果,基本保障了农业生产,初步解决了温饱问题。改革开放以后,经济发展一直保持较高的增长速度,尽管对水资源的需求不断增加,但工程建设和管理水平相对滞后,在这一时期,地下水的开发利用起到了非常重要的作用。以海河流域为例,到2000年,地下水的供水量在流域总供水量中已经占到了60%以上,成为主要供水水源。

（三）经济社会发展的保障

水是生命之源、生产之要、生态之基。水利是现代农业建设不可或缺的首要条件,是经济社会发展不可替代的基础支撑,是生态环境改善不可分割的保障系统,具有很强的公益性、基础性、战略性。水利事业的发展不仅关系到防洪安全、供水安全、粮食安全,而且关系到经济安全、生态安全、国家安全。

多年我国经济社会发展的历程已充分证明,传统的水资源管理很好地发挥了自身的作用,为经济社会发展起到了重要的支撑和保障作用。

第三节 水资源管理的主要对策

早在20世纪80年代末,黄万里(1989)就提出了调蓄水流、减少蒸发与涵养水源三条节流之道。调蓄水流:在山区依据地形筑坝修库,调蓄水流,以便及时灌溉农田或其他综合地用水。在开阔的平原上和山麓下沿等高线广开截水沟,拦蓄地面径流,辅以渗水沟井,使水蓄在地下,待灌溉时汲取。减少蒸发:根据实测资料表明,当地下水埋深在3~4m以下时,土壤水就不会从地面蒸发掉,可以成为储藏着的水资源,而埋深浅于3~4m时,土壤水就会白白蒸发掉。在春灌时尽量抽取地下水,使水位埋深至少低于地面3~4m,甚至7~8m;在雨季承受入渗的雨水,使最多回升到3~4m埋深。涵养水源:在山区造林植草,以涵养水源。增进水文小循环的运动量,从而增进降水,径流和潜流,并增加了水资源的储量和动量。

随着时代的发展,水资源管理措施进一步完善。目前,控制需求、提高用水效率、跨流域调水、开发非常规水源是我国主要的水资源管理措施。

一、控制需求

人类社会经济发展是无限的,而水资源量是有限的,以有限的资源满足无限发展的需求,根本对策在于采取综合措施,不断提高用水效率,减少需求,满足人类社会不断发展对水资源的需要。

目前我国的水资源有效利用率较低,单方水的产出明显低于发达国家,按照《2000/2001年世界发展报告》提供的数据计算,1999年我国每立方米水产出的GDP为1.9美元,仅为美国的10%、日本的4.2%、德国的4.1%,尽管近十年来我国就节约用水出台了一系列政策法规,增加节水投入,建设节水设施,但这一明显的差距还仍然存在,因此,节水尚有较大潜力。节约用水和科学用水应成为水资源合理利用的核心和水资源管理的首要任务。随着我国城市化的发展和保障粮食安全的需要,预计用水会有较大增长,加强节约用水,提高用水效率,是缓解水资源紧缺的根本出路。

二、节约用水,提高用水效率

(一)农业节水

农业节水的重点是在于进一步减少无效蒸发,提高水分生产率,达到节水增产的目的。世界各国都把农业节水和实施水资源的可持续利用作为农业可持续发展的重要措施,把提高灌溉水(包括降水)的利用率、作物水分生产率、水资源的再生利用和单方水的农业生产效益作为节水的主要目标。因此,农业节水应该采用包括工程措施、农业措施和灌溉管理措施在内的综合管理措施节水。如通过引进优质的抗旱品种提高作物的产量,通过秸秆覆盖减少棵间蒸发等。

以灌区为例,1994～1996年,水利部对全国灌溉水利用系数进行了调查,结果表明大部分渠道灌区的渠系利用系数一般在0.5左右,田间水利用系数在0.7左右,即灌溉水利用系数一般仅为0.3～0.4;井灌区灌溉水利用系数一般仅为0.6～0.65;近十年来一批节水工程和节水型社会建设的实践证明,加大对基本农田建设的投入,灌溉水利用系数可达到0.7～0.9。我国大多数灌区由于建设时标准低,配套不全,已运行30～50年,在运行过程中缺少投入,因而渠系及建筑物得不到及时维修、保养,没有形成持续和稳定投入的长效机制,用水效率不高。

水分生产率是衡量农业生产水平和农业用水科学性与合理性的综合指标。近年来,国内外越来越多地采用"水分生产率"来衡量水资源利用状况或灌区的用水管理水平。目前,我国粮食生产水分生产率仍然不高。据有关测算,黄、淮、海平原单方水的平均产量为$1kg/m^3$,而世界发达国家一般达到$1.2kg/m^3$左右,以色列$1m^3$来水可生产粮食2.3kg,从水分生产率看,我国提高粮食产量的潜力还很大,现有灌溉水可以支撑生产更多的粮食。

在资源性缺水地区,农业节水灌溉应该采用资源性节水措施,即在采用工程措施提高灌溉水利用率的同时,分析估算到底真正减少了多少水的消耗量,而不是简单地将灌溉水利用系数的提高来计算节约的水量。以资源节水量衡量,真正节约的水量等于减少作物蒸腾蒸发量与其他不可恢复的损失量之和。资源性节水的目标是减少ET,特别是减少无效ET,提高水分生产率,增加单位水量(灌溉水与降水)的作物产量。

(二)工业节水

工业节水远比农业节水复杂,生产同样产品,采用不同生产工艺用水量差别很大。在生产技术发展的一定阶段,工业用水一般通过循环使用,提高水的重复利用率,降低取水定额和减少排污量。随着我国科技进步、工业结构调整和节水技术提高,自 1996 年后工业用水量增长速度趋缓。但目前我国与世界发达国家仍有很大差距。世界发达国家工业用水重复利用率达到 80%~90%,而在我国工业用水重复利用率最高的海河流域也只有 61.4%,仅相当于发达国家 20 世纪 70 年代的平均水平;国内不同地区、不同行业和不同企业用水效率的差异也非常悬殊,说明工业节约用水的潜力还是很大的,在资源性缺水地区调整产业结构是重要举措,应限制或迁走高耗水工业,尽量发展低耗水、高产值的工业,力争使用水量呈现零增长或少增长。

(三)城市生活节水

城市用水浪费和效率不高的现象仍然十分严重。生活用水器具的跑、冒、滴、漏十分普遍,所采用的便器箱大部分还是大容量用水器具,不仅用水量大,而且有 20% 左右是漏水的,每年仅此类漏失量就达 4 亿多 m³。供水管网的漏失也很严重,全国平均漏失率为 12%。其次是市政公共用水浪费更加惊人,机关事业单位、大专院校、宾馆、医院等的人均生活用水量分别高达 158~227L/d、265~378L/d、730~1900L/d、890~1390L/d。要实现城市生活节水,应大力推广节水型器具和节水技术,杜绝各种跑、冒、滴、漏和浪费,创建节水型城市,力争将城市人均综合需水量控制在 160L/a 以内;同时为建立节水型体制,不仅需要提高公众认识,采取宣传、行政和价格等综合措施,还要投入相当的资金和高新技术,城市生活用水的节水潜力还是很大的。

城市节水同农业用水一样,应以控制消耗为目标。应实行取水和退水的双重监测,并以此严格控制城市水资源的消耗量;同时采取以再生水作为城市绿化等供水,补充城市水资源需求的不足,提高水资源的供给率。

(四)产业结构调整

不同产业结构用水差别很大。如北京市大力调整产业结构,压缩耗水工业,迁移首钢等耗水量较高的企业以及强化节水措施,最终使工业用水从 2001 年的 9.2 亿 m³,下降到 2009 年的 5.2 亿 m³。在同期人口从 1367 万增加到 1755 万,生活用水从 12 亿 m³ 增加到 15.3 亿 m³ 的情况下,总用水量仍稳中有降,国民经济保持了持续增长,2001 年人均 GDP 3262 美元,到 2009 年超过 10000 美元。

三、跨流域调水,调节区域间水资源不平衡

由于我国流域和区域间水资源分布不均和经济社会发展不平衡与需水的差异,对流域间实施水资源再分配,调剂余缺,这对保证水资源缺乏地区经济社会持续发展是一项根本性的战略措施。如果在当地水资源开发利用到一定程度,仅依靠当地地表水或地下水资源已无法满足工农业和城市发展、人口增加和生态环境改善的用水要求,就要进行跨流域调水。

北方地区的海河、黄河、淮河流域总体来说水资源短缺,但又是我国经济比较发达、发展前景较好的地区,当地地表水和地下水开发利用程度已经很高,地表水已无多大潜力可

挖;地下水连年超采,亏欠甚多,城市排放的废污水大部分被农业利用或渗入地下。已出现经济社会快速持续发展与水资源不平衡的局面,除采取高效用水、建设节水型社会之外,必须从外流域调水,调节区域间不平衡,实现水资源时空再配置,提高水的分配效率和利用效率。

海河流域跨流域调水工程有引黄和引江两大工程。引黄工程包括鲁北引黄、豫北引黄、引黄济冀、天津应急引黄。1980 年以来,引黄水量在 33.4 亿～68 亿 m³ 间变化。根据黄河水利委员会水资源规划,将黄河分配水量进行了调整,新的方案为:河南省海河流域 7.5 亿 m³;山东省海河流域 30 亿 m³,河北省、天津市 6.2 亿 m³,山西省海河流域 5.6 亿 m³。

引江水包括南水北调中线和东线。据南水北调规划,2010 年东线分配水量 3.65 亿 m³ (山东)、中线分配水量 56.42 亿 m³;2020 年东线分配水量将达到 14.2 亿 m³,中线分配水量将达到 58.7 亿 m³。工程建设进度稍有推迟,工程通水后将大大缓解区域水资源紧缺状况,支持当地经济社会可持续发展。

四、开发非常规水源,实现供水多元化

开发利用非常规水源,实现供水多元化,是控制新鲜淡水开发总量的补偿措施。在合理开发地表水和地下水常规水源难度加大的同时,单纯依靠常规水源已经很难维系经济社会的可持续发展,加大对非常规水源的开发力度,是缓解资源性缺水地区水资源量的又一有效途径。开发非传统水资源正在被世界各国放在重要地位进行研究并已付诸实践,取得了巨大的收益。非常规水源包括海水、微咸水和再生水。

(一)海水利用

以海水为原水,通过各种工程、技术手段,用海水作为淡水的替代品,来增加淡水的资源量或减少淡水的供用量。海水利用包括直接利用和海水淡化两方面。

海水直接利用是直接采用海水代替淡水以满足工业用水和生活用水的需求,这对缓解城市淡水资源紧缺意义重大。海水直接利用历史较久的国家有日本、美国、原苏联和西欧六国,其将海水主要用于火力发电、核电、冶金、石化等企业。日本冷却用海水每年达到 3000 多亿 m³,欧盟达到 2500 亿 m³,美国为 1000 亿 m³;与发达国家相比我国的海水直接利用量较少,至 2004 年才达 256 亿 m³(含苦咸水),主要用于电厂冷却等。将海水作为大生活用水,英、美、日、韩等国也已经有多年的历史。

海水淡化是运用科技手段使海水变为淡水,从而增加淡水资源量。1950～1985 年的 35 年时间里,海水淡化的发展经历了开发阶段、发展阶段和商业化阶段。目前全世界的海水淡化生产能力达到 3500 万 m³/d,从地区分布来讲,海水的生产能力大多集中在中东国家(约占 2000 年全世界海水淡化能力的 52%),之后,美国、日本和欧洲各国也竞相发展海水淡化产业。

海河流域东部地区有着丰富的海水资源。环渤海的天津、河北、山东等省市可以加大对海水利用的力度,作为工业的冷却或生活冲厕水和经过淡化处理后作为饮用水。海水淡化利用在我国发展较快,天津已建成日产 10 万 m³ 的海水淡化水厂。海水反渗透膜的生产线也成功投产,这表明我国技术已经步入成熟时代,有利于开发利用海水资源。根据

有关预测,到 2030 年海水直接利用量可达到 75 亿 m^3,海水淡化量超过 1 亿 m^3。

(二)污水回用

污水回用是指经过污水处理工艺,将污水处理成环境可以接纳以及人类可使用的二级或三级水。当今世界各国解决缺水问题时,城市污水被选为可靠的第二水源,优先考虑污水处理回用,纳入城市水资源统一管理的总体规划,与天然水一样进行统一管理和调配。因此,废污水再生利用实质上是建立在流域水资源需求与水资源良性循环基础上的一种综合开发利用的战略措施。

20 世纪上半叶,随着污水和废水处理的物理、化学和生物方面的技术进步,国际上诞生了"污水再利用时代",美国、日本、以色列、澳大利亚、原苏联等国先后开展了废污水再生利用工作。美国的污水处理等级基本上都在二级以上,处理率达到 100%;再生水利用工程主要分布在水资源短缺、地下水严重超采的西南部和中南部的加利福尼亚、亚利桑那、得克萨斯和佛罗里达等地。日本在 20 世纪 60 年代的经济复兴靠的就是污水回用,其在各大城市创建并保留使用至今的"工业用水道"贯穿城区,形成和自来水管道并存的又一条城市动脉。以色列是一个水资源严重短缺的国家,该国认为把城市污水作为非传统的水资源加以开发利用是缓解水资源短缺的重要出路,因此在 20 世纪 60 年代就把回用所有污水列为一项国家政策,其最突出的特点是把再生水作为水量平衡的重要组成部分,城市的每一滴水至少回用一次。

我国的污水回用技术研究和工程示范始于 20 世纪 80 年代,并通过实际应用获得了很好的成就。最近几年,随着水资源短缺状况的加剧和废污水给生态环境带来的负面影响,许多城市开始重视污水处理,并将其作为一种非常重要的潜在资源,但就总体而言,污水再生利用仍然处于初始阶段,回用率低,规模小,利用范围窄,总体进展缓慢。

污水回用作为流域水资源可持续利用发展战略,需要从流域水资源管理的视角和基于 ET 的水权理论,来重新认识和探析污水回用的问题。流域水资源可持续利用体现在水质和水量两个方面。在水量方面,需要建立流域水资源的协调机制,控制各地的出境水量和保障下游用户的水权,既要满足流域内各个城市水资源需求,也要尽量考虑保障河流自身的生态流量;在水质方面,上游城市需要通过污水处理的实施,消除自己排水而造成的环境危害。

经处理后的城市污水是城市的再生水源,数量巨大,可以作为城市绿化用水、工业冷却水、河湖补水、环境用水、地面冲洗水等,同时还可以向下游排放一定数量的再生水,作为河道生态补水和农田灌溉用水。

随着经济社会的发展,废污水的排放量将逐年增加。现阶段我国城市生活用水和工业用水实际消耗量只占用水量的 20% 左右,其余的 80% 变为污水和废水被排出;这部分污水和废水需要净化处理后才能再利用,否则不但污染环境,而且还可能使受水区遭到其他损害。废污水再利用对减少新鲜水取用量以及对农业、生态的水源保障具有重要作用,也是提高水的重复利用率的重要途径。根据有关规划,海河流域到 2020 年废污水(不包括工厂内处理和自身回用)处理量为 54.64 亿 t,处理率为 71%,主要回用于农业和环境生态。但废污水的再利用也加大了水资源的消耗量。

（三）开发利用咸水与微咸水

沿海地区利用海水替代淡水资源，内陆有浅层咸水的地区可开发利用咸水或微咸水，其不仅可以减少淡水资源的取用量，而且可以改善咸水区地下水质，改良盐碱地。海河流域东部咸水、微咸水广泛分布，矿化度 $2\sim3g/L$ 的微咸水资源年补给量达 22 亿 m^3，$2\sim5g/L$ 微咸水总量 32 亿 m^3。开发利用好这部分资源，对缓和海河流域水资源紧缺局面具有重要意义。在水资源严重紧缺的运东黑龙港地区，利用微咸水与淡水混合灌溉，实现了高产，已取得成功经验。如开采浅层微咸水或咸水用于工业冷却水，用后作为城市废水排掉，可有效减少土壤含盐量，持续利用，浅层地下水水质也会得到改善。此外，可以将其淡化用作城市供水。我国最大的日产 1.8 万 m^3 苦咸水淡化工程已在河北沧州建成投产。

在海河流域，通过采取综合措施，保障了流域供水安全。通过流域内水资源优化调度和跨流域调水，多次为白洋淀、南大港、衡水湖等湿地补充水源，有效地保护了生态环境，但由于流域内人口、资源及经济发展不协调，仍存在一系列水问题需要解决。

参 考 文 献

高占义. 2012-3-22. 国际灌排委员会主席高占义：优化用水保障粮食安全. 中国水利报

黄万里. 1989. 增进我国水资源利用的途径. 自然资源学报，4(4)：362～370

黄万里. 1992. 论降水、川流与水资源的关系. 中南水电，(2)：3～8

贾仰文，王浩，仇亚琴，周祖昊. 2006. 基于流域水循环模型的广义水资源评价（Ⅰ）——评价方法. 水利学报，37(9)：1051～1055

刘勇. 2011. 中国城镇化发展的历程、问题和趋势. 经济与管理研究，3：20～26

沈坩卿. 1999. 论生态经济型环境水利模式——走水利绿色道路. 水科学进展，10(3)：260～264

王浩，仇亚琴，贾仰文. 2010. 水资源评价的发展历程和趋势. 北京师范大学学报（自然科学版），46(3)：274～277

王浩，王建华，秦大庸，陈传友，江东，姚治群. 2002. 现代水资源评价及水资源学学科体系研究. 地球科学进展，17(1)：12～17

王浩，杨贵羽，贾仰文. 2009. 以黄河流域土壤水资源为例说明以"ET 管理"为核心的现代水资源管理的必要性和可行性. 中国科学（E 辑）：技术科学，39(10)：1691～1701

张启舜. 2000. 从国际水问题看我国节水灌溉革命. 科技导报，18(0008)：51～54

Falkenmark M，Rockstrom J. 2006. The new blue and green water paradigm：breaking new ground for water resources planning and management. J Water Res Plan Manage，132(3)：129～132

Gerten D，Hoff H，Bondeau A，Lucht W，Smith P，Zaehle S. 2005. Contemporary "green" water flows：Simulations with a dynamic global vegetation and water balance model. Physics and Chemistry of the Earth，Parts A/B/C，30(6)：334～338

Jewitt G. 2006. Integrating blue and green water flows for water resources management and planning. Physics and Chemistry of the Earth，Parts A/B/C，31(15)：753～762

Liu J，Zehnder A J B，Yang H. 2009. Global consumptive water use for crop production：the importance of green water and virtual water. Water Resour Res，45(5)：W05428.

UNDESA. 2013-10-20. International Decade for Action 'Water for Life' 2005—2015

UNESCO. 2003. Water for people，water for life. ［2003-3-22］. http://www.unesco.org/new/en/natural-sciences/environment/water/wwap/wwdr/wwdr1-2003

第二章 水资源管理经验与教训

水是生命之源,没有水就没有一切。水资源并不是取之不尽,用之不竭的,当人类对水资源的需求超过水资源承载力时,就会产生水危机。为应对水危机,各国采取了多种措施管理水资源,力求做到人与水的和谐相处。

第一节 全球水危机

一、水资源的压力

联合国《世界水资源综合评估报告》指出,水问题将严重制约 21 世纪经济社会发展,并可能导致国家间的冲突。世界上许多缺水国家水资源供需形势十分严峻,水已成为经济社会可持续发展的制约因素。联合国教科文组织(UNESCO)发布的第四个世界水发展报告指出工业、农业的发展,城市人口的急剧增长给全世界水资源的供给带来了前所未有的压力。每年,全球总用水量是 40000 亿 m³,其中印度、中国与美国占总用水量的 1/3(Natasha,2012)。由于缺乏清洁的饮用水源,全球数亿人将不得不面对由水污染引发的疾病的威胁,再不采取有力的措施加强水资源管理,全球性的水危机即将出现。

发展报告特别指出了农业灌溉的发展对水资源的巨大需求。如第一章所言,农业灌溉用水占全世界可用水资源的比例已经超过 2/3,由于人口的持续增长,到 2050 年,要养活全世界 90 多亿人,粮食产量需要再增长 70%,由于耕地面积有限,而灌溉耕地产量远高于雨养耕地,这意味着,粮食增长对水资源的需求将会进一步加剧。

由于地表水资源匮乏且污染严重,为满足农业、工业与生活用水对水资源的需求,许多国家与地区纷纷将目光转向了地下水,在干旱、半干旱与人口稠密区,通过大规模的、长时间的超采地下水来满足不断增加的需水量。在过去的 50 年里,地下水开采量已经翻了三番,且目前正以每年 1%～2% 的速度增长。印度、美国、巴基斯坦、中国、伊朗开采的地下水量占全球地下水开采总量的 80%(Mark,2009),这其中又以印度地下水开采的数量最大,增加的幅度最快,1950 年其地下水开采量为 250 亿 m³,2010 年已经增长至 2500 亿 m³,这几乎占世界地下水总开采量的 1/4(Margat,2008)。

该报告指出,各国的决策者需要平衡农业、工业与生活用水对水资源的需求。鉴于全球水资源面临的巨大压力,联合国水组织的主席 Michel Jarraud 大声疾呼水资源可持续发展面临的挑战、危机和不确定性需要引起全人类的共同重视。

二、地下水危机

地下水是位于地表下,存储在岩缝与孔隙中的水。由于剧烈的水资源供需矛盾,在地表水资源已经不能满足人类对水的需求时,开采地下水成了唯一的救命稻草。

（一）地下水开采浪潮

伴随着人口的持续增长，人类对粮食的需求不断增长，对水的需求随之急剧增长。科学技术的不断进步，经济的不断发展，为地下水大规模开采创造了技术与物质条件。在粮食的巨大压力与科技的支撑下，迄今为止，全球地下水开采经历了二次开发浪潮，并极有可能发生第三次开发高潮。

20世纪初期的意大利、墨西哥、西班牙与美国通过开采地下水大力发展灌溉农业，代表地下水第一次开发浪潮（Shah，2007），美国原本贫瘠干旱的 High Plains，由于地下水的灌溉成为了全世界最重要的粮食产区，目前，这些国家已过了地下水开采的高峰期，地下水开采总量已经停止增长。在20世纪50年代，由于工业的进步，便宜且低廉的地下水钻探、抽取工具得到普及，南亚、北非、中东的部分地区与20世纪70年代中国华北平原的部分地区掀起了更大规模的地下水开采浪潮，并且势头一致持续至今，在这些区域，地下水的开采对粮食安全起到重要的保障作用（Jac van der Gun，2012）。如今，在撒哈拉以南的非洲与人口稠密的南亚与东南亚地区，如斯里兰卡与越南尽管地下水占农业总用水的比例不高，但是增长的速度十分迅猛，这些国家或地区很可能发生第三次地下水开发高潮（Llamas and Martnez-Santos，2005）。由于，全球地下水开采的高潮很大程度归功于由农民自发的、松散、缺乏协调的个体行为，地下水开发运动被称为"寂静的革命"（Silent Revolution）。

就全球而言，目前地下水的年开采量约为10000亿 m^3，占世界用水总量的1/4。地下水年总开采量仅占地下水总储量（估计在700万～2300万 km^3）的0.0001%（Howard，2004），如果从地下水开采量而言，并不存在地下水危机，但是地下水在空间上分布不均匀，开采强度在世界各地差异巨大，2010年，亚洲的印度、巴基斯坦、中国、伊朗、孟加拉国就占到了地下水总开采量的2/3，于是在全球局部地区产生了地下水危机。

（二）地下水开采现状

降水与地表水的下渗是地下水的主要补给来源。相比地表水，地下水具有以下优点（Igor and Lorne，2004）：①水质优良：地下水富含丰富的矿物质，且埋藏于地表之下，被污染的机会少。②稳定性强：受气候条件的影响，地表水季节性与年际间波动性强，在寒冷与干旱的地区，地表水每年都会有部分时段发生结冰或者断流现象，此时，地下水就成为这些地区唯一的水源。③投资规模小：地下水开采需要钻井与抽水设备的支持，在抽水过程中需要消耗动力，但与大型的地表水水利工程投资相比，地下水开采投资规模小，易于开采。正因为如此，地下水在全世界的农业灌溉、工业与生活中得到广泛利用。

Jac van der Gun（2012）以2010年为参考年，对全球的地下水开采量进行了估算。全球共开采地下水986亿 m^3，其中亚洲地区开采676亿 m^3，就不同地区对地下水的依赖而言，亚洲地下水利用量占总用水量的比例为30%，而中美与加勒比海地区，该数值仅为9%。

与此同时，全世界不同的用水部门对地下水的依赖程度存在差异。2010年，地下水开采量的66.6%用于农业灌溉，21.2%的用于生活，10.8%的用于工业用水（表2.1）。农业用水是地下水最大的消耗部门。

表 2.1　全球地下水开发现状（2010 年）（引自 Jac van der Gun，2012）

大洲或地区	地下水开采量					总供水量 /(km³/a)	地下水占总供水比例/%
	灌溉 /(km³/a)	生活 /(km³/a)	工业 /(km³/a)	总量 /(km³/a)	比例/%		
北美洲	99	26	18	143	15	524	27
中美与加勒比地区	5	7	2	14	1	149	9
南美洲	12	8	6	26	3	182	14
欧洲	23	37	16	76	8	497	15
非洲	27	15	2	44	4	196	23
亚洲	497	116	63	676	68	2257	30
大洋洲	4	2	1	7	1	26	25
全球	666	212	108	986	100	3831	26

1. 农业用水

农业是全球水资源消耗的最主要部分，农业用水占全世界总用水量约 70%，农业耗水占水资源总消耗量的 90%，同时，农业灌溉是地下水开采的最大的动力来源。由于地下水水质优良、运送距离相对较短，采用地下水灌溉的农田产量较高，以西班牙为例，在总的灌溉用水中，地下水的比例不到 20%，但是粮食产量占到总产量的 30%～40%。技术的进步、气候变化、干旱与半干旱地区灌溉农业的发展与人口的膨胀是促使农业灌溉用水激增的重要原因。

技术的进步：在人类漫长的历史长河中，地下水开采危机直到近代才发生，在农耕时代，单纯靠人力与畜力无法大规模的开采地下水，但是自工业革命以来，由于技术的不断进步，低廉的地下水开采设备得到普及，加之农村地区用电条件得到极大改善，为地下水的开采创造了便利条件。

气候变化：由于全球气候变暖，造成全球局部地区本不多的降水变得更加稀少，地表水已经无法满足粮食生产的需求，于是开采地下水发展灌溉农业就成了首选，甚至是唯一的选择，如灌溉农业中使用地下水的所占比重较突出的国家有利比亚 100%、沙特阿拉伯 86%、阿尔及利亚 56%。

干旱与半干旱地区灌溉农业的发展：除水资源匮乏外，全球许多干旱与半干旱地区土壤肥沃、地势平坦、日照充足，可以支持一年两熟或者三熟的农业耕作，而在这些地区埋藏着丰富的地下水资源，这为这些地区发展灌溉农业创造了条件。例如，阿根廷 70%、澳大利亚 46%、美国与墨西哥 38%、印度 35%（约 160km³）的农业灌溉用水来自地下水。

城市化：伴随着城市化的进程，城市人口迅速增长，而城市人口的增长不仅仅对粮食的数量，同时对粮食的质量提出了更高的要求，人们对蔬菜、水果与肉类食品的需求增长，这也成为地下水开采的重要原因。

人口的膨胀：人口膨胀不仅对干旱与半干旱地区地下水开采造成了巨大压力，同时在局部降水较充足的地区，地下水也存在超采现象。如印度东部与孟加拉国，尽管降水充沛，但是由于人口密度大，地表水不够用或输送困难，所以，为了满足自身生存的需求，在很多农村地区,地下水也被大规模的开采着。

2. 工业用水量

就全球而言,地下水仅 10.8% 用于工业生产,但是在许多已经完成工业化的国家,工业中地下水的比例很高,如希腊 71%,丹麦 65%,日本 40%,法国 27%,德国与美国 26%的工业用水来自地下水。

3. 生活用水

除农业灌溉之外,生活用水是地下水最主要用途,由于地下水水质优良,加之地表水污染严重,目前,地下水在全球生活用水中占据主导作用。目前,全球饮用水的 50% 供应量来自地下水,15 亿～28 亿人以地下水作为主要饮用水源,全球人口超过 100 万的城市有一半依赖于地下水。在许多发达国家或者发展中国家地下水已经成为主要的、甚至是唯一的饮用水来源。以地下水占饮用水总量的百分比来计,澳大利亚 100%、意大利超过90%、匈牙利 88%、德国、瑞士与波兰 70%～80%,希腊、比利时与荷兰超过 60% 的饮用水来自地下水,就整个欧盟而言,这一比例接近 70%。

（三）地下水超采引发的问题

自"寂静的革命"以来,地下水开采量出现了前所未有的增长,地下水的使用给人们创造了巨额财富,但是,在局部地区,地下水由于长年超采,也产生了一系列问题。当蓄水层中地下水的开采量常年超过补给量时,地下水水位就会持续下降。目前,全球地下水水位正以惊人的速度下降,在全世界许多区域,每年地下水的下降速度超过一米,干旱与半干旱地区尤为明显,全世界地下水水位下降最显著的含水层全都位于干旱与半干旱地区。

印度的印度河平原、中国的华北平原与美国的 High Plains 等灌溉农业最发达的区域同时也是世界上地下水过度开采最严重的区域(图 2.1)。在中东、北非许多国家也存在着严重的地下水过度开采现象,如也门、阿曼、伊朗等。过去的几十年中,伊朗主要含水层的地下水水位下降了 13～20m。

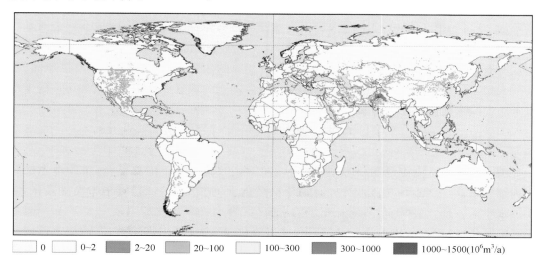

0   0~2   2~20   20~100   100~300   300~1000   1000~1500(10^6m³/a)

图 2.1 全球、西亚、美国中部、印度西北与中国华北地区地下水超采估计(据 Wada *et al.*,2010)

以美国的 High Plains 为例,该区域的耕地灌溉总面积占全国耕地总面积的 27％,地下水使用量大约占全国农业灌溉地下水总用水的 30％(McGuire,2003a,2009b; Strassberg,2009)。1949～1971 年,灌溉耕地的面积增长了 650％,到 1980 年,灌溉面积基本保持稳定。1980 年,该地区地下水的平均水位下降了不到 4m,但是到 2009 年,水位下降超过了 4.2m。其中,得克萨斯州地下水水位下降最厉害,该州有七个县的大部分地区的地下水水位下降幅度超过了 45m。2010 年的研究表明,得克萨斯州中央高地的地下水消耗的速度是补给速度的十倍。

地下水过度开采直接导致地下水水位下降、水质恶化、开采成本的上升,引发了一系列的问题。由于地下水水位的持续下降,干旱与半干旱的沿海地区经常发生海水倒灌现象,引起水质的严重恶化。如北非的突尼斯、利比亚和尼罗河三角洲。城市地区地下水的超采引起了严重的地表下沉。研究表明,1952～2009 年,墨西哥 Toluca 峡谷的地表下沉了 2m,在中国的长江三角洲地区,由于超采地下水导致地表下沉超过 3m,导致建筑物裂隙与管道破损。此外,地下水水位的降低导致依赖于地下水补给的河流径流减小、湖泊湿地水质恶化、河流纳污能力降低,这些变化将直接导致物种栖息地的消失与生物多样性的丧失,间接影响水生与陆生生态系统。

第二节　海河流域水资源开发与管理

一、水资源现状

海河流域属资源性缺水地区,多年平均降水量 535mm(1956～2000 年),是中国东部降水最少的地区;此外,由于全球气候变化的影响,在 1980～2000 年,海河流域平均年降水量与前 24 年相比较减少了 61mm,2000 年后,全流域降水继续偏枯,对本来严重缺水的海河流域是雪上加霜。2001～2007 年,海河流域平均降水量仅为 478mm。多年平均水资源量 370 亿 m³(1956～2000 年),仅占全国的 1.3％,其中地表水资源量 216 亿 m³,地下水资源量 235 亿 m³(1980～2000 年)。人均水资源占有量只有不足 260m³,不到全国平均水平的 1/8;亩均水资源量只有 213m³,只相当于全国平均的 12％;人均、亩均水资源量在全国所有流域中是最低的,但却以不足全国 1.3％ 的水资源量,承担着 11％ 耕地面积、10％ 人口、12.9％ GDP 的供水任务,与经济社会发展对水资源的需求极不相称,属于严重资源性缺水地区(任宪韶,2007)。

二、水资源开发利用

国际公认当水资源开发利用效率介于 10％～20％ 时,属于中度紧张,可用水量已经成为制约因素,需要增加供给;当水资源开发率介于 20％～40％ 时,属于中高度紧张,需要加强供需管理,确保生态系统有充足的水流量;当水资源开发利用效率大于 40％ 时属于高度紧张,供水日益依赖地下水超采和咸水淡化,急需加紧供需管理,严重缺水已成为经济增长的限制因素,现有的用水格局和用水量不能持续下去。

而目前海河水资源开发利用率远远超过国际公认的 40％ 的合理开发界限。2007 年海河流域经济社会总用水量 403.03 亿 m³，其中农业、工业、生活用水量分别为 273.46 亿 m³、60.38 亿 m³、62.84 亿 m³，扣除当年引黄水量 43.85 亿 m³，当地水资源利用量达 359.18 亿 m³，大大超过了流域水资源的承载能力。以 1995～2007 年作为开发利用程度的评价时段，流域水资源开发利用率达到 108%，其中，徒骇马颊河、滦河及冀东沿海开发利用率为 83% 和 89%，海河南系、海河北系高达 117% 和 118%。

三、节水管理

面对严峻的缺水形势，海河流域采取了有力措施节水，目前海河流域工业、生活、农业节水在中国处于领先水平[①]。

工业上通过加强技术改造，遏制高耗水工业的发展，工业用水重复利用率大幅度提高，用水重复率平均为 81%，高出全国平均水平 19 个百分点。万元 GDP 用水量从 1980 年的 2490m³ 下降到 2007 年的 113m³，仅为全国水平的 49%。2007 年全流域万元 GDP 增加值用水量 40m³，相当于全国平均的 30%，其中天津只有 19m³。

生活节水方面采取了推行节水器具的使用，2007 年全海河流域城镇生活节水器具普及率达到 60%，其中北京、天津两市达到 90%。与此同时，还采取了降低供水管网漏损率等措施节水，城镇供水管网漏损率平均为 17%，略低于全国平均的 20%。全流域人均用水量由 1980 年的 408m³，下降到 2007 年的 294m³，相当于全国平均水平的 67%。

作为用水大户，海河流域农业节水灌溉起始于 20 世纪 60 年代，主要对输水渠道进行衬砌，提高输水效率。20 世纪 80 年代以后，灌溉缺水日趋严重，农业节水得到了较快发展，平原渠灌区以渠道防渗为主，井灌区以低压管道为主，果树及大棚蔬菜以喷灌、微灌为主；山丘区以发展集雨水窖和微型节水灌溉工程为主。目前，海河流域初步形成了渠灌区以渠道防渗为主、井灌区以低压管道为主、果树及大棚蔬菜以喷灌微灌为主的局面。海河流域节水灌溉面积从 1980 年 713 万亩增加到 2004 年 4868 万亩，节水灌溉率从 7% 提高到 49%，在现有灌溉面积中，渠道防渗占 25%，管道输水占 60%，喷灌占 14%，微灌占 1%。2007 年流域节水灌溉面积 5715 万亩，节水灌溉率达到 50%。其中渠道防渗面积 1172 万亩，管道输水面积 3406 万亩，喷灌及微灌面积 726 万亩。全流域灌溉水利用系数平均达到 0.64，远高于全国平均的 0.47。

四、水资源管理存在的问题

尽管海河流域取得了巨大的节水成就，但是几十年来大肆修建工程，超采地下水，或多或少忽视了供需矛盾带来的社会问题和生态环境的代价。最近一项关于海河流域水利发展和经济社会发展的研究成果指出，当前水利发展和经济社会发展的协调度不足 70%。综合分析过去的水资源开发利用历程，既有客观上禀赋性的资源短缺问题，也有相对落后的管理引发的社会问题，这也将是今后一段时间管理工作中必须面对的问题，主要体现在以下几个方面。

---

① 海河水利委员会，2010，海河流域综合规划。

（一）二元水资源管理体制

和全国其他流域相同,海河流域的水资源管理与水环境管理实行分部门管理体制。水资源管理实行的是流域管理与行政区域管理相结合管理的方式,水资源保护与水污染防治主要由环保部门负责。水资源与水环境的综合管理需要两部门的充分合作,但是,在实际执行中,两部门的管理工作缺乏有效的衔接这就直接影响了水资源保护和水污染防治工作的有效开展。此外,就水资源管理而言,尽管《新水法》确定了流域管理与行政管理相结合的管理方式,但是流域管理机构与地方政府水行政主管部门的职责权限尚缺乏明晰,流域管理与行政区域管理结合点和结合方式不清。流域机构代表的流域整体利益与地方政府代表的地方利益并不完全一致,有时甚至是冲突的。因此,容易造成流域管理与行政区域管理难以有效结合,影响了流域水资源保护工作开展。

（二）节水措施有待改进

目前海河流域实行的是"以供定需"的管理方法,即在有限的水资源供给条件下,通过工程和非工程措施(种植结构调整、产业结构调整以及管理等手段的实施),尽可能满足区域的水资源需求。为解决资源性缺水地区水资源供需矛盾,国家和地方政府投入大量资金发展节水灌溉,同时国家还集中力量为干旱地区实施超大规模的调水工程,这种做法在很大程度上缓解了水资源的紧缺。然而,一些不当的节水措施,特别是以增加有效灌溉面积为导向的节水措施,在显著减少供水的同时,却增加了水资源的消耗。

渠道衬砌与防渗是海河流域农业灌溉节水的主要的措施之一,该措施减少了水的渗透,提高了输水效率,但是,该措施减少的只是输水下渗量,并没有减少水的蒸发量,在取得显著"节水效果"的同时,在局部地区引发了地下水与生态危机。何武全和刘群昌(2009)、李代鑫(2009)研究表明在地下水水质较好的地区,渠道衬砌后,地表水与地下水的联系被割裂,地下水失去补给途径,往往造成地下水位下降,对井灌及当地居民生活用水产生了不利影响。此外,土质渠床是多种草、水生生物、昆虫等繁衍与栖息的场所,渠道衬砌以后,对地区生物的多样性产生了不利影响(卢良森等,2010)。

作为一种较新的工程节水措施,喷灌可以显著减少取水量,提高水分输送效率,但是喷灌"小水勤灌"的方式增强了蒸散。喷灌不同于普通的灌溉方式,它具有灌溉量少,而灌溉次数多的特征。高鹭等(2005)在中国科学院栾城农业生态系统验站对不同喷灌量下的耗水量进行了研究,其研究表明从减少蒸发耗水角度看灌溉实施中不应提倡小水勤灌,而要适当加大灌水量减少灌水次数,缩短土壤表层湿润的时期,来减少蒸发损失,提高农田水分的利用率。

一般观点认为,森林具有涵养水源的作用,但是在广大干旱缺水地区,盲目造林和简单增加森林不仅没有改善生态环境,反而因过量消耗水而激化林业生态用水与其他用水的矛盾。与此同时,许多缺水的城市片面追求城市绿化覆盖率的提高加重了城市水资源的短缺,形成了城市水资源短缺与城市绿地用水量不断增多的激烈矛盾。因此,在干旱缺水地区植被建设中应在不降低生态功能的前提下,尽可能选择耗水少的植被类型。此外,干旱地区城市人工河湖虽然具有美化城市环境的功能,可是却大大加强了水量的蒸发,对水资源的节约造成了不利影响。

（三）水资源供需矛盾突出

供需矛盾突出主要体现在三个方面:首先是缺水严重。海河流域供需缺口高达21％以上。其次是对连续干旱年的抵抗能力薄弱。以海河流域为例,自1998年洪水之后就进入了一个相对的枯水段,1999~2006年这七年之间的年均天然地表径流只有106亿 m³,相对1956~2000年的多年平均径流不足一半。在此期间,各省市相互出台限制用水对策,但依然难以应对矛盾,不得不在严重超采地下水的同时开展多次应急调水,从黄河流域调水进入海河。第三是省际水事矛盾频发。海河流域因近年来持续干旱,自2002年以来,先后发生了京津沟河杨庄截潜、津冀宁河北地下水源地开采、京冀拒马河引水等多起省际水事纠纷。虽经多次协调,矛盾得到一定程度的缓解,但究其原因,产生水事矛盾的原因除缺水外,跨省河流水权不明晰也是一个重要原因,是当前流域水资源管理中面临的突出问题。目前,海河流域除滦河、漳河、永定河等少数河流有国务院批复的水量分配方案外,多数跨省河流尚未进行省际水量分配。

五、水资源开发过度导致的后果

海河流域在缺水的情况下地下水超采严重,水生态自20世纪50年代以来持续恶化,主要体现在河道断流、湿地萎缩、地下水严重超采、入海流量锐减等环境生态问题。

（一）河道断流

海河流域主要河流的水流状况与人类活动的影响密切相关。据平原地区12个水文站1950~2000年共51年实测年径流系列进行趋势分析,发现20世纪60年代中期和20世纪70年代末期,是平原河道径流量有明显下降的两个转折点。1950~1964年实测年径流平均为215亿 m³,1965~1979年下降至108亿 m³,1980~2000年又下降至36亿 m³。平原地区21条重要天然河道,在60年代有15条河道发生断流,年平均断流时间78天,河道干涸总长度714km,干涸时间平均37天;到了20世纪90年代,21条河流全部发生断流,平均断流时间225天,干涸总长度1925km,干涸时间163天;2000年为枯水年,21条河流全部发生断流,断流时间268天,干涸长度2189km,干涸时间194天。目前,天然湿地仅剩500多 km²,比20世纪50年代减少了80％(任宪韶,2007)。

（二）湿地萎缩

20世纪50年代,根据有关资料统计,海河流域河北平原区666hm²以上(万亩以上)的洼淀有144处,总面积6640km²,天津市各县的39处洼淀总面积为4289km²,整个河北平原湿地总面积为10929km²(乔光健等,2010)。同时其他的一些研究中也证明当时海河流域湿地面积约为1万 km²(王志民,2002)。但是随着水资源开发利用程度提高和降水减少,湿地面积大幅减少。大量水库的兴建,尽管发挥了防洪、供水、发电和养殖效益,但也使调蓄流域洪水的主要场所从平原洼淀转移到山区。与此相应,湖泊湿地面积开始大幅度减少。到2000年,白洋淀等海河流域的12个主要湿地面积由20世纪50年代的

3801km² 下降至 2000 年的 538km²（不含水田、鱼池），减少了 5/6。

（三）地下水超采

地下水作为海河流域的主要供水水源，连续多年的地下水开采量已经造成了大量的地下水亏缺，据调查，1958～1998 年流域平原区累计亏空量达 896 亿 m³，年均亏空超过 20 亿 m³；1998～2005 年累计亏空 576 亿 m³，年均亏空达 72 亿 m³。这些巨大的亏空一半以上都集中在山前平原的浅层地下水含水层。平原浅层地下水出现了 11 个较大的漏斗，浅层漏斗主要分布在北京、河北中南部、豫北等平原及山间盆地，超采总面积超过 6 万 km²，其中一般超采区 4.1 万 km²，严重超采区 3400 余 km²。平原深层地下水出现了 7 个较大的漏斗，超采面积 5.6 万 km²，其中严重超采区 3.4 万 km²，主要分布在天津、沧州、衡水、廊坊一带。目前，深层地下水漏斗中心最大水位埋深已达 105m。天津地下水漏斗中心自有观测记录以来，地面下沉量已经超过 3m。天津滨海地区，已有 300km² 海拔高程低于 0m，增加了防洪排涝的难度和风暴潮威胁。地下水超采造成地面沉降、地面塌陷、地裂缝、土地沙化、海咸水入侵等诸多环境问题。与此同时，地下水水质也在逐渐恶化，海河流域水资源综合规划评价结果表明，平原区浅层地下水环境质量总体状况较差。其中，Ⅰ—Ⅲ类水分布面积 35235km²，占总评价面积的 23.6%，Ⅳ类水分布面积为 40133km²，Ⅴ类水分布面积为 74214km²，受污染面积（Ⅳ＋Ⅴ）占评价总面积的 76.4%。其原因，除污水灌溉、自然本底影响之外，地下水超采也是重要原因。深层地下水超采，致使咸淡水节面下移，水质恶化，一些优质淡水含水层也出现有害物质超标等情况。

（四）入海水量衰减

根据 1956～2005 年资料统计，海河流域多年平均入海水量为 93 亿 m³，其中 1956～1979 年为 129.8 亿 m³，1980～2005 年为 35 亿 m³。未经处理的污水经河道排入渤海，据不完全统计，仅 2005 年排入河口近海地区的废污水量就达 5 亿 m³。由于入海水清洁水量减少和污水未达标入海，致使河口地区水体污染，海洋生态环境恶化。入海水量减少，下泄动力不足，大量泥沙沉积于河口，堵塞洪涝水下泄通道，影响防洪除涝安全。

第三节　美国科罗拉多河流域水资源开发与管理

在美国西部，科罗拉多河的水资源支撑了西部城市、灌溉和发电等经济事业的发展，依法治水和民主协商制度已经实施了近 90 年。近十几年来，当地遭遇了类似于海河流域的枯水期，由于缺水而引发的问题和矛盾也非常突出，为此，流域采取了有效的管理措施，其流域水管理、水权分配、实施耗水管理的做法和经验值得学习和借鉴。

一、流域概况

（一）河流情况

科罗拉多河流域总面积 63.7 万 km²。其发源于得克萨斯州西部拉米萨以西，上游源流称萨尔弗河,干流流向西南,最后在贝城以南 40km 处,注入墨西哥湾。干流源出美国西部南落基山脉弗兰特岭西坡,向西南流经犹他、亚利桑那、内华达、加利福尼亚等州和墨西哥西北端,注入加利福尼亚湾。科罗拉多河长度大约有 2333km,整个科罗拉多河河系大部分流入了加利福尼亚湾,是加利福尼亚州淡水的主要来源;另一部分则往南流向墨西哥,在墨西哥境内长度 145km。

（二）地形地貌

科罗拉多河流域边界三面环山,东、北为构成大陆分水岭的山脉,西为落基山脉,整个流域地势为北高南低。源流所在地两岸山地海拔均在 4270m 以上,从发源地到利斯费里为上游段,河道蜿蜒,长约 1030km,地势较高,终年积雪,水量较多;中游从利斯费里至比尔威廉斯河河口（帕克坝哈瓦苏水库内）,流经科罗拉多高原,由于该地区多为干旱地区,增加的径流不多,形成许多峡谷地形。上中游合计长达 1600km,约占科罗拉多河总长 2/3 以上;下游地势低洼,由山脉、盆地、沙漠构成。

（三）气象与水文

科罗拉多河上游受海拔和地形的影响,气候变化较大,最低气温-46.7℃,最高气温达 42.8℃,年均降水量为 200～500mm,年径流约 70% 集中在 4～7 月。科罗拉多河上游干、支流水资源极为丰富,据利斯费里站统计,多年平均实测径流量为 186 亿 m³,最大径流量为 296 亿 m³（1917 年）,最小径流量也有 69 亿 m³（1934 年）。中、下游地区大部分属干旱、半干旱气候,年均降水量不足 100mm,加上蒸发量大、渗漏、灌溉等耗水,水量逐渐减少。

二、水资源面临的主要问题

（一）水资源短缺

科罗拉多河下游地区降水不足 90mm。降雨集中在 11 月初至来年 4 月末,降水时空分布不均,科罗拉多河水位季节变化大,4～5 月洪水期与冬季枯水期流量相差 25 倍左右。该地区秋冬河水干涸,且蒸发量大,是全美水资源最为紧缺的地区。

（二）水资源开发利用程度过高

科罗拉多河是美国西部的生命之河。经过 100 多年的发展,水利工程已经十分发达。现有水坝、水库、引水渠把仅有的径流几乎全部截流,甚至要通过开采部分地下水才能基本满足用水要求。科罗拉多河年供水量达 165 亿 m³,约占年径流量的 90%,水资源开发利用程度已超出了黄河、印度河等亚洲大河。

1922 年,科罗拉多河的水资源就进行了分配,但自分水协议签订以来,河川径流一直在减少,一个世纪以前,每年约有 250 亿 m³ 的水流进加利福尼亚湾,而目前,年均径流量只有 160 亿 m³,贯穿墨西哥和美国的科罗拉多河出现断流。过度的水资源利用已经使曾经生机勃勃的河口自 1993 年以后就没有再看到河水,来水来沙的减少导致了海水入侵。

（三）水资源需求越来越大

流域内人口在增长,经济在发展,对水的需求也在增加,水短缺问题日益严重。到2020 年,由科罗拉多河负责供水的区域,人口将达到 3800 万人。位于内华达州南部的赌城——拉斯维加斯,得邻近科罗拉多河之利,时下 90％饮用水取自该河。但近年来用水需求快速增长,即便考虑节水和审慎用水因素,用水量仍超出南内华达州水管理理事会批准的用水预算,用水量也超出了早期科罗拉多河的分水配额。当地水管理理事会的官员也认为,对内华达州南部地区来说,仅依赖科罗拉多河配额来满足供水,无法实现长期的可持续发展。由于人口和经济规模的快速增长,由此带来的水资源紧张、能源短缺问题更加突出,这一现象引起了流域内各州政府的焦虑和担心。

（四）水质与水生态环境问题突出

科罗拉多河水资源的近 80％用于农业灌溉。由于农业开发、生产活动而引起的水质污染,是流域生态环境破坏的原因之一。水质污染主要是由于农业生产活动而产生的地表水土流失以及大量使用氮和磷随地表水流失到河流及湖泊造成的,使河水及湖水产生富营养化问题。

此外,科罗拉多河的水被数次重复利用,在每次循环利用中,一方面蒸发损失了水资源,另一方面把土地中的盐带进排水渠,所以,越往下游,河流水体的盐分浓度越高,到拉斯维加斯水体含盐量甚至达河源水的 12 倍。在美国-墨西哥边界,即使美国投资 30 亿美元修建了一座巨大的脱盐厂,但自建成后也从未使用过,因为脱盐的成本是农业用水灌溉得到效益的 10 倍。

（五）水权问题产生的新争议

从法律和水文意义上来讲,过去的科罗拉多河是世界上管理得最好的河流。但现在,法律和水文在这条河不再相互协调。最初,随着采矿业的发展,使得矿主之间为争夺同一河流上的水权而引发了许多争端;随后,农业灌溉需水的增长使人们对水的争夺变得更加激烈,农业用水要较采矿业用水多得多,灌溉面积的增加使得人们不得不去兴建新的蓄水引水工程,沿海地区工农业经济的发展和人口继续增长,当地分配的水资源很快就被用光。

美国七个州分享科罗拉多河水的依据是 1992 年签署的一份合同和后来达成的几个协议。来自七个州负责管水的官员,希望制订一项新的协议,目的是在河流水量少、水库不能向各州正常供水的情况下,据此协议分配科罗拉多河水,但七个州未能就这一干旱管理计划达成协议,原因还是在对水的分配上,各州都有自己的打算。

三、水资源管理方面的行动

1999 年开始,科罗拉多河流域发生持续干旱,造成河流水位不断下降,2004 年该河水位由 1999 年正常水位的 351.74m 下降至 2004 年的 347.78m,共计下降了 3.96m,到2008 年年初水位降低至 342.60m,较正常水位下降 9.14m。连续七年降雨量低于多年平均降水量,其中,2002 年降水量仅为多年平均降水量的 26%,干旱使得流域内几乎所有的水库蓄水都减少至原来的一半,为下游几个州供水的米德湖下降了 30 多米。

尽管遭受严重的干旱,但流域内城市的快速发展却对用水提出了更高的需求。以拉斯维加斯为例,其最高气温高达 43.3℃,每年的降雨只有 11.43mm,年均降水次数也只有区区 13 次,该城市还不得不面对每年 4000 万、且年增速为 9 万游客的用水挑战。其他城市如加利福尼亚州的洛杉矶、圣地亚哥也同样面临缺水的威胁。

为应对水资源短缺问题,各州内部或各州之间已经积极采取了多种措施应对当前的水短缺问题,其中最有代表性的包括加利福尼亚州市政用水和灌区用水之间的水权交易、亚利桑那与加州水银行、内华达州的边境水库工程、帝国灌区的节水措施、内华达州的节水和耗水管理等。

(一) 加利福尼亚州的水交易

早在 1928 年的博尔德峡谷项目法案中,加利福尼亚州的水权就已经确定,农业灌溉具有优先的水权。1960 年,加利福尼亚州修建了规模巨大的北水南调工程,该工程每年从北部调水 40 多亿 m³ 用以解决缺水问题。然而随着该州的城市发展,城市用水量逐渐增加,缺水问题依然严重。这种情况下,用水只能在灌区和城市之间协调,进而产生了城市和灌区之间的水权交易。

为缓解水荒,洛杉矶与帝国灌区就水权置换达成了协议。经过谈判,洛杉矶投资 2.33 亿美元,为帝国灌区的供水渠道增加水泥防漏层,每年为帝国灌区节约 1.36 亿 m³ 的灌溉用水。在工程结束后的 35 年内,洛杉矶每年可从科罗拉多河多调 1.36 亿 m³ 的水。2003 年,帝国灌区还与圣地亚哥也达成了类似的协议,建立了当时全国最大的水置换工程。

(二) 内华达州在亚利桑那州和加利福尼亚州建立的水银行

内华达州是科罗拉多流域比较缺水的区域。为了缓解缺水压力,2001 年内华达州水管理委员会和亚利桑那州水资源管理委员会经过协商签订了一项协议,由内华达州出资在下游亚利桑那州修建地下水存储工程,将 14.8 亿 m³ 的水埋藏于地下,形成水银行,当他们需要用水的时候直接从上游的米德湖取水。目前该水银行的存储费用大约 3 美分/m³(约合人民币 0.2 元/m³)。

2004 年内华达州水管理委员会和南加利福尼亚州水务局又达成了一项协议,内华达州将科罗拉多河水权中自己的配额存储在加利福尼亚州,以备在将来的年份可以重新取用这部分水量。协议签订后,2004 年、2005 年,内华达州每年在加利福尼亚州存储 1.23 亿 m³ 的水量。

在美国西部地区出现了水银行的水权交易体系,将每年水资源量按水权分成若干份,以股份制形式对水权进行管理,方便了交易程序,使水资源的经济价值得到充分体现。

(三) 内华达州的水库工程

内华达州为缓解城市的用水紧张,计划在美国和墨西哥的边境地区(位于加利福尼亚州境内)修建一个名为 DROP TWO 的水库,库容 1000 万 m³。根据美国和墨西哥的水权协议,每年必须下泄一定数量的出境水量,由于从胡佛水坝流到边境地区(DROP TWO 水库位置)需要大约三天的时间,但下游科罗拉多河末端(美国境内)没有控制工程,如果这三天时间内流域下游发生降雨,降雨产生的径流则无法被利用只能进入墨西哥境内,因此新的水库主要用于调节下游新增降雨带来的水量,用以解决内华达州的水资源紧缺。内华达州经过修建该水库拦截雨水为加利福尼亚州使用,同时作为置换可从上游河道及水库取水。据估算,在置换期内(约七年),内华达州一共可取水 4.93 亿～7.40 亿 m³。

(四)帝国灌区的节水措施

始建于 1911 年的帝国灌区年降水量 80～110mm,且降水主要集中在 2 月和 3 月,蒸发量 2600mm 左右,是加利福尼亚州的主要用水大户。灌区多年来一直采用 1928 年的水权分配进行灌溉,但是该灌区存在灌溉方式不当、用水量大、土地盐碱化等问题。近年来随着整个科罗拉多流域的用水紧张,灌区和城市的用水矛盾逐渐突出,灌区采取了有效的节水措施以减少水资源消耗。

主要采用的节水措施有:鼓励休耕以用于水权交易,灌区与农民签订协议,每亩地休耕五年可得到约 85 美元的补偿,并为休耕者培训寻找新的就业机会;灌区限定每亩地的年度最大用水量,引导农民进行种植结构调整;采用激光进行大面积的土地平整,使水流比较平稳进入田块,灌溉均匀度高,田间效率可达到 90%;将原有的喷灌改造为沟灌和管灌,有效地缩短了灌溉时间,减少了水分蒸发,节约了灌水量,提高了灌溉效率;测定土壤湿度情况指导农户科学灌水,灌区根据土壤含水量情况结合气象情况,制定作物耗水曲线,同时通过图表告知农户作物耗水量,农户可以实现科学灌溉和节水,还能提高水分生产率。

(五)内华达州的节水行动

内华达州水资源管理重点在于控制消耗,即控制"ET",并且在拉斯维加斯实施了真正的耗水管理。通过减少水资源的消耗,拉斯维加斯每年可从河道中多取水 5000 万 m³。在严格控制用水的同时,该州非常注重污水的收集与处理。

内华达州在室外节水方面积极推广先进技术的应用。水务部门通过遥感监测技术获取掌握城市绿地的分布情况,在改造草坪减少耗水的同时,通过和景观设计单位及草坪公司合作,为住户设计新的更好的景观,同时通过安装节水灌溉器具,最终使住户以较少的灌溉获得更好的景观,达到城市节水的效果。并且水务部门为每个家庭规定了不同季节他们每周的草坪灌溉时间,不定期经由巡逻车进行检查监督。

图 2.2 为城市景观改造图,在保持景观效果不削弱的情况下,改变室外景观植被,减少植被耗水。内华达州拉斯韦加斯市鼓励居民节约用水。对于在花园种植仙人掌而非草坪等喜水植物的家庭,政府给予重金奖励。

(六)圣路易斯峡谷水资源管理

1. 水资源现状

科罗拉多的圣路易斯峡谷位于圣胡安山峰和 Sangre de Cristo 两个山脉之间,平均海

图 2.2　内华达州的城市节水室外景观改造图

左图为改造前的草坪景观；右图为改造后的沙漠植被景观

拔 2350m，是美国海拔最高的农业区，同时该区也是美国马铃薯主产区之一。通过灌溉，峡谷的农民将阳光充沛的高沙漠裂谷变成了地球上最密集的灌溉农业地区，峡谷中的灌溉用地总面积为 240000hm^2（600000 英亩）。由于峡谷的降水很少，仅比拉斯维加斯多 75mm，因此，所有的作物都需要灌溉来满足用水需求。自 20 世纪 50 年代起，政府对灌溉取水的供电费用进行补贴，致使农民长期的开采地下水进行灌溉。

在多年以前，农民还只在灌溉时段的最后几周地表水开始减少的时候开采地下水。但是在最近的 20 年间，受气候变化的影响，Rio Grande 的径流量与历史平均水平相比下降，为了弥补用水短缺，农民开始大量抽取地下水。同时，气候变化使得亚利桑那州和墨西哥的沙尘暴越来越频繁，沙子落到山上的积雪，加热了雪的温度，使峡谷河流的主要水源积雪的融雪期前移，从而导致夏季干旱期变得更长，使得该区域需要抽取更多的地下水来满足灌溉的需求。尽管该区域 1972 年就已禁建新的深水井，1981 年开始停止审批新的浅水井，但是超采情况依然持续着。

2. 水资源管理措施

为了减少地下水开采，峡谷当局采用休耕补偿机制，意在休耕 16000hm^2 土地。峡谷当局与美国农业署的农田服务处联合申请了 CREP（Conservation Reserve Enhancement Program），旨在提高水保护，增加野生生物栖息地，阻止土壤侵蚀。

休耕补偿措施包括，农民签署 15 年的农田休耕契约。每年，农民将根据休耕面积和当地的土地价格得到补偿。其中联邦政府每年每公顷休耕地补偿 370 美元，峡谷当地政府提供至少 20% 的项目经费，Rio Grande 水保护区通过向抽取地下水的农民征收"抽水费"来满足经费需求，其中，每抽取 1000m^3 地下水收取 35～60 美元。此外灌溉用地也需要征收较少的管理费。

此外，由于 San Luis 峡谷地区每年日照时间长达 340 天，处在美国西部太阳能开发的中心，因此，该地区通过大力发展太阳能产业来代替灌溉农业，这样也可以减少地下水的超采。

第四节　澳大利亚墨累-达令流域水资源管理

一、墨累-达令流域

墨累-达令(Murray-Darling)流域位于澳大利亚的东南部,包括新南威尔士、维多利亚、昆士兰和南澳大利亚洲,是澳大利亚最大的流域,流域面积为 106 万 km^2,约占澳大利亚陆地面积的 1/7。该流域拥有澳大利亚 1/2 的耕地、1/2 的绵羊,和 1/4 的牛肉和奶制品,农业总产值占澳大利亚农业总产值的 41%。

墨累-达令流域年平均降水量 480mm,降水时空分布不均。源头一带最大为1400mm,中游的奥尔伯里(Albury)地区平均降水量仅为 600mm。降水主要集中在冬春两季,占全年总量的 2/3;流域年均径流量 238 亿 m^3。

二、水资源管理措施

20 世纪 50 年代,由于人口的增长与经济的不断发展,墨累-达令流域曾面临土地盐碱化、河流健康状况恶化、农田与湿地退化等一系列问题。为此,该流域采取了一系列措施管理水资源。

(一)流域一体化管理

流域实行联邦政府、州政府、各地水管理局三级管理体制。管理机构根据澳大利亚政府与新南威尔士、南澳大利亚、维多利亚、昆士兰四个州政府联合制定的墨累-达令流域协议设置而成,主要包括(夏军等,2009)。

(1)决策机构。墨累-达令流域部长级理事会,由联邦政府、流域内四个州的负责土地、水利及环境的部长组成,主要负责制定流域内的自然资源管理政策,确定流域管理方向。

(2)执行机构。墨累-达令流域委员会,来自流域四个州政府中负责土地、水利及环境的司局长或高级官员担任,主要负责流域水资源的分配、资源管理战略的实施,向部长级理事会就流域内水、土地和环境等方面的规划、开发和管理提出建议。

(3)咨询协调机构。社区咨询委员会,成员来自流域内四个州、12 个地方流域机构和四个特殊组织,主要负责广泛收集各方面的意见和建议,进行调查研究,对相关问题进行协调咨询,确保各方面信息的顺畅交流,并及时发布最新的研究成果。

(二)水权与水交易体系建立

墨累-达令流域在政府有效调控下,通过完善的水权制度、规范的水市场建设,逐步实现水资源的优化配置,使有限的水资源为社会创造更大效益(Fisher,2006;陈海嵩,2011)。

(1)水权的分配。墨累-达令流域 1994 年把水权从土地权中剥离出来,新的土地所有者可以通过申请许可证或从水市场购买水权获得供水水源;建立水的交易系统,允许水权转让。

（2）水权类型。在澳大利亚水的所有权属于国家或者州政府。墨累-达令流域水的所有权和使用权归州政府，水权类型有三类。水获取权（water access entitlements）：针对某一具体的水资源可消费量，确定的一个与土地相分离的、永久的水资源份额权，其规定的是水权人的水资源份额。水分配权（water allocations）：根据特定的水资源规划，分配特定的水量，即水权人在一定期间内有效的取水量。水使用权（water use approvals）：对因某一目的而在特定地点用水的情况进行法律审批，并将其和一般性取水权相分离，即水使用权授予水权人从事与水权相关的活动，并将水获取权与水分配权转变为水的用益权。

（3）水权的交易。墨累-达令流域水权交易方式分为临时转让和永久转让，这两种转让方式可以在州内或者州际进行。临时转让主要发生在一年内的水调配量在不同用户之间的转移，是最常用的交易方式；永久性转让是指部分或者全部水权的完成转让，需要经过一定的法律程序和一定的时间来实现。同时实行取水量"封顶"制度，任何新用户，包括灌溉开发、工业用途和城市发展的用水都必须通过购买（贸易）现有的用水水权来获得。

三、水权制度的缺陷

墨累-达令现行的水权交易制度促进了用水效率的提高，曾经为解决土地盐碱化、确保河流健康、农田与湿地的退化起到重要作用，但是近年来，连续高温所引发的干旱造成流域径流量减少，蒸发加强，现在的水权交易制度所存在的问题逐渐暴露（CSIRO，2006；Nevill，2009；Young，2012）。

（1）地表水与地下水水权管理的割裂：墨累-达令流域水权与水交易更多的是针对地表水，而对于地下水的水权的确定较少。

（2）水权的过度分配：1994～1995年，水资源管理机构颁发的取水证对应的取水权是14680亿 m^3/a，实际可用水量是12131亿 m^3/a，年均径流量是12896亿 m^3/a，也就是说颁发的取水许可证对应的取水量是实际可用水量的114%（Beare，2002）。

（3）可用水量计算的缺陷：澳大利亚在水核算时没有区分取水和耗水，没有考虑回流问题，这意味着上游的农民将大力提高用水效率，而忽视排水的水量与水质，这会导致回水的大量减少，下游的用水户利益将受到损害。

四、水权制度引发的新问题

统一的流域管理机构，水权制度的建立，使水有了价格，在最开始时为流域水资源的有效管理发挥了巨大作用。但是，近几年来，由于墨累-达令流域遭受到连年干旱，河流水量减少，新的问题开始出现（Young，2012）。

（一）地下水超采

墨累-达令流域当局对地表水取水量实行了"封顶"制度，但是地下水取水量却很少或者没有设置"封顶"量，地下水水权没有明确的规定。因此，用水者转而采用透支地下水的方式满足农业灌溉需求。最近几年，墨累-达令流域的地下水开采量逐渐增加至15亿 L，由于地表水与地下水存在内在的联系，地下水的消耗导致地表水年径流量减少了300百万 L。

（二）回水拦截

交易使得水有了价格，用水户可以将多余的水出售给其他人获取利益，这为用水户、灌溉设施提供商带来了"可持续"的商机。对于用水户而言，其采用"开源节流"的方式从水交易中获取更大的利益，"开源"即收集降落到农田的降水、修建拦水坝拦截流经农田的河水，目前，拦水坝减少的年平均径流量为 1900 亿 m³（van Dijk and Keenan，2007）。节流即购买安装昂贵的灌溉系统减少农业用水量，提高田间水的利用效率，而水的利用效率越高，灌溉水的回水量就越少。这些措施，直接导致河流流量下降、造成下游缺水。

（三）河流生态环境的恶化

为了从水的交易中获取最大的价值，墨累-达令流域增加了地下水的开采，增强了地表水的拦截，墨累河的径流机制被破坏，河水最大流量出现的季节由春季变成秋季，这直接减少了春季地下水量。地下水的大量消耗，无意间减少了地下水对地表水的补给，还引起了地表下沉，而地表下沉导致了水利工程设施的损毁和海水的倒灌。Young（2012）研究表明 1993~1994 年以来，由于地下水使用量的增加，导致整个流域地表径流量每年减少 349 亿 m³，流域管理委员估计随着地下水使用量的增加，地表水流将每年减少 330 亿~550 亿 m³，到 2053 年，地表径流量将减少至现在的一半，这将导致每年可用水量减少将近 6000 亿 m³，这几乎占墨累河可取水量的 80%。由于地表水与地下水存在相互联系，对于墨累-达令流域而言，地下水是其径流重要的补给来源，当地下水被过量开采，河流径流补给量将减少，河流径流量降低，河流生态危机加剧。同样采用工程措施拦截地表水，直接导致地表径流的减少。减少的地表径流对于河流系统健康的维持极其重要，河流的水量持续下降后，河水的盐度将上升，水生生态系统将一个接一个消亡，并且这个过程将从墨累河口的 Coorong 开始，逐渐向上游蔓延。

第五节　伊朗水资源管理

伊朗是一个气候非常干旱的国家，伊朗人口占全世界人口总量的 1%，但是伊朗的水资源储量仅占全世界水资源量的 0.36%（Iran Daily，2001）。在干旱的大背景之下，伊朗水资源极度依赖地下水，经过长时间的过量超采加之水资源管理措施不当，目前，在伊朗产生了严重的地下水危机。

一、伊朗水资源管理

尽管伊朗水资源先天不足，但是当局者并没有采取有效的手段管理水资源，相反，浪费极其严重。

在水利工程的建设过程中，当局认为尽一切可能修建水库就可以管理好水资源。但是历史早已经证明，在干旱的地区修建大坝切断了水循环通道，造成地下水无法得到补给的严重后果，此外，水库的修建大大加强了水面蒸发，大量的水资源被白白的浪费掉。

同时，当局对供水网络的维护力度不够，由于管网失修，水的渗漏十分严重。在城市饮用水供应中,伊朗饮用水供应的37%由于管网失修而渗漏,农业用水浪费更加严重,大约只有38%的水能够被作物利用(Foltz,2002)。

尽管水资源先天不足,但伊朗水资源的浪费非常的严重(Foltz,2002)。以伊朗首都德黑兰为例,其人均日用水量是63gal[①],这几乎是西方欧洲国家的2倍。事实证明,在干旱的沙漠地区不适合种树、植草,但是在伊朗却不是如此。以伊朗的第二大城市伊斯法罕为例子,目前该市7~8月的夏天,热的令人难以想象,最高温度可以达到华氏105°,夜晚的温度也高达华氏85°。为什么该地区如此炎热呢? 在20世纪70年代,通过开采Kuhrang山的巨量地下水,有两条供水渠道为伊斯法罕供应丰富的水资源。但是在90年代,为拉夫桑詹和雅兹德市专门修建了分水渠,这直接导致供应伊斯法罕的水资源量大大减少。

尽管分水是水资源危机的一大诱因,但是该市在用水方面也存在严重的浪费。一方面,园丁在每天正午,也就是一天最热的时候浇灌草坪,而且随处可见无人看管的软管与水龙头在浇灌草坪,更有甚有园丁使用软管喷水清扫落叶;另一方面,流经该市的河床早已经干涸。此外,当局在宰因达河的沿岸种植了树木,唯一的理由居然是害怕孩子们迷路。伊斯法罕经济的发展也需要对水资源危机负责,就如工业来说,该市修建了许多高耗水的工业产业,如钢铁厂。在农业作物种植上,该地区种植了高耗水的作物水稻,极其干旱的伊斯法罕居然是伊朗第二大的水稻产区。

除用水不当外,伊朗富人区水资源浪费也非常严重。在伊朗,富人通常在郊外拥有自己的私人领地,用于周末度假,通常他们会在自己的私人领地上修建花坛、喷泉与水池,为了维持这些园林景观,在公共用水供水不足的情况下,越来越多的富人安装抽水泵抽取地下水。大型的私人游泳池随处可见。当抽水井干涸之后,最流行的方式是挖一口更深的井,安装更大的抽水泵。当然,对于普通老百姓来说,他们没有财力这么做。

二、地下水超采的严重后果

(一)地表沉降

由于地下水超采严重,伊朗大面积的地区地下水水位的下降非常严重,随之而来的是大范围的地表沉降(Mahdi *et al*.,2008)。

总人口达到1400万的伊朗首都德黑兰的地下水在过去的几十年就已经耗竭了。地下水的耗竭部分是由于失控的人口迁入引发的,部分是由于工业与灌溉农业快速的滥采地下水引起的。据官方统计,德黑兰共计有8000口非法开采的水井,但是据非官方统计,这一数字接近30000口。自1990年以来,高强度的地下水超采造成了瓦拉明地区至德黑兰平原地下水水位的严重下降,累计下降幅度达到13m。地下水水位的严重下降引发了德黑兰西部平原、瓦拉明至德黑兰东南部平原地区两个地区严重的地表下沉。2004年6月13日至2004年10月31日,德黑兰西部的居民区地表累计下沉达到14cm,瓦拉明地区下沉的速度稍微慢点,最大下降幅度为9cm。

---

① 　1gal(UK)=4.54609L,1gal(US)=3.78543L。

伊朗中部拉夫桑贾是另一个地表下沉严重的区域,从 1971～2001 年,由于大规模的农业灌溉与人口的增长,这一地区地下水水位累计下降幅度超过 15m,InSAR 地表形变监测技术表明,从 2005 年 5 月 17 日至 2005 年 7 月 26 日,地表累计下降幅度达到 15cm。

伊朗东北的马什哈德和卡什马尔峡谷区地表沉降也非常严重。由于严重的地下水开采,自 1980 年以来,地表水的水位下降达到 15m,在过去的 40 年,某些区域最大下降幅度达到 64m。监测结果表明,地下水的严重下降导致伊朗马什哈德市在 2004 年 6 月 14 日至 2004 年 11 月 1 日,峡谷地表下沉达到 12cm。在卡什马尔下沉的最大幅度也达到 8cm。

东北部的佐兰德-卡什马尔平原到拉夫桑贾也发生了了地表沉降。自 1990 年以来,该地区地下水水位下降幅度达到 20m。2003 年 7 月 3 日至 2004 年 3 月 4 日,合成孔径雷达干涉测量技术(InSAR)监测的结果表明该地区大约有 1000km² 的地区地表发生沉降,下降的最大幅度达到15～17cm。

伊朗中部沙漠的 Yazd 省,年平均降水量仅仅只有 60mm,其农业灌溉与工业用水全都依赖于渠系供应的地下水。自 1970 年以来,该地区地下水水位下降幅度累计达到 12m,地表形变监测的结果显示地表下降幅度高达 9cm。

(二)生态危机

位于伊朗东南,与阿富汗与巴基斯坦接壤的哈矛湖是伊朗最大的淡水湖,但是该湖于 2001 年 9 月消失了,而就在两年前,渔民还可以从湖中捕捞 12000t 鱼。哈矛湖干涸之后,强风与沙尘暴造成东南地区 94 个村庄土壤的严重侵蚀(MacFarquhar, 2001)。

作为伊朗地区最大的咸水湖——乌尔米耶湖也面临着严重的生态危机(Pengra, 2012)。乌尔米耶湖位于伊朗西北部的,是世界上最大的咸水湖之一,也是中东最大的湖泊。乌尔米耶湖是生物的重要栖息地,也是重要的农业区,该湖附近有 640 万人,而在方圆 500km 的范围内,人口高达 7500 万。目前,乌尔米耶湖水位日益下降、湖面不断萎缩,与相比 1995 年相比,2011 年湖泊水位下降了 7m,湖面面积由 1995 年的最大的 6100km² 萎缩到 2011 年的 2366km²。干旱、农业灌溉、管理不善是造成湖面萎缩,水位下降的重要原因。

据研究,水量减少的 65% 是由气候变化与上游调水引起,25% 是由于大坝蓄水引起,10% 是由降水减少导致。从 1967～2006 年,多年平均降水为 235mm,最大值为 1968 年的 440mm,最小值为 2000 年的低于 150mm。最近 10 年(1997～2006 年)的平均降水要比之前 30 年(1967～1996 年)的平均降水低 40mm。干旱与半干旱的气候意味着农业极其依赖灌溉,而该地区降水的减少,地表水远远不能满足农业灌溉的需求,造成了地下水严重超采,引起地下水水位不断下降。Zarrineh Rood 河是注入乌尔米耶湖的 13 条主要河流中最大的一条河,是湖泊水分收支的重要来源,可是由于气候干旱加之上游调水,使得流入乌尔米耶湖的河水急剧减少。

作为一个内陆湖,强烈的蒸发加剧了乌尔米耶湖的水资源消耗。强烈的蒸发作用导致乌尔米耶湖的含盐度越来越高,在过去的 15 年,湖泊水量急剧减少,湖泊中的盐度上升到了 300g/L 以上,这是海水盐浓度的八倍,由于湖泊含盐度高,乌尔米耶湖中没有任何鱼类、软体动物,植物仅剩浮游植物。湖中最重要的一个生物群为卤水虾——乌尔米卤虫生存受到致命的威胁。裸露的湖床被厚厚的盐层所覆盖,科学家警告说水位持续的下降会导致盐碱化的增强,湖泊食物链和生态系统的崩溃。湿地的消失、盐风暴的盛行、气候异常,对当地农业和生活以及区域健康都将造成重大影响。

乌尔米耶湖水位的下降与湖面的萎缩导致了严重的生态环境问题:①湖水盐度过高:由于来水量的减少,目前乌尔米耶湖的含盐量达到 300g/L,局部地区盐度更高,而维系该湖食物链的乌尔米卤虫生存的最佳盐度在 200g/L 以下,当盐度高于 200g/L 时,乌尔米卤虫的生长速度、繁殖能力下降、死亡率增高,当盐度高于 320g/L 时,虾将无法继续生存。由于乌尔米卤虫是藻类-虾-候鸟食物链的最重要环节,如果乌尔米卤虫的数量不断降低,将导致候鸟数量的减少,从而影响整个生态系统的可持续发展。②高盐沙漠:由于湖水的不断下降,裸露的湖床被氯化钠所覆盖,形成了面积超过 400km2 的盐滩。盐滩不仅不能支持农业与自然植物的生长,将来还将形成"盐尘暴"(salt-storm),盐尘暴将抑制植被的生长、减少作物的产量、损害野生动物与家禽的健康、引起眼部、呼吸道、喉咙、食道疾病,生活在方圆数百公里范围之内的 1000 多万人将受到"盐尘暴"的影响。

第六节　印度水资源管理

印度年降水量高达 1200mm,从降水总量来说并不缺水。印度国土面积占世界2.5%,水资源却占世界的 6%。尽管印度降水充足,但是降水在空间与时间上分布极不均匀,由于显著的季风气候特征,印度的降水主要集中在雨季。此外,印度人口占世界的15%,是世界人口第二大国,预计到 2050 年,印度总人口将达到 16 亿(Visaria and Visaria,1995),届时将超越中国成为世界人口第一大国,因此,印度人均水资源量较少。自独立以来,印度的经济保持着快速发展,工业、农业与生活用水迅速增长。但是,简单、粗放的水资源管理方式与水资源的巨大需求形成了鲜明对比,印度水资源供需矛盾十分严重。

一、用水现状

2006 年,印度用水总量为 8290 亿 m³,到 2050 年预计将超过 1.4 万亿 m³,印度农业、工业与生活用水增长迅速。

印度耕地面积仅次于美国,灌溉面积世界第一,人均耕地面积是中国的两倍,农业用水占全国用水总量的约 90%。1947 年,印度获得独立,1947~1967 年,为保证粮食安全,印度爆发生了"绿色革命",耕地面积增长了两倍,1970~1999 年,耕地灌溉面积增长了近三倍。耕地面积、灌溉面积的迅速增长与作物品种的改良使印度粮食产量获得了巨大提升,在确保本国粮食安全的同时,成为了世界上粮食出口大国。地下水为印度农业的发展做出了巨大贡献,1951 年,印度共计有 400 万口水井,到 1997 年则增长至 1700 万,地下水灌溉面积由 1951 年的 600 万 hm² 增长至 1997 年的 3600 万 hm²,目前,地下水的过度开采在局部地区已经造成严重后果,如地下水水位下降、海水入侵、水质恶化等。

目前,印度工业用水量为 500 亿 m³,占印度用水总量的 6%,并且伴随着工业的迅速发展,工业用水量将持续增长。由于地下水污染少、化学性质稳定、供水保证率高,因此地下水对印度工业的发展起到巨大促进作用。但由于污水处理设施陈旧落后,加之政府片面强调经济的发展,而忽视对工业废水的治理,工业在取得巨大成就的同时排放了大量的没有经过处理的污水,造成了严重的地表水与地下水污染。

目前,生活用水占印度用水总量的 4%~6%。快速的城市化使得城市人口急剧膨胀,如今,城市人口占总人口的比重约为 30%,预计到 2025 年,该数字将达到 50%。城市人口的快速增长、中产阶层的壮大,对水的数量与质量都提出了更高要求,但是供水管网无法满足城市居民用水的需求,很多生活在贫民窟中的居民无法得到政府供应的清洁水源,加之地表水污染十分严重,贫民只有汲取地下水满足生活用水的需求。而在印度农村地区,生活用水也存在着严重的供需矛盾。目前,印度近 30% 的农村居民缺乏安全用水保障,35 个联邦中只有 7 个联邦的农村居民不需要为饮用水发愁。

二、水资源管理

印度水资源管理简单、粗放,目前还处于供水管理阶段,就是以需定供,即尽量满足各行各业对水资源的需求,有些地区甚至还处于简单管理阶段。

印度在水资源立法、节约用水、水资源用水效率、水环境治理等方面严重滞后。城市供水设施老旧、落后,根本无力承担城市用水的需求。在印度的历史上,水资源被看作一种无限的资源,是人权的最基本的保证,并不需要任何的管理。1947 年,印度独立之后,举全国之力发展灌溉农业与经济,以确保粮食安全与增强国力,忽略了水资源管理。就地下水而言,与中国相比,印度地下水管理方面的法律条文甚少,土地的所有者可以毫无节制的提取地下水。经济的发展,使得电力得到普及、钻井与抽水设备得到大力发展,低廉的电价与便宜的抽水设备大大加快了地下水的消耗。

在水利工程、供水管网与污水处理设施建设等方面落后直接导致水资源存储、水资源供给保障的落后。印度首都新德里每天需要供应 3600 万 m³ 的水,但是,在目前的供水条件下,供水系统只能供应 3000 万 m³ 的水,而由于供水管道跑、冒、漏、滴现象严重,供水渗漏率高达 40%,最终送达到消费者的只有 1700 万 m³ 水。与中国相比,印度人均水资源存储量只有中国的 1/5。

三、水资源危机

由于气候的变化,水资源供需矛盾,落后的水资源管理方式,目前印度已经处在水资源危机的边缘,并引发了严重的后果。

(一)气候变化

全球气候变暖导致气温升高,加剧极端天气的发生。根据 IPCC 研究结果,在过去 100 年的时间里,全球气温上升了 0.76℃。全球气候变暖对印度水资源构成了威胁。有世界水塔之称的青藏高原是亚洲许多大江、大河的发源地,如流经印度的恒河、印度河就发源于此。冰雪融水是这些河流重要的补给来源,以恒河为例,冰雪融水占其总水量的 70%。由于气候变暖,温度升高,冰川的融化速度加快,冰川的数量减少,未来对河流的补给能力下降,河流水量将会急剧减少,这将加剧水危机。

（二）地下水超采

目前，印度地下水超采很严重。根据中央地下水管理委员会的估计，印度 5723 个行政区划中有 1000 个地区被标注为地下水过度超采区，面临着耗竭的危险。粮食增产、干旱、农村饮水安全、乡村脱贫是过去 50 年地下水开采量持续增长的动力。

与地表水相比，地下水的水质明显优于地表水。在广大农村地区，地下水成了生活用水的首选，在城市，由于地表水污染十分严重，而城市的贫民窟并没有链接到任何的污水排放管网，因此，居民的生活污水只能随意排放。地表水早已不适合生活饮用的需求，而地下水就成为该区域人们生活饮用水唯一的来源。由于地下水运输距离短、供水保证率强，因此灌溉效率高，采用地下水灌溉可以获得比地表水更高的粮食产量。印度季风气候特征显著，降水主要集中在雨季，而在旱季降水稀少，采用地下水灌溉可以显著增强农业的抗旱能力，因此，地下水被过度开采用来灌溉。此外，印度贫困人口众多，采用地下水灌溉在得到更高产量的同时可以获得更多的收入，而耕地大户还可以为耕地面积较小的农户提供工作机会，这对于脱贫具有非常重要的意义。

目前，印度的地下水超采区主要集中在粮食的主要产区，如旁遮普、拉贾斯坦邦、哈里亚纳邦和德里被称为印度的粮仓。这些粮食主产区集中在印度西北部的印度河平原，该地区年降水量与中国海河流域相似，年降水量在 500～600mm，属于半湿润与半干旱地区。印度河平原蕴藏了丰富的地下水，这弥补了降水不足的缺陷，为该地区灌溉农业的发展与扩张创造了有利条件。以旁遮普、拉贾斯坦邦、哈里亚纳邦和德里为例，从 20 世纪 50 年代开始，由于人口与灌溉面积急剧增长，灌溉农业的发展对地下水的依赖越来越强，而政府对地下水开采量缺乏管理与限制，比如提高电价等，导致农民不得不选择长期的以很低廉的价格获取地下水来发展灌溉。根据重力卫星 GRACE 测量的结果（图 2.3），表明该地区从 2002～2008 年地下水水位平均每年下降 33cm，某些城市，地下水水位下降的幅度超过 10m（Rodell *et al*.，2009）。预计到 2015 年，以上三个邦的人口总量将达到 1.5 亿，而地下水的不可持续的开采将对该地区粮食安全，水资源供给带来巨大压力。

（三）水污染

由于工业与生活污水的大量排放，加之政府污水处理能力有限，印度水污染已经达到触目惊心的地步。目前，印度的每条河流都存在不同程度的污染，河流中的氟化物也远远超过了 1.5 ppm 的标准，影响人口数量超过 6600 万。以印度的新德里为例，作为印度最富裕的城市，其每天排放的污水达到 360 万 m^3，而 45% 的居民排放的污水并没有与污水处理管网相链接，大部分污水在没有得到任何治理就被排入亚穆纳河。亚穆纳河在人们心目中被视为圣河，被认为是一条来自天堂的河流，如今，尽管亚穆纳河还是人们心目中的圣河，但是由于污染十分严重，该河已经变得面目狰狞。亚穆纳河中的鱼类早已经绝迹，更别说饮用与沐浴了，目前，该河污染程度已经超过适合沐浴安全上限的 10 万倍。地表水的严重污染通过渗漏进入地下水，然后被用于农业灌溉，从而造成粮食污染，目前，在印度超过 21% 的传染病与水污染有关。不仅如此，作为供应水源的很多水井中的溶解氧与大肠杆菌严重超标，并且还含有大量的重金属、氟化物和硝酸盐。

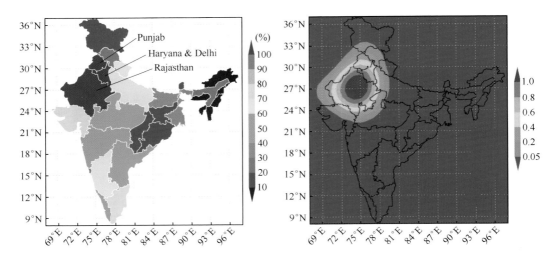

图 2.3　印度西北印度河平原严重的地下水超采

左图：地下水抽取相对于地下水补给比，据印度水资源部，2000；右图：GRACE 估算的地下水超采区，据 Rodell，2009

参 考 文 献

陈海嵩. 2011. 可交易水权制度构建探析——以澳大利亚水权制度改革为例. 水资源保护，27(3)：91～94

高鹭，胡春胜，陈素英，张利飞. 2005. 喷灌条件下冬小麦田棵间蒸发的试验研究. 农业工程学报，21(12)：183～185

何武全，刘群昌. 2009. 我国渠道衬砌与防渗技术发展现状与趋势. 中国农村水利水电，6：3～6

李代鑫. 2009. 中国灌溉发展政策. 中国农村水利水电，6：1～2

卢良森，李波，洪林. 2010. 渠道生态衬砌技术及适用性研究. 科技纵横，14：288

乔光建，孙梅英，王斌. 2010. 河北省平原湿地减少原因分析. 水资源保护，26(3)：33～37

任宪韶. 2007. 海河流域水资源评价. 北京：中国水利水电出版社

王志民. 2002. 海河流域水生态环境恢复目标和对策. 中国水利，4：12～13

夏军，刘晓洁，李浩. 2009. 海河流域与墨累-达令流域管理比较研究. 资源科学，31(9)：1454～1460

Beare S H. 2002. Climate change and water resources in the Murray Darling Basin, Australia: Impacts and possible adaptation. World Congress of Environmental and Resource Economists, Monterey, California

CSIRO. 2006. Risks to the shared water resources of the Murray-Darling Basin. Canberra: Murray-Darling Basin Commission

Fisher D E. 2006. Markets, water rights and sustainable development. Environmental and Planning Law Journal, 23(2): 100～112

Foltz R C. 2002. Iran's water crisis: cultural, political, and ethical dimensions. Journal of Agricultural and Environmental Ethics, 15(4): 357～380

Gilbert N. 2012. Water under pressure. Nature, 483(7389): 256～257

Giordano M. 2009. Global groundwater? Issues and solutions. Annual Review of Environment and Resources, 34: 153～178

Heaney B S. 2002. Climate change and water resources in the Murray Darling Basin, Australia: Impacts and possible adaptation. World Congress of Environmental and Resource Economists, Monterey, California

Igor S Z, Lorne G E. 2004. Groundwater Resources of the World and Their Use. Paris: United Nations Educational, Scientific and Cultural Organization

Intergovernmental Agreement on a National Water Initiative. (2010). Intergovernmental Agreement on Addressing

Water Overallocation and Achieving Environmental Objectives in the Murray-Darling Basin，signed 25 June 2004. Available from COAG website

Iran Daily. 2001. Iran's Share of World Potable Water 0. 36%

Jac van der Gun. 2012. Groundwater and Gobal Change：Trends，Opportunities and Challenges. Paris：United Nations Educational，Scientific and Cultural Organization

Pengra B. 2012. The drying of Iran's Lake Urmia and its environmental consequences. UNEP-GRID，Sioux Falls. UNEP Global Environmental Alert Service (GEAS)

Llamas M R，Martnez-Santos P. 2005. Intensive groundwater use：a silent revolution that cannot be ignored. Water Science and Technology Series，2005，51(8)：167~174

Llamas M R，Martínez-Cortina L. 2009. Specific aspects of groundwater use in water ethics. Water Ethics，187~204

MacFarquhar N. 2011. Drought Chokes off Iran's Water and its Economy. New York Times

Mahdi M，Thomas R W，Mohammand A S et al. 2008. Land subsidence in Iran caused by widespread water reservoir overexploitation. Geophysical Research Letters，35(16)，L16403

Margat，J. 2008. Exploitations etutilisations des eauxsouterrainesdans le monde (Vol. 52). Paris：UNESCO and BRGM.

McGuire V L. 2003. Water-level changes in the High Plains aquifer，predevelopment to 2001，1999 to 2000，and 2000 to 2001. US Department of the Interior，US Geological Survey

McGuire V L. 2009. Water-level changes in the High Plains aquifer，predevelopment to 2007，2005-06，and 2006-07. Publications of the US Geological Survey，17

Nevill C. 2009. Managing cumulative impacts：groundwater reform in the Murray-Darling Basin，Australia. Water Resources Management，23(13)：2605~2631

Pengra B. 2012a. The drying of Iran's Lake Urmia and its environmental consequences. UNEP-GRID，Sioux Falls，UNEP Global Environmental Alert Service (GEAS)

Pengra B. 2012b. A gass Half Empty：Regions at Risk Due to Groundwater Depletion. http：//www. unep. org/pdf/UNEP-GEAS_JAN_2012. pdf[2012-08-12]

Rodell M，Velicogna I，Famiglietti J S. 2009. Satellite-based estimates of groundwater depletion in India. Nature，460(7258)：999~1002

Schweger E，Galli G，Gygi F. 2000. Water under pressure. Physical Review Letters，84(11)：2429~2432

Shah T. 2007. The groundwater economy of South Asia：an assessment of size，significance and socio-ecological impacts. The agricultural groundwater revolution：Opportunities and threats to development，7~36

Shah T，Burke J，Villholth K. 2007. Groundwater：a global assessment of scale and significance. In：Molden D(ed). Water for Food Water for Life：A Comprehensive Assessment of Water Management in Agriculture. London：Earthscan. 395~423

Strassber G，Scanlon B R，Chambers D. 2009. Evaluation of groundwater storage monitoring with the GRACE satellite：Case study of the High Plains aquifer，central United States. Water Resources Research，45(5)：W05410

van Dijk A I，Keenan R J. 2007. Planted forests and water in perspective. Forest Ecology and Management，251(1)：1~9

Visaria L，Visaria P. 1995. Indias population in transition. Population Bulletin，50(3)：1~51

Young M. 2012. OPINION：Australia's rivers traded into trouble. Australian Geographic

第三章　流域耗水管理概念

耗水管理,也形象称之为"ET 管理",就是以控制水量消耗为基础的水资源管理(王浩,2002)。ET 是水资源的绝对消耗,也是一个区域或流域内最大的消耗部分,控制 ET 是资源性缺水地区加强水资源管理,实现水资源可持续利用的根本措施。

耗水管理是以通过综合措施减少无效耗水量、控制流域耗水总量、提高水分生产率为目标的水资源管理。目前一些严重缺水地区实施的以控制消耗为核心的水资源管理,收到了很好效果。如宁夏压沙注水种西瓜:在瓜地上盖上一层石头,甚至铺上一层石板,目的是减少蒸发量,浇水改为拿针管往作物根部注水,一星期注一次,节约了用水,有限的水资源全部供给作物根部,支撑作物生长,避免了棵间蒸发,这是控制水资源消耗的典型节水措施。在蒸发量 2000 多毫米的宁夏,每亩用水仅 $12m^3$ 可使一季西瓜获得丰收(汪恕诚,2007)。

同样,城镇用水管理不仅要控制需求的过快增长,在调整结构,增加重复利用率,控制取水总量的同时,还应控制消耗,减少蒸发损失,提高达标排水率。城市废水通过达标处理,实现一水多用,也是资源性缺水地区缓解水资源危机的重要措施。

第一节　耗水管理术语

通常情况下,水相关部门对消耗性用水、非消耗性用水、可回归水流、不可回归水流等术语并没有达成一致。以"有效降水"为例,不同学科有不同的理解。对于水文学家来说有效降水是降水贡献给地表径流和河川水流的部分。对于农业学家而言,有效降水则意味着降水贡献给作物的需水部分。与此同时这两个学科都将深层渗漏作为"无效"降水,而水文地质学家却不赞同这一观点。因此,清楚的术语是耗水管理的基础,本节希望通过对耗水管理相关术语的探讨使有关人员能够正确的执行耗水管理。

一、耗水的类型

耗水都需要消耗能量。耗水的能量来源可分为太阳能、矿物能和生物能。太阳能耗水也就是 ET,是水分子受到太阳能驱动而产生的蒸散,包括几乎所有的水面蒸发和绝大部分陆面蒸散的总和,既有人工的,也有自然产生的。人和牲畜饮食排泄后的蒸发,洗澡、洗衣、做饭等用水暴露到地表面或回到管网系统中最终排到城市周边河道所引起的蒸发,工业生产后污水排放过程中的蒸发等并非是相应的人类活动直接引起,而是由于人类活动增加了水暴露在太阳能下面的机会,因此可统称为机会 ET,也是太阳能 ET;矿物能耗水是指受矿物能驱动而产生的蒸发,主要发生于工业生产过程中和一些人类生活过程中。如工业冷却水,其吸收矿物能产生的热量形成蒸发。通过燃烧矿物燃料取暖和做饭产生的水蒸发也属于矿物能蒸发;生物能耗水主要指人和各种动物通过排汗等方式排入大气中的水分,而排汗又包括显性排汗和非显性排汗(Nilsson,1977)。广义上,耗水应包括太阳能 ET(蒸散)、矿物能耗水、生物能耗水、工农业产品中的水分以及排水到其他流域或海水中不能返回到本流域的所有水分损失(Berger et al.,2012)。

工业生产所产生的耗水可分为两部分:一部分是在工业生产过程中由于矿物能产生的水分蒸发,如炼钢或发电时,冷却塔在产品冷却过程中产生的蒸发,该过程中还有部分水被包含在产品中;另一部分为工业生产后排污及处理后回归到河道或散落到地表面间接产生的蒸发,该部分属于太阳能蒸发。

生活耗水包括三部分:一部分为人类直接消耗掉的水分,最后以排汗的形式回到大气,该部分能量来源于体内的生物能;另一部分为矿物燃烧过程中产生的蒸发,如居民做饭;还有一部分为生活间接引起的蒸发,如生活用水后回到管网系统中,最后由排污口排到河道或地表面由此而引起的蒸发。在农村,由于缺少管网系统,用水基本上最终都被蒸发掉了。

畜牧业中也包含很多的耗水量。首先牲畜饮水后排泄会产生蒸发,屠宰场和肉食加工厂也会在清洗环节和生产环节用掉水量,最终直接排到地面或通过管网排到河道产生蒸发(Ridoutt et al.,2012)。

生物能耗水、矿物能耗水和 ET 共同构成总的耗水,ET 为太阳能耗水,是耗水中的最主要部分,但生物能和矿物能耗水也占有重要的比例,且均为可调控的对象。以海河水系为例,2002～2009 年,总耗水量为 1150.6 亿 m^3,其中可控耗水量为 390.7 亿 m^3,太阳能可控 ET 为 308.43m^3,占总可控耗水量的 95%,生物能和矿物能耗水为 20.27 亿 m^3,占总可控耗水量的 5%。虽然生物能和矿物能耗水相对于太阳能可控 ET 较少,但如果能够将该部分减至更少,无疑为海河流域的水资源短缺提供了帮助。

基于土地利用类型,可以将耗水分为居工地、耕地、水域、林灌草地、未利用地耗水;也可以基于可控性将耗水分成可控与不可控耗水;或根据有效性,将蒸散分成有效和无效耗水(图 3.1)。

图 3.1　耗水分类图

二、蒸散的基本概念

ET 是水分蒸腾(transpiration)与蒸发(evaporation)之和,称为蒸散(evapotranspiration),包括植被截流蒸发、植被蒸腾、土壤蒸发和水面蒸发,是水分从地球表面移向大气的一个过程,是自然界水循环的组成部分,涉及水循环过程、能量循环过程和物质循环过程,并伴随着物理反应、化学反应和生物反应。蒸散还有许多别称,如蒸发蒸腾、腾发、蒸腾蒸发、蒸散发等,在本书混合使用。

蒸散一方面通过改变不同含水子系统内水量的组成直接影响产汇流过程,进而影响陆地表面降水的重新分配。另一方面,蒸散通过影响进入陆地表面的太阳净辐射的分配比率[主要体现在土壤热通量、返回大气的显热通量和因蒸发进入到大气的潜热通量之间分配关系,见式(3.1)]来影响区域的生态地理环境状况和水分条件。影响蒸散的因素很多,包括太阳辐射、空气温度、湿度、风速等气候条件以及土壤、植物种类等。从水文循环的角度出发,蒸散是水资源最主要的消耗量,它是进行区域水量平衡分析,流域水资源监测、评价和管理的控制要素,也是难以准确测定和评价的要素。

$$Rn = H + \lambda E + GP = R + E + \Delta S \qquad (3.1)$$

式中,在能量循环过程中:Rn、H、λE 和 G 分别为区域-流域平均净辐射量、显热通量、潜热通量和土壤热通量;在水文循环过程中:P、E、R 和 Δ 域分别为区域-流域多年平均降水量、蒸发蒸腾量、平均径流量和流域水蓄变量。

蒸散作为区域水量平衡和能量平衡的主要成分,不仅在水循环和能量循环过程中具有极其重要的作用,而且也是生态过程与水文过程的重要纽带。因此,开展以蒸散为核心的水资源管理的研究,对区域社会人水和谐发展具有重要的意义。有关蒸散在水循环和能量循环过程中的作用可由图 3.2 给出直观的体现。

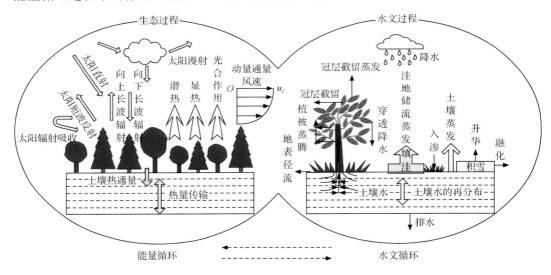

图 3.2　区域/流域水循环和能量循环的相互作用

蒸散是水分从地球表面移向大气的一个过程,是自然界水循环的组成部分。依据不同的分类标准,可以将 ET 分为不同分项。基于水的来源与机理,可以将蒸散分为植物冠层截留蒸发、植被蒸腾、植被棵间蒸发、地表截留蒸发、土壤水蒸发、水面蒸发等。

植物冠层截留蒸发是降水不能直接到达土壤,被植被的叶片、树干等冠层截获,该部分水量除很少部分被植物直接吸收外,绝大部分最终蒸发掉,是降水的一种损失;植被蒸腾指水分从叶面和枝干以蒸汽状态向大气散发的过程,它是通过根系从土壤中吸收水分,然后通过气孔散到到大气中的一种植被自身生理调节的物理过程,是植被生存和生长的必要过程;植被棵间蒸发是植被植株间土壤中的水分由于受到太阳辐射的驱动产生的蒸发;地表截留蒸发是指降水落到地表未下渗而生成的洼地或不透水层储水所形成的蒸发,该蒸发减少了降水与土壤和地下水的交换;土壤水蒸发是指土壤中的水分通过上升和汽化从土壤表面进入大气的过程,土壤水蒸发影响土壤含水量的变化,是水文循环的一个重要环节;水面蒸发是水面的水分从液态转化为气态并逸出水面的过程,它是供水始终充分的蒸发,是两种对立水分子运动过程的矛盾统一体。

有关作物的蒸散量概念在实际中还会遇到作物潜在蒸散量和参照作物蒸散量,下面连同实际蒸散量对其进行简要介绍。

(1)作物实际蒸散量 ET_a。

实际蒸散量 ET_a 是作物在非正常情况下的实际蒸散量,即在遭受旱、涝、渍、盐碱及病虫害情况下的蒸散量。它除与气象和作物因素有关外,还与土壤水分状况有关,反映土壤供水条件对作物蒸散量的影响。

(2)作物潜在(最大)蒸散量 ET_c。

作物在土壤水分和养分适宜、生长正常、大面积高产条件下的蒸散量(作物需水量)。它除与气象因素有关外,还与作物特性有关,反映不同作物需水量的差别,其测定方法包括实验测定和 FAO 计算法。最经典也是最常用的方法是作物系数法,即 $ET_c = K_c \times ET_0$,式中,K_c 是作物系数。

(3)参照作物蒸散量 ET_0。

ET_0 为一种假想的参照作物冠层的腾发速率。假设作物的高度为 0.12m,固定的叶面阻力为 70s/m,反射率为 0.23,非常类似于表面开阔,高度一致,生长旺盛,完全遮盖地面而不缺水的绿色草地的蒸腾和蒸发量。它只与气象因素有关,反映大气蒸发能力对作物需水量的影响,可用 FAO 推荐的 Penman-Monteith 方法计算:

$$ET_0 = \frac{0.408\Delta(R_n - G) + \gamma \dfrac{900}{T + 273}U_2(e_s - e_a)}{\Delta + \gamma(1 + 0.34U_2)} \tag{3.2}$$

式中,ET_0 为参照腾发量;R_n 为冠层表面净辐射;G 为土壤热通量;T 为日平均气温;e_s 为饱和水汽压;e_a 为实际水汽压;Δ 为饱和水汽压 - 气温曲线斜率;γ 为湿度计常数;U_2 为 2m 高处的风速。

目前有关蒸散的研究较多,主要集中于三个方面:

第一,在微观层面上,着眼于对植被吸收、散失水分的生理过程的研究。这方面开展的工作较多,主要是用于计算作物的蒸发蒸腾量。从 20 世纪 70 年代开始,在华北黑龙港地区、河南省人民胜利渠灌区、黄淮海平原等地的农业灌溉研究中都有所涉及。测量的方法主要是人工观测,针对主要作物在野外布点测量土壤含水量,根据水量平衡原理计算出 ET,用于指导农作物进行灌溉。

第二,在农田微气候区域上,结合植被的生存环境,对影响蒸发蒸腾量的不同因素进行定量化的研究。积累的资料为灌区规划设计、开展计划用水,以及流域和地区水利规划,提供了科学依据。

第三,在更大尺度上主要围绕着遥感反演蒸发蒸腾量而展开。这方面的研究主要是由世行的农业节水项目以及水资源与水环境综合管理项目引入的在区域/流域上利用遥感监测区域 ET。遥感监测的区域 ET 是一个区域内每个像元内所有 ET 的平均值,能够真正反映区域上的净消耗水量。

以上研究为认识蒸发蒸腾的机理奠定了基础,但能够实现区域耗水管理的研究则主要是后两个方面,即农田尺度上对影响蒸发蒸腾量不同因素的定量研究和区域尺度上围绕遥感反演蒸发蒸腾量的研究。

在农田尺度上,近年来国内外学者立足于植被蒸腾机理,结合农田微气候条件相继提出了非充分灌溉、调亏灌溉等农田节水灌溉方式。其实质是通过调节农田蒸发蒸腾量的方式,实现在不减产或少减产的前提下,减少水资源的消耗,提高水资源利用效率的目的。这在一定程度上体现了以"ET 管理理念"为核心的农田水资源管理。但没有将农田尺度上降水和灌溉水的蒸发蒸腾的消耗效用体现出来。尽管如此,农田尺度蒸发蒸腾量的研究在生产实践中对调控蒸发蒸腾做了有益的探索,为宏观尺度上研究蒸发蒸腾量的调控措施奠定了基础。

在宏观尺度(流域或区域)上,由于自然界陆面特征复杂多样性,时空间变异性较大,导致蒸发蒸腾的宏观研究较少。近年来,随着遥感技术的发展,利用遥感影像,结合地面实测资料反演区域蒸发蒸腾量研究得到了发展。

蒸发蒸腾作为水循环系统的主要消耗项,具有与降水、径流等其他水循环要素同等重要的作用,但是由于受到光照、风速、大气湿度等气象条件,土壤水分以及区域下垫面条件等众多因素的影响,难以开展大范围的监测。另外,在水资源相对丰富、自然水循环为主导的水文循环过程中,依据区域水量平衡即可得到区域水资源的总消耗量。因而,在宏观尺度上,由于难以获得大范围蒸发蒸腾监测的第一手资料,使得立足于水循环,开展大尺度的蒸发蒸腾的实地监测和从宏观尺度调控蒸发蒸腾量进行水资源管理均未受到广泛的重视。

三、耗水的可控性

可控耗水量是指因人类活动新增的耗水量。如因人类补水维持景观水面及绿地生长所产生的蒸散、各种生活和工业耗水产生的耗水量、农业生产耗水产生的蒸散等。其中人类活动增加的机会 ET 也是可控 ET,可因人类的用水回收技术提高而减少,实际上表征了当地的工业和生活节水水平。

ET 的可控性在不同的土地利用类型中都有所反映,采用居工地、耕地、水域、林灌草地、未利用地土地利用类型分类体系可较好的反映水分在不同用地上的消耗,特别是人类活动引起的水分消耗,便于快速准确的分离可控 ET 与不可控 ET(表 3.1)。

耕地的 ET 中,种植结构和灌溉制度的调整都会直接影响灌溉耕地 ET,灌溉耗水量可通过供用水进行控制,作物的蒸腾可通过作物结构调整或休耕进行调节,因此属于可控 ET;耕地中不种任何作物休耕时(如荒地、搁荒地),由于天然降雨引起的蒸散,因人类无法干预属于不可控 ET。不种任何作物或植被时的荒地、搁荒地蒸散,可称之为背景荒地 ET。小麦漫长的冬眠期产生的土壤蒸发在总耗水占有很大的比例,然而管理该耗水在实际中并不可能,就像暴雨会产生径流或深层渗漏一样不可避免,因此是不可控 ET。

表 3.1　分项 ET 属性表

系统	分项 ET	可控 ET	不可控 ET
人工生态系统	居工地 ET	景观 ET：人工绿地蒸散与人工水面蒸发； 生物能 ET：人或牲畜的排汗量； 矿物能 ET：工业生产过程中冷却塔蒸发、工业产品中包含的水量	不透水面降水 ET、 绿地背景荒地 ET
	耕地 ET	灌溉耗水量、耕地总 ET 与背景荒地 ET 之差	背景荒地蒸发
自然生态系统 （生态环境）	水域 ET		湖泊、河道水体、湿地 ET
	林灌草地 ET		林地、草地等 ET
	未利用地 ET		沙地、盐碱地、裸土地、 裸岩石砾地 ET

　　居工地 ET 包括天然降水蒸发和人类耗水两部分。天然降水蒸发包括城市硬地表/不透水面的降水截留蒸发、绿地的背景荒地 ET，其不受人类控控制，为不可控 ET。不可控 ET 均为太阳能驱动产生。人类耗水受生产和生活取用水的影响，为可控 ET。可控 ET 包括两部分，一部分是生活与生产过程中产生的耗水量，另一部分是机会 ET。对于前者特别是工业耗水量中，以冷却水产生的耗水损失为最多。冷却用水约占工业用水总量的 60% 左右，如北京市工业用水量每年约 10 亿～13 亿 m^3，其中冷却用水量约 6 亿～8 亿 m^3。冷却水使用后基本都以蒸发的形式排到大气中。为减少该部分可控耗水，可推行冷却塔和冷却池技术，使大量的冷却水得到重复利用，如某塑料厂投资数万元设置冷却塔后，生产 1t 塑料的耗水量由 300 多 m^3 降到 40m^3，水的回收率达到 80%～90%。还可革新工业生产中的冷却技术，以风冷却、汽冷却代替水冷却。加拿大一家炼油厂用汽冷代替水冷，使炼制每吨原油的耗水量由 100m^3 左右降低到 0.2m^3。居民生活中供暖方式要以热水代替蒸汽，加强水的重复利用，减少因矿物能加热吸收的损失。对于机会 ET 的消减主要受产业结构和生活用水习惯等因素影响，主要靠控制供水、用水和供水过程产生的机会 ET，加强排水回收管网设施的建设和减少输水过程中水的蒸发损失来促进节约用水和高效用水，并通过健全废污水收集系统，减少无效和低效的 ET。现在大力提倡的高效厕所冲水装置、节水洗碗洗衣器具、自动感应水龙头等均是希望通过减少地下水的提取从而减少水取用后排放所引发的机会 ET。居工地可控 ET 还间接受人工取用水、水土保持生态治理等的影响，可以通过增加水的循环利用率来减少人工取水量，从而增加陆地、河道的生态环境供水，促进生态恢复。

　　水域 ET 中，湿地、湖泊、河道等水体蒸发的水分来源主要是天然降水，人类活动对它们直接干扰很小，是不可控的。

　　林灌草地及未利用地的蒸散均属于不可控 ET，当然如果砍伐森林、改成农田等调整土地利用类型的活动也考虑在内，也有部分 ET 在一定程度上是可控的，但在本书不考虑这种活动。

　　耕地 ET 和城乡居工地耗水量是进行 ET 调控的重点，在生产实践中可以落实到灌溉定额管理、工业用水定额管理、第三产业定额管理和生活用水定额管理上。例如，农田

灌溉的 ET,由于作物产量受水分生产函数的控制,为了保证作物产量,就不能简单强调压缩 ET,只能靠提高单位 ET 的产出来减少部分 ET。提高单位 ET 的产出的方法有很多,包括了调亏灌溉、低压管道＋地面闸管＋小畦灌溉、秸秆覆盖、科学平衡施肥以及选用良种等综合措施。

可控与不可控在一定条件是可以相互转化的,如现有政策和可行性分析表明某些水库可以拆除,则水库的蒸发属于可控 ET,不可控 ET 转变成可控 ET;相反,若山区为了防止水土流失采用水土保持措施,势必会增加蒸散,这就增加了不可控 ET,使不可控 ET 向可控 ET 转变。

(1) 农业 ET。

农业 ET 包括耕地与非耕地,或灌溉地与非灌溉地的综合平均蒸散量。进行区域水平衡分析时,必须同时考虑耕地与非耕地、或灌溉与非灌溉地的蒸散量。但是实际上农区的非耕地或非灌溉地的蒸散量属于生态环境用水,既不能没有,也不可避免,因此属于不可控 ET 和有效 ET。但非耕地在干旱条件下一般不灌溉,所以非耕地的蒸散量 $ET_{非}$ 小于耕地的平均 ET_i。

在农田灌溉和水资源平衡分析领域里,ET 有三项指标,即耕地上单一作物的 ET_i,耕地上多种作物的平均 ET_i 和一定区域内(包括耕地和非耕地)的综合 $ET_{综}$。

单一作物 ET_i 为某种作物从播种到收获全生育期的腾发量。ET_i 不但和地下水关系密切,同时还应考虑灌溉或降水产生的腾发量。多种作物平均 ET_i(或耕地 ET)等于耕地上多种作物各自的 ET_i 按该作物种植面积 A_i 占耕地总面积 A 的百分比 $\alpha_i = \dfrac{A_i}{A}$ 的加权平均值。

(2) 生态环境 ET。

①河湖、湿地等水面蒸发。

河湖、湿地等水面的面积直接影响着水面蒸发量的多少。水面蒸发还受水体所含泥沙、水体深度、浑浊度等一系列因素影响,并不直接受人类影响,属不可控 ET。

②自然植被。

自然植被蒸发主要受降水、植被类型、土壤类型等自然因素影响,因此为不可控 ET。

③裸地产生 ET。

裸地产生的 ET 包括沙漠、岩石、裸土等未利用地产生的 ET,对陆地生态系统功能调节起着重要的作用。其蒸发主要受降水和土壤类型影响,不受人类干预,为不可控 ET。

(3) 城镇 ET。

①城市绿地。

城市绿地蒸散包括绿地的降水自然蒸散发和灌溉耗水 ET。自然蒸散发又分为土壤蒸发和花卉草树等的蒸腾,其中前者不受人类干预,仅受降水强度和土壤类型的影响,为不可控 ET,而花卉草树等的蒸腾可因种植结构调整发生改变,因此属可控 ET。灌溉耗水 ET 为人工对绿地浇水后产生的蒸发,受人类灌溉程度影响,为可控 ET。

②降水截留蒸发。

降水截留蒸发指降水落到地表后截留产生的蒸发,包括硬地表/不透水面截留蒸发和植被截流蒸发。该蒸发对于城市和农村的局地气候也有很好的调节作用。

在一定量的降雨生态系统类型约束下，一个流域或者区域的 *ET* 最大允许消耗量都是一定的，实施 *ET* 管理可以减少所消耗的 *ET*。在干旱缺水地区尤其应该注意 *ET* 的效率性，最佳的控制方式就是使允许消耗的 *ET* 控制在允许范围之内。

针对流域水循环过程而言，在流域或者区域总 *ET* 的框架下，内部不同类型的 *ET* 是可以改变的。例如人类对自然环境进行开发利用，改变了地表的土地利用和植被类型，进而可以改变某一小区域的 *ET* 数值；例如湖泊转化为森林，就从水面蒸发改为陆面蒸散，同时还可以改变通常认为不可控的 *ET*，这部分 *ET* 占据了流域总 *ET* 很大的部分；例如，沼泽改耕地，把原本近乎不可控的 *ET* 变为可控的 *ET*，为 *ET* 控制创造了条件。

通常意义上对 *ET* 改造最大的措施来自于水土保持，但并非减少或者增加，在如何改变 *ET* 的问题上，水土保持可能会是一个双刃剑，如对于荒漠而言，种树和种草减少沙漠面积，良性化地改善了生态环境，但是大片的森林和草地将消耗较多的水分，相比原来的沙漠而言增加了 *ET*，对于流域或者区域大循环而言，*ET* 较之水土保持以前也是增加的。不过不可忽视的是水土保持措施本身对气候也是有改善的，从土壤含水量的角度来说会保水。但对于是否会增加区域降雨、增加多大区域的降水、改变量有多大等问题的结论目前还存在争议。以海河流域为例，自 20 世纪 80 年代后，海河流域大规模推行水土保持，也取得了很好的成效，*ET* 有所增加，但是长短系列降水分析结果表明，降水却减少了很多。Wang 等（2011）的研究表明，西北、黄土高原和东北随植被覆盖度的增加，降水都有增加的趋势。西北和黄土高原的径流系数随植被覆盖度增加有所减少，而东北的径流系数随之植被覆盖度反而有所增加，即植被覆盖度增加了降水，也使该区域的水产量有所增加。因此在进行 *ET* 管理的人类实践时，应当全面分析各种措施对 *ET* 的作用。

总之不同类型的 *ET* 之间可以通过人类的开发利用主动进行改变，这一点无疑为人类控制和改变 *ET*，增加整个流域或区域的 *ET* 可控部分奠定了基础，也是有效地进行 *ET* 管理实践的前提。

四、耗水的有效性

有效耗水是指按某一目的产生蒸发或蒸腾。例如，冷却塔产生的蒸发，灌溉农业产生的蒸腾。无效耗水是指非按计划产生的蒸发或蒸腾。例如，水面蒸发，河边植被蒸发，水淹地的蒸发（Willardson *et al.*，1994；Perry，2007）。Bastiaanssen（2009）根据土地利用情况对 *ET* 的有效（Beneficial）和无效性（non-beneficial）进行分类，有效和无效耗水可以根据耗水发生的过程及产生的效益来确定，有效也可分成对经济和对环境的有效性（表 3.2），并且表示不同土地利用的 *ET* 有效和无效的属性是可以变化的。但通常情况下，不同土地利用上的各种耗水有效性可参照下述理念分类。

居民与工业用地（简称"居工地"）是人类居住和活动的集散地，绿地、路面和建筑物等各类下垫面上的降水截留蒸发均可以起到降温、湿润等直接的环境作用，这一部分蒸发可以认为是有效的。绿地降水蒸发蒸腾、灌溉水消耗和景观 *ET* 可以净化和美化人类居住环境，陶冶人类情操，使人类心情放松愉快，并能供人类娱乐等，是为了满足人类居住环境和精神需求产生的水消耗，属于有效耗水。工业耗水是为了满足工业生产所需，要么是冷

表 3.2 不同土地利用的 *ET* 属性表(引自 Bastiaanssen, 2009, Delft/Mini Symposium)

土地利用类型	经济有效	环境有效	无效
农作物	T		E
荒草			ET
自然湖泊	E	E	
水库	E		
鱼塘	E		
冷却塔			E
盐水槽			E
牧草	T		E
高尔夫球场	T	E	
自然湿地		ET	
人工湿地		ET	
稀树草原		T	E
灌木稀树草原	T	T	E
人工林	T		
自然林		T	E
水生植物			ET
沙漠			ET
绿洲	T	T	E
土地利用类型	经济有效	环境有效	无效

却塔工艺过程所需,要么是作为产品的一部分固化到产品中,均是对人类有益的,为有效耗水。但排出来引起的机会 ET 这一部分非满足人类某一目的,是无效的,但也不可避免,除非通过节水措施减少排水量。若工业生产产生的污水排放后能被重复利用,或回到本流域水循环系统中,则在该流域内称之为非耗水且可回归流;若无法被再次利用,或排到外流域系统,则称之非耗水且不可回归流,广义上也属于无效耗水。但对于流入的流域而言,则有着不同的涵义。居工地中做饭耗水也属于有效耗水。

耕地中的土壤蒸发和叶片截留蒸发,水到达湿润土壤或叶片时,受能量驱动转化成的蒸汽,对作物生产无贡献,是无效耗水(Perry,2011);但也有研究认为土壤蒸发和植被冠层截留蒸发可直接降低植物表面和体内的温度,对维护植物正常生理是有益的,因此认为是有效的(贾仰文等,2006);此外,也有一些研究表明,湿润土壤和叶面蒸发会影响作物的微气象,增加了湿度,减少了作物的潜在蒸腾,因此减少了达到某一产量所需的蒸腾速率,这正好抵消了无效耗水的负面作用。故在某种程度上,土壤蒸发和叶片截留蒸发又是有效耗水,但其正面作用大一些还是负面作用大一些还有待研究(Perry,2011)。耕地的降水和灌溉水被作物吸收后以蒸腾的形式排到空中,该部分耗水是作物生产所需,为有效耗水。

自然植被 ET 一方面可维持植被生长的水分需要,并能固碳,调节碳收支;另一方面蒸发散发到空中的大量的水汽,可调节区域气候,属于有效 ET。河湖、湿地等水面由于太阳能驱动会产生水面蒸发,该蒸发能够调节气候,改善周围环境,因此属于有效 ET。对于未利用土地(沼泽地除外)上的蒸发,稀疏林地、草地中的大片裸地(简称"大棵间")上的蒸发对人类经济发展和生态环境均无明显意义,故都视为无效蒸发(贾仰文等,2006)。

五、机会 ET

前文已经多次提到机会 ET。机会 ET 是一种很特殊的类别,是由人类活动提取地下水间接增加的耗水量称为机会 ET,其来源是地下水,而不是地表水,如果不抽取出来就不会有增加的耗水量,如果使用后又压回地下水,还是没有机会 ET,只有如使用地下水的生活与工业回水,在重新注入河道增加的耗水量,或供水管网的过程中因泄漏到地表而增加的耗水量。依据机会 ET 产生的驱动力,其可归并至太阳能 ET;依据可控性与不可控性特征,机会 ET 属于可控 ET;依据 ET 的有效性与无效性原则,机会 ET 属于无效 ET。控制生活与工业排水总量及其泄漏至地表的机会是削减机会 ET 的关键。机会 ET 的大小与产业结构、生源水平、供水来源、排水设施状况与用水习惯密切相关,因此,可通过如下措施减少机会 ET:①调整产业结构,严格控制高耗水与高污染的工业企业数量,从而减少工业排水量和间接工业机会 ET;②尽量使用地表水,减少地下水的抽取量。在有条件的区域,大力推行节水器具,如高效的厕所充水装置、自动感应水龙头等,通过控制地下水的抽取量,从而间接减少生活用水排水量,削减机会 ET。③回水经处理后回灌地下水,健全完善污水收集回收与处理系统,减少生活与工业排水泄漏至地表的机会,间接减少机会 ET。

第二节　耗水管理的理念

一、耗水管理的起因

传统农业灌溉,输水过程中不能到达田间的或田间供水不能被作物吸收的水均视为"损失"。损失越多意味着灌溉效率越低;反之,损失越低,灌溉效率越高,"节水"量越大。很多学者从流域尺度上质疑了"损失"和"节水"这一说法(Jensen,1967,1993,2007;Willardson $et\ al.$,1994),尽管很多规划和决策者仍相信"节约"下来的水能够用于新的灌溉工程、新的乡镇和工业用水。如今越来越多的学者驳斥了传统农业中灌溉效率提高可增加"节水"这一观点。"提高"的灌溉效率可能会导致当地更高的水消耗,从而造成其他地区的可利用水资源量减少。

事实上,在无法确定"节约"下来的水去向之前,灌溉效率提高对水资源可利用量的影响是不确定的。只有精确水核算"节约"下采的水去向后,才能确定"节约"的水以前是否是真正的"损失"掉了。从流域水文整体分析和质量守恒角度考虑,只有耗水掉的水才是真正损失掉的水,若在精确的用水核算之前断定灌溉效率的提高能够节水,很有可能造成水越节越少的怪圈。为体现提出耗水管理的重要性,有必要对传统灌溉效率的提出和发展作一追溯,并剖析用水核算过程的一些术语,从而消除水资源管理中的一些误解,让政府和公众都能更清晰的了解各种措施可能带来的影响,为田间和流域水管理提供正确的信息和参考依据。

(一)工程效率

"效率"是价值承载(value-laden)的。在工程学上,输入和输出之间的比值称为"效率"。如电网的供电效率是用户用电量与基站输电量的比率;热力学效率是水吸收热量与燃料加热锅炉产生热量的比率;机械效率,如自行车机械效率是车轮前进的动能与人类脚蹬车所耗生物能的比率。所有效率都隐含着以下寓意:

(1) 高效率代表着低损失;

(2) 损失是能源的浪费,不可恢复;

(3) "损失"的减少意味着输入可以有更多其他的用途;

(4) 高效等同于"好"。

从工程设计角度而言,提高效率当然很"好"。例如,提高效率后,汽车行驶每公里所消耗燃料减少;输送电中会损失更少的电;建筑热散失更少。燃料效率增加后,可以节省更多的燃料;输电效率提高后,则只需更少的发电量就能满足要求。在灌溉部门的水核算中,工程上的考虑一直占主导地位。工程设计的目的就是为了让取水点或水库中的水更多地被作物利用。"灌溉效率"一词至今已演化了 60 多年。20 世纪 40 年代,通过大量的野外地面观测得到了田间用水量,并与实际蒸散需求作比较。1950 年,Israelsen(1950)首次提出"灌溉效率"的概念,"灌溉效率"定义为灌溉农田系统中作物消耗的灌溉水量占河流和其他水源输送到农田、渠道或渠系水量的比例。

接下来的 40 年间,灌溉核算的核心思想没有大的变化,但核算内容得更加细致。Hansen(1960)指出当灌溉水量低于作物潜在蒸发时,水应用效率可能会达到 100%,但灌溉制度可能很差,产量也可能很低,故高效并不意味着好的结果。因此他提议将效率分解成多个组分,并将耗水效率作为整体的概念。Jensen(1967)将作物耗水加上控制土壤盐碱化的用水与引水量的比率看作灌溉效率,因为对于可持续灌溉农业,控制土壤盐碱化的用水也应看作有效用水。还有一些研究定义了种类更为繁多的效率(Bos and Nugteren,1974,1982)。如配水效率定义为田间用水量与配水系统水量的比率;田间用水效率定义为植物生长循环过程中作物用水产生的蒸散发与田间分配水量的比例。因此,当测得田间、农场、三级渠系、二级渠系和灌区供水时,可得到不同尺度上的效率。

尽管效率的表达有很多种变形和改进,但 Israelsen 的原始效率定义(作物用水量与某点上取水量之比)是该时期灌溉效率核算的基础。灌溉技术的提高则是为了使供水最大程度的被植物吸收利用,尽量减少返回到河中或地下水的比例,这恰好符合灌溉为了让水被植物吸收消耗这一初衷。因此,输入过程中的各种损失是灌溉系统设计所需的重要知识,传统的灌溉效率的计算对于工程而言是非常合适的。高效意味着灌溉系统中输更多的水用于作物蒸腾——非常合适的工程目标。此外,"流域效率"或"流域水资源开发利用效率"这一术语也被用于传统的流域水资源管理中,它用于表示流域天然径流用于耗水的比例。但就像灌溉效率一样,高的"流域效率"也并不意味着好的结果(Hansen,1960),甚至在流域效率 100% 的地区,地下水严重超采,如利比亚、沙特阿拉伯、也门等流域。可见减少"流域效率"反而成了一种好事。为了深入理解"效率"高低对水资源管理和生态环境的影响,基于用水核算的效率定义显得更加重要。

(二) 耗水效率

从田间灌溉工程设计的角度分析,高的灌溉效率意味着水资源的"节约",但是,当评价的尺度跃升至灌区或者流域尺度时,田间尺度灌溉的回排水量是会被下游重复利用,这就是为什么用传统灌溉效率评价节水效果备受质疑的原因。因此,在更大的尺度需要对小尺度上"节约"的水的去向进行完整的追踪,才能明确灌溉效率是否提高。

在谈灌溉效率之前,必须明确效率的定义与内涵适用的尺度。当前,有大量关于效率争议的文章发表,由于各自的立场不同,适用的尺度不一,很多文章中的定义相互矛盾,如田间灌溉试验的文章,通常认为低的灌溉效率,意味着大量的灌溉水浪费,但事实并非如此(US Interagency Task Force,1979)。

为防止"灌溉效率"概念产生歧义,Jensen建议将"效率"比值替换成耗水比例。在随后10年关于"灌溉效率"的争论中,这一建议逐渐被学者所接受,通常用比例或百分比来代替"效率"用语,以便更好的考虑"回归流"的影响,同时也消除了"效率"所蕴含的价值承载属性。Willardson(1994;1998)等将灌溉系统中的供水利用情况划分成:耗水(有效耗水与无效耗水)与非耗水(可重复利用水与不可重复利用水)。

基于水平衡原理,从生产效益的角度出发,Molden提出了耗水核算体系,明确提出了水消耗概念,并分析了不同尺度下的水分生产率。耗水定义为流域中被使用或移除后不能再利用的水。耗水可进一步分为过程消耗和非过程消耗。过程消耗为有意的水消耗,如农业生产中的作物蒸腾和存储到植物组织中的水。非过程消耗则是无意的水消耗,包括土壤和水面蒸发以及虽未被蒸发但不能返回到可更新水资源中的用水。该核算体系适用于田间、灌区、流域尺度。

Perry(2007)回顾了水资源利用效率概念的发展历程,在深入分析各定义的时代特征与局限性的基础之上,从纷繁的定义中总结了一套被国际灌排委员会与世界银行(Perry et al.,2009)接受的术语:

用水:针对特定目的的水的利用。该术语没有区分水的可重复利用性,如蒸散与深层渗漏水不可重复利用,而航运、水电与生活用水可重复利用。

取水:用于灌溉、生活及任何用途的江河、湖泊、地下水等水体的供水量。取水可用水储量变化、耗水(ET)、非耗水项描述。

水储量变化(正或负):地下水蓄水层、江河、湖泊等水体的水储量变化。

耗水(ET):耗水是用水过程中不能被再次利用的水,即蒸散。通过判断耗水是否与用水的特定目标相符合,耗水可进一步分为有效耗水与无效耗水项。符合特定目的的耗水是有效耗水,如农业用水中的灌溉作物蒸腾耗水,工业用水中冷却塔耗水;与特定目的相悖的耗水是无效耗水,如农业用水中棵间蒸发、水生植物蒸发属于无效耗水。

非耗水项:非消耗项包含可恢复水与不可恢复水。可恢复耗水项指可被重复利用的水,如江河湖泊、供水管网的回水、作物灌溉产生的深层渗漏。不可恢复水指不可再次被取用的水,如汇入至海洋、咸水层,或者汇入至深层地下蓄水层,开采成本过高的水量。

但是,以上术语并不完善,雨养作物的全部与灌溉作物的大部有效耗水都来自于降水,但是"用水"术语并没有包含降水。Perry(2011)在以上术语的基础之上,进一步指出是在水量核算的过程中需明确"收支表",被认为该方法适用于任意尺度而不会产生歧义。如田间尺度,水储量的变化仅针对土壤需水量的变化,但是在更大的尺度上,地下蓄水层与水库的蓄水量的变化都需要考虑;同样,田间尺度的排水在更大的尺度水资源的核算则是入流，可被再次利用；单季作物灌溉的深层渗漏，将是下一季作物的水源供给。

上述观点是传统灌溉效率的有效补充与完善。它明确了哪些是真正的损失（无效耗水和不可重复利用水），有助于更好的理解非耗水项中的可重复利用水量的重要性，明确了灌溉管理的目标。例如，在很多季风气候区，雨季中的可回归流增加了地下水补给，其在旱季是地下水灌溉农业的基石。季风区的灌溉效率提高对旱季区域的可用水量将产生负面影响。因此，在投入资金提高传统灌溉效率的前，必须仔细评判其可能产生的负面影响。下面为水资源管理中的几个"节水"示例。

（1）水权交易和下游用户。

澳大利亚引入了可交易的水权，可交易水权基于历史的取水权。上游投资建设了高"效"的农业技术，在维持了农业耗水量的同时减少了取水量。由于"效率"提高，节省下的水以水权形式卖给附近的乡镇和城市。由此导致了原来依靠上游"损失"回归流的用户供水量大大减少。

（2）灌渠衬砌和水消耗。

美国的某个城市，政府计划为灌区的灌渠衬砌花费买单，"节省"下的水希望用于民用和工业生产。衬砌灌溉方案的"效率"将比非衬砌渠道的自流灌溉得到大大提高。详细分析发现，若因政府投资买单"节"的水转移用于其他行业和部门，将消耗掉流域尺度上 $80\%\sim90\%$ 的水，因此节水潜力非常小。

（3）输水技术改进和耗水。

中东某缺水国，农田投资使"效率"从 $40\%\sim50\%$ 提高到 $60\%\sim70\%$，这些水又用于扩大灌溉面积。最新的测量结果显示，改进的技术提高了作物产量，增加了耗水。这也直接证明了许多研究中存在的结论：产量和蒸散成正比。但就对节水本身而言，这种"改进"对于解决水短缺没有任何希望。

（4）农艺"节"水和 ET。

某研究机构研发了新技术种植水稻，大大减少了田间用水量。但是，长期保持充分湿润的面积比传统的育苗系统（只有很小一部分作物面积在头 $30\sim40$ 天里保持充分湿润）要大。很难讲 ET 受新技术的影响是增加了、减少了，或是不变。

（5）水的多次利用。

欧洲某地区，喷灌和滴灌导致地下水损耗严重，城市供水受到影响，"低效"的地表灌溉又重新引入。在最近的一个美国法院裁定中，"上游"的州同意限制沿河流居住的山区农民提高灌溉效率，进而限制了他们大量引水带来的水消耗。

由上述例子可知，传统的灌溉效率提高不仅没有带来真实的节水，反而增加了耗水，对水短缺地区带来更大的用水压力，破坏了当地和区域间的耗水平衡。这也看出，传统工程效率和基于用水核算的效率对于水的使用和管理有着截然不同的理解。前者重视的是"灌溉效率"，后者则更加重视水分生产率。两者的差异也正体现了水资源管理理念的转变。水分生产率是现代水资源管理的产物，是耗水管理的核心内容之一。

二、耗水管理的理念

耗水管理着眼于控制水资源的消耗（以 ET 为主），但却和传统水资源管理并不冲突，如传统的水资源管理强调节约用水,而耗水管理强调减少耗水,节约用水本质上能够减少机会 ET,是耗水管理的必经之路;传统水管理和耗水管理都是为了人类更好地对水分配和管理,达到水资源的可持续利用。因此耗水管理是对"供水管理"和"需水管理"的补充和完善,是科技进步的产物,也是水资源管理理念的一次飞跃。改变传统节水工作中取水减少而耗水增加的节水怪圈,实现 ET 控制下的真实性节水,从而实现水资源的高效利用。

一个流域或区域,要保障水资源可持续利用,首先要保障水资源进出的平衡。使水消耗小于或等于当地降水量与其他进出水量之和如下。

$$ET \leqslant P - R + W + \Delta W \tag{3.3}$$

式中, ET 为耗水量,包括蒸散量、矿物能耗水量和生物能耗水量;P 是降水量;R 是入海水量或出境水量;W 是外流域调水或入境水量;ΔW 是区域内蓄变水量,包括地表水、地下水和土壤水蓄变量。

为了保障稳定供水,一般用地下水进行多年调节,以丰补缺,但多年应采补平衡;多年平均土壤水和地表水蓄变量可视为 0,这样,流域水量平衡公式可简化为

$$ET \leqslant P - R + W \tag{3.4}$$

对于特定地区或流域,在一定社会、经济、技术条件下,水资源可调出、调入量是一定的;要满足河口和海洋生态要求,入海水量必须予以保障;多年平均降水量 P 也是已知的。因此,不难理解,只有减少耗水量,特别是蒸散量,采取最严格的水资源管理制度控制水的消耗,才能使上式成立,水资源才能可持续利用。

我国现行的水资源管理制度是总量控制、定额管理。总量指的是取水总量或用水总量,定额管理同样指的是取用水定额,均未包括水资源消耗指标。耗水管理,其不仅要控制取水量,满足总量控制指标,降低用水定额,满足用水效率控制指标;还要控制消耗量,总量控制中的总量应该是水资源的消耗总量或根据消耗量反算得到的取水量,使式(3.4)成立,流域总的耗水量满足水资源可持续利用要求。

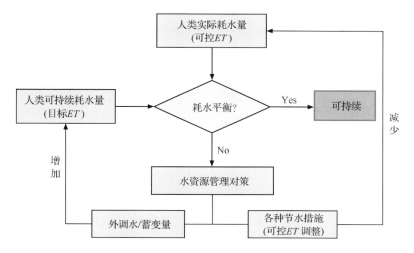

图 3.3　耗水管理示意图

耗水管理是建立在区域水资源的供给和消耗的基础上,即以人类可持续耗水量为限制条件(也可形象地称为目标 ET)进行水资源管理(图 3.3)。在初始阶段内,要保证不超采地下水,使人类实际耗水量和人类可持续耗水量达到平衡,这样才能保证人类和生态环境的可持续发展;反之,若不平衡,则需分析原因并制定相应的水资源管理对策,通过采取各种节水措施对可控 ET 调控,提高各行业和各区域的水利用效率(农业中即为水分生产率),减少人类耗水量。若依然无法达到人类允许耗水量范围内,则需要考虑以超采地下水作为代价或通过流域间的水调配规划来弥补这种差距,从而使目标 ET 和人类实际耗水量达到平衡。

耗水管理不仅要求在流域或区域尺度上达到总的耗水平衡,也需要各行业和各区域之间的耗水量协调,在内部达到平衡。一个区域或流域内不同行业的耗水量总和不能超过允许的可消耗的水量,行业间的可消耗水量的分配则取决于分配原则和优先度,一个行业耗水量多了,就意味着另一个或多个行业耗水量的减少,否则总的耗水量就会超过允许的耗水量。水土保持生态环境建设也应考虑对人类可持续耗水量的影响,根据人类耗水量和总的允许消耗量确定规模及相应的措施。如森林学家和雨养农业学家在考虑如何提高亩产时,需要考虑到森林和雨养农业的发展会减少径流;灌溉工程和和市政工程在提高供水效率的同时,会减少与地下水的交换,影响地下水补给,因此农业和城市水管理需要以耗水量的变化为基础核定供水量;城镇用水管理,在控制取用水量的同时,还要明确排出符合一定质量标准的水量,使水能够循环被本地或下游其他行业所用。无论是采取工程还是非工程措施,均不能破坏水资源的供耗平衡,否则将会影响水资源可持续利用。耗水管理还强调区域间的耗水量协调,特别是流域内上下游的协调,上游耗多了,下游可耗的水自然就少了。一些农业干预措施会从时空上改变其他地区的可用水量。来自南非的一项有趣研究显示,某地区上游雨养农业的大力发展增加了降水入渗,减少了降水产生的径流和湿润季节下游的水流。但是,在水稀少的旱季,延缓释放到地下水的下渗补给增加了下游用户的可用水量(Petty,2011)。在印度的曼萨加湖 Musi 流域,上游的农业管理措施致使下游的水库入流由该地区降水总量的 11% 降到了 8% (Garg $et\ al.$, 2012),这势必会对下游居民的生活和生产用水产生巨大的影响。

耗水管理是从水资源消耗的效用出发,不仅重视循环末端的节水量,而且重视水循环过程中的每一用水环节产生的耗水量。水的消耗效用依据是否参与生产分为生产性消耗和非生产性消耗(即有效耗水和无效耗水),其中生产性消耗也称有效消耗。生产性消耗又可进一步分为高效消耗和低效消耗;非生产性消耗通常又称为无效消耗量。耗水管理则是要尽量使水向高效消耗转移,减少低效消耗,避免无效消耗。在实际中,要特别关注地表水的调配和地下水的超采。地表水尽量"本地水本地用",减少输水过程中的无效蒸发损失;地下水尽量做到少开采或不开采,避免开采后增加的机会 ET。当然地表水在用后总会被蒸发或流入大海,不同的是在哪被蒸发或蒸散,因此地表水不管如何调配都存在无效损失,我们所做的是尽量减少这种损失。而地下水却不同,只有被抽出地面,才会被蒸散。倘若合理的规划地表用水,使其满足人类和生态耗水需求,限制人类抽取地下水,则地下水的无效损失将大大减少。所以,耗水管理是在传统水资源管理的基础上,进行更深层次的调控和管理,也是对水循环过程中水资源消耗过程的一种管理。因此,耗水管理是对供水管理、需水管理理念的延伸和发展,对传统的水资源管理模式的一种改变,为资源性缺水地区水资源可持续利用提供了有效工具。

耗水管理不仅关注对水量消耗的管理,更关注实际耗水效率等问题,用有限的水资源消耗量不断提升效益量,使其和农业和工业产量(甚至是当地市场条件下的产值)挂钩,明晰所消耗水的效益。这个效益量在农业上就是不断提升水分生产率,在工业上就是不断提升单方耗水的工业增加值。只有对其单位消耗水分的农业产量和工业增加值进行衡量,才能客观的表征耗水的意义所在,这种效益才具有相对公平的可比性。而单位消耗水分的产量和工业增加值正是耗水的效益。这即是生产层面的耗水管理。在生活和生态层面,一般难以直接用效益来衡量,但此二者是不同于生产的更深层次的人类需求,对于生活可以推行节水,满足生活需求的前提下减少用水、耗水,对于生态可因地制宜地衡量本区域总的可允许耗的水资源量和维持一定规模条件下的生态耗水量。应该说生活和生态的耗水需求较之生产更为刚性,可控性低于生产耗水。因此推行耗水管理,主要就是生产层面的耗水管理。

当前在水资源短缺的条件下,仍然存在用水浪费和效率低下的情况,尤其是在北方干旱半干旱地区,对于耗水量的控制显得尤为重要。因此采用耗水管理直接瞄准用水的绝对消耗量,进而把控制指标落实到日常水资源管理的可控环节当中,而耗水管理的这一特点也就使其成为当前水资源管理的迫切需求。

三、耗水管理的特色

由于 ET 等耗水数据的监测和验算并不直接依赖于水平衡,相反可以作为水平衡的一种验证,因此耗水管理在很多方面和传统水资源管理是有差异的(图 3.4),其最主要差别主要体现在:耗水管理依据区域的自身的可耗水量,确定目标 ET,通过一切可能的方法提高水效率将耗水控制在目标 ET 以内;传统的水资源管理并没有考虑 ET 和可用水量,而是以人类的需求为出发点,想尽一切方法增加供水满足人类用水需求。提高灌溉效率尽可能地使更多的"节约"下来的水用于更多农田的灌溉,这已成为传统水资源管理的追逐目标。

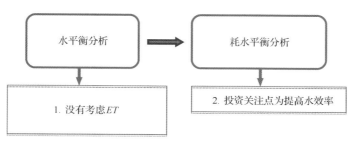

图 3.4　耗水管理同传统水资源管理的联系

传统水资源管理需要水平衡分析,确定地表和地下水资源量、地表可利用水量以及地下水可开采量,从而为供需平衡分析提供规划目标和参考。所涉及的水平衡有降雨入渗的补给量排泄量平衡,有开发利用中供用耗排平衡,但总体上都是较小尺度的平衡,其焦点也在于可利用的资源量和供用水量上。而在实际计算过程中,供水量、用水量属于监测量，水资源量、可利用量、地下水开采量属于不可监测量，水资源消耗量、排放量依赖大量的参数或者系数。以地下水为例：传统方法计算地下水资源量是通过试验获取不同计算分区的给水度、降雨入渗补给系数、灌溉入渗补给系数（包括渠灌田间入渗补给系数和井灌回归补给系数）、渠系渗漏补给系数、田间灌溉入渗系数、潜水蒸发系数、渗透系数、导水系数、弹性释水系数、压力传导系数及越流系数等参数，根据这些参数进行各项补给量和排泄量进行核算；地下水可开采量在补给量的基础上用可开采系数法确定。采用数量众多的参数使得计算结果不确定性很大，降低了结果的准确性。除了计算结果的准确性之外，观测和统计结果的准确性也存在问题。目前海河流域地下水灌溉系统主要存在三种水费收取办法：按耕地面积收费（元/hm²）、按时间收费（元/h）和按用电量收费[元/（kW·h）]，其中按用电量收费的比例最大。不能依照用水量收取费用使得灌溉用水量的统计准确性降低。与此同时，整个供用耗排过程中最重要的环节——消耗，并不能很准确的监测和控制，而是将蒸散作为水平衡的产物，所有水平衡分析过程中产生的误差都归结到蒸散中。以上表明传统水资源管理中得到的可用水量很有可能存在很大的误差，如今越来越严重的地下水超采更是对该结论的一种间接验证。

耗水平衡分析则是考虑降水、入渗、径流入海、区域交换和蒸发的较大尺度的水平衡，即包含蒸发要素的完整的水平衡。比传统水平衡多了一个因素：即包含蒸散在内的耗水量。蒸散是衡量一个流域或区域用水消耗量的重要指标，也是整个水资源量中最大的消耗量。缺少这个因素的水平衡本身就不是完整的。通过耗水平衡分析可得到人类可持续耗水量，为人类水资源消耗制定了一条约束准则和红线，要想尽一切办法将人类耗水量控制在红线范围内，这也间接的促使各行各业改进生产和生活中的用水效率，减少用水过程中产生的大量机会 ET。且耗水中的最主要项 ET，可以通过遥感监测模型得到。其结果具有空间分布且时间连续的特点，一目了然地体现了水资源系统的消耗量，直接瞄准了耗水管理目标，相比传统的核算结果更加精准。采用 ET 等水资源消耗量作为管理的指标或者手段，管理本身也会比较直接和简单，效果得以提升。

传统水平衡中计算结果的不确定性和对蒸发的忽略使得很难真正意义上确定流域内用水消耗量，也就不能真正意义上解决水资源短缺和高效用水的问题。正是因为耗水平衡把水循环的各个因子都纳入其中，如果实现对所有因子的管理，也就可以全方位的把握整个水平衡，实现管理的全面性。

传统水资源管理的核心为供需平衡，需要对需水量进行预测。而现有的水资源需求预测方法主要基于分产业预测方法，研究生产、生活用水未来可能出现的供需情况。由于需水预测往往采用过去用水增长趋势或定额变化趋势对未来进行预测，面对新时期用水出现的新情况，预测结果存在一定的局限性，其做出的需水预测越来越受到质疑。以我国的需水预测为例，需水量预测长期以来一直过度超前，预测结果都已经或者即将被证明是偏大的。这会导致在供水过程中调配高于实际需求的水量，使供水很大一部分无法利用而浪费掉。而耗水管理则是以人类可持续耗水量为约束红线，保证将不同区域的人类耗水量约束在该区域红线以内，它较少的去考虑未来人类可能的耗水情况，而是让不同区域内的各行业通过自身的水利用效率改进等满足该区域所允许的耗水量范围，以可耗水量定耗水量。

　　传统水资源管理中,为解决资源性缺水地区水资源供需矛盾,提倡节约用水,在农业方面,国家和地方政府投入大量资金发展节水灌溉,同时国家还集中力量为干旱地区实施大规模的调水工程,以提高用水利用效率为目标不断进行节水改造、渠道衬砌。就当时条件下,传统的节水取得了很好的效果,减少了农业用水的取水量,使水更多的用于了作物生产,提高了产量,缓解了国家的粮食安全危机;工业方面一直以来提倡使用新的输水设备,并不断提升工业用水的重复利用率,这也减少了工业用水的取水量。传统的节水理念更多体现为用水节约,通过工程措施和非工程措施提高水的利用率而产生节水的效果,主要是减少了取水量。应该说这种做法在很大程度上缓解了水资源的紧缺。但问题是取水量和耗水量并不相同,农灌有回归、工业有排水,仅仅统计取用水量并不能代表真正意义上的水量消耗。回归水减少会减少地下水与地表水的联系,如果将减少的取水量用于扩大灌溉面积的话,实际上反而增加了耗水量,很多国家和地区由此加剧了地下水的开采和水位下降(Ward and Pulido-Velazquez,2008;李代鑫,2009)。只有准确定位回归水量及去向,才能评价取水量减少的真实节水效果。对于市政和工业用水,取水总量和排放总量可以测量和控制,而耗水量可以计算得到;农业部门更是如此,灌溉用水可通过各种灌溉定额方法得到,回归到当地水系统中的水由于无法准确定位其流向,其量很难测量。随着经济社会保持高速的发展势头,当地水资源和有限的外调水将来仍然无法满足工农业、城市发展、人口增长和生态环境改善的用水需求,因此耗水管理就成为必须。遥感估算ET值技术的出现和发展,使取水量和耗水量都能得到测量,从而可以计算出回归水量。

　　耗水管理以减少耗水为核心,通过控制区域的耗水量来实现区域的水资源管理目标。其包括两层含义:控制耗水总量,从流域整体控制住总的耗水量,确保流域总耗水量不超过可消耗ET,实现水资源的可持续利用;提高水利用效率,在流域总体耗水目标前提下,从区域或局部对用水效率调整,提高水分生产水平,促进社会经济持续发展。

　　传统的水资源管理中监督和考核一直是一个比较困难的问题。首先对于用水的核算就有一定的不确定性,区域经济利益的驱动在某种程度上也容易造成行政领导对于具体的用水量多少、水质和排污情况可能存在一定的干预,这样经过统计渠道核算的水资源供用耗排数据和真实情况可能存在一定的偏差,实际操作当中也很难将其作为考核的依据。通过耗水管理,以遥感监测ET作为依托,同时监控有关水资源开发利用的水权三要素:即可利用水量、可消耗水量、需要回归本系统的水量。该三要素正好是有机的整体。对于农业用水者而言,回归部分通常会比较难以获取,往往可以通过控制可利用水量和ET消耗量来进行全方位的水权管理;对于城镇和工业用水者而言,消耗量涉及较多的产品和生物水量消耗,消耗量难于核算,可以通过对可用水量和城市系统排放量进行监测,实现三要素的管理。2011年下发的中央一号文件提出要落实最严格的水资源管理制度,不仅要严控三条红线,更要建立水资源管理责任和考核制度。采用遥感监测ET结合传统水利管理手段,可以通过遥感技术对区域水资源消耗量进行监督和考核,直接实行耗水管理,对于实行最严格水资源管理制度大有裨益。

　　如前所述,耗水包含农业ET,生态环境ET,城市生活和工业耗水,按照土地利用和植被类型来说,包含了水面、田地、森林、草场等各种植被类型的ET,也因此可以将ET分为可控ET(如农田灌溉)和不可控ET(沙漠、草、森林)。传统水资源管理的焦点往往在于可控的那部分水量,如水资源配置往往着眼于地表水资源的可利用量和地下水资源的可采量。实际对于整个水循环系统而言,消耗水量比较大的部分恰恰是不可控的那部分水量,而且随着认知的提高和科技进步,原来认为不可控的部分如森林、草场并不一定是完全不可控制的。通过水土保持措施,人们可以对沙漠、荒山进行改造。然而尽管可以保持水土、减少沙尘等,带来的蒸发也是巨大的,很多水土保持措施甚至需要固定的人工补水,从而增加了不可控 ET。当前比较风靡的水城建设也存在这个问题,在北方严重缺水地区,是否有必要为了生态景观维持大面积水面增加蒸发也是值得思考的。事实证明,在水资源短缺地区,这样的水资源利用和消耗方式并不科学,那么从管理上来说完全可以通过政策上的调控,实现植被和土地利用的改变。遥感监测 ET 则可以详尽的反映任何一种土地利用和植被面上的实际蒸散情况,这对于水资源管理而言不仅是所有造成水资源消耗的要素的管理,对于宏观决策也具有有益的参考意义。此外,耗水管理还在其他方面存在不同程度的优势,如管理快捷,成本较低等,耗水管理较之传统水资源管理的优势为 ET 技术在水管理中的应用描绘了美好的前景。

四、节水管理与耗水管理的案例

(一)灌溉方式的改进与水分生产率

当前,部分农水灌溉研究者试图模拟不同的灌溉情景,通过观测产量、取水量、耗水量与水分生产率等的变化,说明节水灌溉耗水量减少的效果。但是,在评价"效果"之前,必须仔细推敲水分生产率增加、耗水量减少的主要原因,才能经得起推敲。Perry(2011)对如下两个田间实验的效果进行了评价。

实验一采用了三种不同的灌溉技术:标准的沟灌(A)、交替沟灌(B,一次循环中灌溉沟灌一半,下一次循环中沟灌另一半)、交错沟灌(C,每次循环中每隔一个沟灌溉)得出了不同灌溉技术下的用耗水及效率情况。表 3.3 中黑体字是文章中的原始数据,其他数字是 Perry 从黑体字中推导后得到的数据。用水量根据已知的产量和水利用系数计算得到。并且水流向蒸发和蒸腾的比例已知,所以可方便地计算出下渗量(无径流)。

表 3.3　不同灌溉技术下的用耗水情况及生产率案例 1

灌溉技术	A	B	C
产量/(kg/hm²)	**4581**	**4378**	**4031**
水分生产率/(kg/m³)	**0.58**	**0.72**	**0.64**
灌溉用水/mm	790	608	630
蒸腾比/%	**48**	**58**	**57**
蒸发比/%	**26**	**22**	**22**
下渗比/%	26	20	20
蒸腾量/mm	379	353	359
蒸发量/mm	205	134	139
下渗量/mm	205	122	126
蒸腾水分生产率/(kg/m³)	1.21	1.24	1.12
蒸发水分生产率/(kg/m³)	0.78	0.90	0.81

灌溉实验者认为,B 模式大幅度减少了渗漏量,同时灌溉取水量减少了 30%,灌溉水利用效率提高了 24%,而产量仅仅减少了 4%,因此,B 模式节水效果是非常显著的。但是仔细分析渗漏量减少原因,蒸腾蒸散水分生产率的变化,B 模式的节水效果大打折扣。

如果灌溉水的渗漏量是可以被重复利用的,则灌溉水利用效率仅提高了 15%,灌溉水渗漏量的减少主要是取水量减少造成的,蒸腾水分生产率基本保持不变,因此,节水效果并不如灌溉实验者宣称的那样好。

当然,该实验也反映了部分耗水管理的理念,依据耗水的有效与无效区分,灌溉取水量的减少确实显著减少了无效的棵间蒸发,如 B 模式的棵间蒸发量比 A 模式减少了 40%,这也体现了耗水管理减少无效蒸发的理念。

实验二是不同灌溉模式(I1,I2,I3)节水效果评价。研究所用的数据见表 3.4。

表 3.4　不同灌溉技术下的用耗水情况及生产率案例 2

灌溉方式	降水/mm	灌溉/mm	深层渗漏与径流/mm	土壤水分消耗/mm	毛用水量/mm	总耗水/mm	产量/(t/hm²)	蒸发水分生产率/(kg/m³)	蒸腾水分生产率/(kg/m³)
I1	595	604	130	4	1203	1073	28.4	2.6	4.7
I2	595	418	11	43	1056	1045	26.9	2.6	6.4
I3	595	317	11	61	973	962	24.2	2.5	7.6

注:该研究中,E 和 T 没有分开,因为作物密度很大,蒸发损失很小。

实验者称,从 I1 至 I3 模式,由于调亏技术的引进,灌溉效率从 78% 提升至 96%,灌溉水渗漏量大幅度减少,而灌溉水利用效率从 4.7kg/m³ 提高至 7.6kg/m³,因此,调亏灌溉节水效果显著。

但是,灌溉效率的提高必须仔细灌溉回水的去向及其可能产生的负面结果。I1 模式是过量灌溉,I3 模式灌溉水渗漏量的减少是灌溉取水量减少产生的,与 I1 模式相比,降水量相同,耗水水分生产率并没有显著变化,而 I2 与 I3 模式土壤含水量显著减少,说明 I2 与 I3 模式产量的增加是以消耗更多的土壤水与有效降水引起的,而耗水量的增加将减少下游的可用水量。

因此,除非能清楚说明深层渗漏与径流的用途,否则灌溉效率的提高并不能视为节水,也无法评价灌溉效率提高其他用户可用水量变化。灌溉用水生产率 WUE_I 的增加是过量水输送减少、土壤水消耗增加和有效降水增加的结果。事实上,基于总耗水(ET)的水分生产率有略微的下降,而总耗水下降很明显。当然,该实验也清晰的说明了应将灌溉水、土壤水和降水等统一视为水资源,均为有效降水,可为人类调控服务作物生产。

(二)棉花膜下滴灌

新疆生产建设兵团棉花膜下滴灌技术始于农八师,该师又称石河子垦区,地处新疆天山北麓古尔班通古特沙漠的南缘。该区年降雨量 100~200mm,蒸发量高达 2000~2400mm,属干旱-干涸地带。本区属新疆工农业经济发达的天山北坡经济带,但水资源相对匮乏。只有依靠灌溉才能发展农业,农业用水量所占用水比例高达 95%。要维持当地经济可持续发展,维护生态平衡,唯一的出路就是节水。滴灌是世界上最先进的节水技术之一,为此他们选择大田棉花进行膜下滴灌试验(顾烈烽,2003)。

1. 滴灌执行情况

1996～1998年,结合生产在棉花地里进行初试、小试、中试三个阶段的膜下滴灌技术试验。1996年在121团1.667hm²(25亩)弃耕的次生盐渍化地里进行首次膜下滴灌试验研究。结果为棉花生长期净灌溉定额2700m³/hm²,比地面灌减少50%以上,单产皮棉1335kg/hm²,是盐碱地上从未有过的产量。1997年试验扩大到相距各为100多km,处于不同地点的三个团场的42.8hm²(642亩)棉田上进行,土地大部分是盐碱地或次生盐渍化地,土壤质地差,土壤肥力为中下等,结果是平均省水50%,平均增产20%,其中低产田增产达35%。1998年进行中试。面积扩大到99.133hm²(1487亩),其中13.333hm²(200亩)是番茄,试验内容深入到探索合理的灌溉制度、灭虫、化控、施肥、防滴灌带堵塞、与农业技术措施紧密配合、降低成本等。试验在上述各方面均取得进展,并进一步验证了前两年所取得的成果。经过连续三年试验,一年迈出一大步,大田棉花膜下滴灌技术在农八师取得了成功,并以其明显的节水增效优势吸引了千家万户。

2. 膜下滴灌产生的优点

滴灌是一种可控制的局部灌溉,可适时适量的灌水。水滴渗到作物根层周围的土壤中,供作物本身生长所需。滴灌系统采用管道输水,减少了渗漏。更重要的是,由于棉田实施覆膜栽培,抑制了棵间蒸发,减少了水分的无效损失,提高的水分生产率。在棉花生长期内,比地面灌节约用水40%～50%。如石河子地区2000年测试,平均每公顷减少其水3000m³,减少率44.7%。另一个明显优点是可适时适量灌水。如花龄期后,棉花仍需少量水分、养分补充,因地面灌难以控制水量,8月中旬后就被迫停水以免棉花旺长,影响吐絮和成熟,而滴灌就可以控制灌水量大小、灌水时间和灌水次数,小水量灌溉,以满足后期棉花对水分养分的需求。故滴灌还比较容易进行调亏灌溉,使耗水用于作物生长最需要水的时期,提高耗水产生的效率。

与此同时,肥料随滴灌水流直接送达作物根系部位,易被作物根系吸收,提高了利用率;亦可做到适时适量,对作物生长极为有利,平均可省肥20%左右。水在管道中封闭输送,避免了水对虫害的传播。另外,地膜两侧较干燥,无湿润的环境滋生病菌。因而除草剂、杀虫剂用量明显减少,可省农药10%～20%以上,杀虫效果好。

由于科学调控水肥,土壤疏松、通透性好,并经常保持湿润,棉花生长条件优越,结铃率高,单铃重增加。因此,棉花普遍可增产10%～20%,低产田可增产25%以上。石河子垦区2000年对五个团场0.277万hm²(4.16万亩)棉田调查,籽棉每公顷增产858kg,增产率23%。

3. 膜下滴灌产生的效益

膜下滴灌棉花增产20%以上,按籽棉价3.5元/kg,每公顷增收2850元。节省水、肥、农药、人力、机力,每公顷平均节支1425元,除去工程投资年折旧费和年运行费每公顷3225元,则每公顷净增收1050元。若棉花价格提高,则盈利更多。

膜下滴灌节省水50%,减少深层渗漏,能较好地防止土壤次生盐碱化。滴灌随水施肥、施药,既节约了化肥和农药,又减少了对土壤和环境的污染。节约下来的水可还水于生态,这对改善新疆脆弱的生态环境来说是头等重要的。

由于滴灌水的利用率提高,滴灌面积不断扩大,兵团水资源紧缺的压力开始缓解。因膜下滴灌技术适应性较强,兵团已开始利用这一技术在沙漠边缘种植经济林、草,如石河子地区在沙漠地上种植梭梭、沙棘、枸杞等耐旱植物,既会产生经济效益,又能改善生态环境。以这项技术为龙头还有效地带动了相关产业的发展,如滴灌器材、滴灌专用肥、过滤设施生产、销售等在兵团迅速发展起来。它提高了劳动生产率,解放了劳动力,有利于农业产业结构的调整和集约化经营,具有较强的综合带动效应,促进农业生产向现代化方向迈进。

(三)宁夏压砂西瓜

宁夏压砂西瓜又称“石头缝里长出来的大西瓜”。生长在宁夏中部干旱地带,海拔1200～1800m的中卫市香山地区昼夜温差大、干旱少雨、光照充足,年均降雨量仅200多mm,生长季节日照时数1080h,日照百分率在60%以上,无霜期153天,有效积温2529.3℃,5～8月昼夜温差一般在12.6～15.5℃。

压砂西瓜是山区群众充分利用当地丰富的砂石资源,发明创造的铺压砂石混合物蓄水保墒种植瓜类作物的抗旱耕作栽培模式。目的是减少蒸发量,有的甚至直接铺一层板岩在上面。浇水就是拿针管往作物根部注射,一个星期注一次,既节水,西瓜个儿长得又大,还含硒,对人体健康有益(汪恕诚,2007)。这种办法最大的好处是,既可以有效保墒减轻干旱缺水对农业生产的不利影响,还可以充分利用光照强和温差大的有利因素,种出皮脆、瓤沙、含糖高的优质西瓜。

宁夏压砂西瓜栽培的特点:第一,压砂栽培最大的特点就是保墒效果明显。由于疏松的砂砾层切断了土壤毛细管,减少了土壤水分的上升和蒸发,同时还可以接受全部降落的雨水,使之渗入土中而不会发生任何径流现象,所以压砂地墒情非常充足。这也是干旱地区采取该方式重要的原因之一,可节约棵间蒸发及灌溉过程的蒸发等无效耗水损失;第二可以提高地温。白天砂砾层吸收到太阳的辐射热能,传入下层土壤中去的过程比较缓慢,在夜间土壤热量通过砂砾散放的过程也很慢,由于长期的热量积累,砂田白天对辐射热的反射较土田强烈,使地表形成一层较薄的灼热空气层,其温度可高达45℃左右,因此砂田的地表温度高于土田;第三可以抑制盐碱。由于砂田具有切断毛细管,降低地下水位上升的功能,因而减少了盐分的上升,有效地防止了表层土壤的盐碱化;第四可以提早成熟。由于压砂改变了农田小气候,因而砂田的增温、保墒,压碱作用比较明显,宁夏一般砂田栽培的西瓜可比土田提早成熟15～20天,单位面积的产量可以增加25%～30%,果实含糖量有一定提高。品质的提升也使农民带来了更多的经济效益(刘宇、郑宁,2008)。

即使遇到特别严重的干旱季节,通过适当的灌溉也能保证很好的产量。因为只需在西瓜生长的在关键时期浇灌四次,每亩地用水40m³左右,就得达到1500～2000kg的产量(http://www.gov.cn/jrzg/2009-07/26/content_1375342.htm)。

(四)宁夏“十一五”节水取得成效

宁夏是我国水资源严重短缺的省区之一,干旱半干旱面积占总面积的75%以上。多年平均降水量289mm,蒸发量却高达1250mm。人均水资源可利用量664m³,仅为全国平均水平的1/3,世界平均水平的1/9。

　　宁夏的经济社会发展主要依赖国家限量分配的每年 40 亿 m³ 过境黄河水。水已经成为宁夏可持续发展的最大瓶颈。"十一五"时期,宁夏经济保持了快速发展,2011 年 GDP 增速 12%,高于全国平均水平。然而,宁夏的用水总量却并没有增加。到"十一五"末,宁夏引黄水量和耗水量首次实现双不超黄委会指标,"十一五"期间引黄水量减少了5.7 亿 m³,2011 年仅为 32.55 亿 m³,远未达到 40 亿 m³ 的黄河水分配量,引黄灌溉水利用系数由 0.36 提高至 0.42。万元工业增加值用水量由 173m³ 下降至 93m³,城市节水器具普及率由 40% 提高到 60%,万元 GDP 用水量由 1288m³ 下降到 541m³(陈晓虎等,2011;鲍晓倩,2012)。这取得的一系列成果,都是宁夏坚持走科学用水、节约用水、高效用水的可持续发展道路,并积极以"水"调整经济结构,以"水"引导产业结构升级的结果。

　　大水漫灌,是宁夏引黄灌区历史形成的灌溉方式,造成了农业用水效率极低,大量水资源在蒸发和渗漏中流失。"十一五"期间,很多村镇开始实施滴灌工程。用膜下软管滴灌后,浇一亩地用水只要 30m³,节约了 200 多 m³;水肥一体化还节省肥料;瓜菜的上市时间也能比一般提前 10d,价格上也会更高,农民收益也会更好。截至"十一五"末,宁夏全区已经发展各种节水灌溉面积(喷灌、微灌、滴灌、高效节水补灌)440 万亩,占总灌溉面积的 55%。

　　同时,为了减少引黄灌区的渠道输水过程中的渗漏和蒸发水损失,"十一五"期间,宁夏投入 96.3 亿元实施节水改造,解决引黄干渠渗漏问题,灌区渠系砌护率由不足 20% 提高到近 40%,输水效率和效益持续提升。

　　工业上也采取了新的工艺进行节水,许多工业项目在建设之初就高标准设计,充分考虑节水需求。发电厂是用水大户,宁夏要求新上火电项目全部采用空冷技术,减少矿物能产生的耗水损失。如宁夏京能宁东发电有限责任公司,两台表面式间接空冷机组节水可达 75%,全厂实现阶梯用水方式,上一级工艺排水水质能满足用水要求时,直接作为下一级工艺用水水源。每千瓦时电发电综合水耗小于 0.23m³。

　　污水的重复利用也是宁夏众多节水措施中的一种。如宁夏宁东能源化工基地内,污水成为重要的水资源,回用率高达 73.33%。所有工业污水集中输送至一家名为万邦达的环保企业,通过先进的深度膜技术处理后回用。污水处理量可达每小时 900m³,处理后即可达到工业用水标准,可以作为基地各化工装置工业冷却循环水。除了工业,污水回用的尝试也正在城市中进行。银川、石嘴山、吴忠、固原、中卫五个地级市均建设有中水厂,城市污水回用率提高到 15%。

　　上述四个案例中,有两个是耗水管理的案例,两个是节水管理的例子,在节水管理的例子中,关注的是取水量的减少,灌溉效率的提高,但没有关注耗水量的减少,在没有掌握回水量的去向之前,很难判断是否减少耗水量。

第三节　耗水管理的行政监督

　　耗水管理,是对实施最严格水资源管理制度的重要补充和延续,也是对水资源管理提出的新要求。落实三条红线,在控制取用水量,控制定额和水体纳污总量的同时,还要对用水方式和消耗量进行管理。同时,对污水排放提出更高要求。对于北方干旱和半干旱地区,在当前水资源严重短缺的情况下,ET 的监测和总量控制对流域的水资源管理、区域规划和可持续发展很重要。

2011 年中央一号文件提出的实行最严格的水资源管理制度其首要的核心内容是建立用水总量控制制度。用水总量控制主要是控制用水,但用水在目前的社会条件下并不能得到很好的监测,尤其是作为大头的农业用水,往往采用电费、灌溉定额、产量定额等方式进行间接估算。为了实现严格的水资源管理和相对准确的用水总量控制,需要辅助指标。对于地表水而言,省界断面的下泄量、入海水量都可以成为辅助指标。对于地下水,水位变化可以成为辅助指标,而不论各种水源、各种用户,用水消耗量都是最重要的指标之一。

在基于 ET 的大尺度水平衡当中,流域或者区域的总量控制指标恰恰是降雨和外调水量之和,将传统意义上不可控制或者难以控制的森林、草场、水面等土地和植被因素全部纳入,实现真正意义上的总量控制,通过 ET 指标审视各项土地利用的合理性,对宏观管理起到指导作用。

其次,最严格的水资源管理制度要求建立用水效率控制制度。要求加快实施节水技术改造,普及农业高效用水技术。传统的灌溉配套设施和灌溉方式中,曾大力提倡喷灌,然而研究证明,喷灌在华北西北湿度小、蒸发量比较大的区域很难收到很好的节水效果。喷灌本身存在喷雾损失和灌溉截留,水分大量遗留在作物叶面,迅速蒸发进入空气,并没有被作物真正吸收。又比如渠灌的衬砌设施,虽然减少了渗漏损失,但衬砌措施在宏观水平衡当中,只是减少了灌溉的用水量,而并没有真正意义上减少作物的消耗水量,渗入地下的水分进入地下水系统,并没有真正损失。这两种情况下并没有节约水资源,也就不是"真实节水"。世界银行近年来在新疆和海河流域的河北省等地推广实践了世行节水项目,以 ET 作为耗水管理的表征指标,推行节水和高效用水,通过 ET 调控作物的灌溉时段和水量,合理灌溉科学管理,减少耗水的同时提升作物水分生产率,收到了很好的效果,是耗水管理的良好实践。

总的来说,耗水管理虽然有新的理念和方法,但并不是全新的东西,是在过去无数实践的基础上不断探索衍生出来的,和过去几十年水资源管理的历程密不可分,和一直以来我国水资源管理的思路是一脉相承的。现今实行最严格的水资源管理制度,恰恰为 ET 管理提供了机会,耗水管理顺应了新时代和新形势的要求。

一、与我国现行的水资源管理制度的衔接

《水法》第四十七条规定,"国家对用水实行总量控制和定额管理相结合的制度"和"国家对水资源实行流域管理与行政区域管理相结合的管理体制"。水资源的分配在宏观层次上实行用水总量控制体系,微观层次上实行用水定额管理体系。在以流域为单元的水资源系统中,各地区、各行业、各部门的用水定额是测算全流域用水总量的基础,同时又是分解总量控制指标,实现总量控制目标的主要手段。总量控制的调控对象是水资源的分配和取水许可,定额管理调控对象是用水方式和用水效率。

（一）总量控制

总量控制在一个流域内可分为四个层次。第一层是确定可供国民经济各部门分配的供水总量，并按照"以水定地、以水定产、以水定发展"的原则，确定全流域的总体控制目标。第二层次是根据供水总量并考虑现状用水情况，对流域内各省级行政区进行水量分配，从而确定各省级行政区水的使用权和取水许可总量。第三层次是各省级行政区根据其分配到的取水许可量，按照上述原则在其辖区内进行二次分配或多次分配。第四层次是直接面对各类用水大户，包括灌区、企业、机关事业或个人，根据用户的取水申请和相应的用水定额核算其合理的用水总量，汇总后在本流域用水总量限额内协调平衡，最后确定各用水户的配水总量和年度用水计划。

用水控制的手段是取水许可制度，是国家行使水资源所有权管理的一项主要手段。实施取水许可管理坚持地表水和地下水统筹考虑，开源与节流相结合、节流优先的原则，实行总量控制与定额管理相结合。流域内批准取水的总水量不得超过本流域水资源可利用量。行政区域内批准取水的总水量，不得超过流域管理机构或者上一级水行政主管部门下达的可供本行政区域取用的水量。

（二）定额管理

定额管理是实现总量控制目标的重要环节。在一定供水总量下，要保障社会经济可持续发展，必须不断提高用水效率。定额管理是保障不低于用水效率控制线的重要手段。总量控制目标通过层层分解，将水分配给各行业，根据各行业合理用水定额，为每一个用水户核定取用水量，并严格按计划用水，把取用水总量控制在可供水总量的范围之内。定额管理是一项强制性管理措施，当用水户超计划、超定额用水时，必须采取行政、经济和技术手段予以调控，抑制用水需求，促进节约用水。定额管理，又是动态管理，用水定额要根据社会经济发展，水资源供求关系不断调整。随着科技进步，用水效率必然会不断提高，根据耗水效率反算用水定额，用水定额就要不断降低。通过定额管理，淘汰用水效率低的用户，以有限水资源支撑社会经济可持续发展。

（三）三条红线

鉴于我国水资源供需形势，国家正在实施最严格的水资源管理制度，制定了用水总量、用水效率和排污总量三条红线。这三条红线是相辅相成的，控制用水总量是水资源可持续利用的基本要求，提高用水效率是定额管理的具体体现，是在一定用水总量下社会经济可持续发展的保障，控制排污量，保持水质清洁，才能保证水的使用功能。三条红线的制定，是水法规定的水资源管理制度在流域和行政区水资源管理中的具体落实。2011年中央一号文件对三条红线实施提出了严格要求：严格执行建设项目水资源论证制度，对擅自开工建设或投产的一律责令停业；严格执行取水许可管理，对于取用水总量已达到或超过控制指标的地区，暂停审批建设项目新增用水，对于取用水总量接近控制指标的地区，限制审批新增取水；严格地下水管理和保护，尽快核定并公布禁采和限采范围，逐渐消减地下水超采量，实现采补平衡。

二、面向新形势流域水资源管理的未来方向

随着经济社会的快速发展，人多水少，水资源时空分布不均、与生产力布局不相匹配等问题更加明显，全球气候变化和国内大规模经济发展等因素的交织作用下，长期形成的用水结构性矛盾和粗放用水方式不能适应新形势的需求。

对于水资源的管理而言，长期以来可能存在的另外一个误区就是仅仅站在水利行业内部看水利发展，更多地强调水利如何尽最大潜力的保障和满足经济社会的快速发展，一方面较少的考虑自身的水资源禀赋和承载能力对经济社会发展的约束作用，另一方面也较少的站在其他的行业其他领域来审视水利发展。例如，对水资源需求和供给的研究往往对经济合理的因素考虑较少，而按照经济学意义上边际成本的概念，在水资源需求方面采取生产力的转移、产业结构的调整、水价的市场作用等措施，是可以抑制水资源需求的过度增长的，同时这些措施也可以在一定程度上刺激经济增长方式的转变，而这也正是我国当前改革与发展非常重要的目标之一。

从水利发展阶段来看，当前和今后一个时期，水利事业处于改革发展深化，由传统水利向现代水利、可持续发展水利转变的关键阶段。经济社会发展战略布局、发展态势和经济增长方式转变，都对水利的支撑保障提出了新的更高要求。

2009 年，水利部在全国水资源工作会上提出了实行最严格的水资源管理制度，明确了开展水需求管理，旨在通过强化水资源管理制度、调整产业结构、改革水价制度、推广节水技术、公众宣传教育及民主参与等一系列措施，减少不合理用水需求，促进、帮助人们自我管理、节约用水，实现用水的最大效率和效益，使有限水资源更好支撑国民经济和社会可持续发展。随后，水利部门围绕实施最严格水资源管理制度"三条红线"开展了大量的工作，《国务院关于实行最严格水资源管理制度的意见》中，提出了对当前和今后一段时期的水资源管理目标和分解指标，并在附件中对"水资源开发利用控制"、"用水效率控制"、"水功能区限制纳污"三条红线提出了具体的实施方案。

2010 年 12 月 31 日国务院以中央一号文件的形式下发了《中共中央国务院关于加快水利改革发展的决定》。文件分十个方面三十个条目全面阐述了水利的战略地位、新时期水利改革发展的思想任务原则、实行最严格的水资源管理制度、创新水利发展体制机制等多项内容。该文件首次把实行最严格的水资源管理制度作为水利改革和发展的重要内容。其首要内容强调建立用水总量控制制度，明确水资源开发利用控制红线，确立用水效率控制红线，确立水功能区限制纳污红线。

无论是从过去传统水利存在的问题和弊端来看，还是现今 21 世纪可持续发展的水利的新要求，都需要我们开拓水资源管理的新思路，寻求水资源管理的新手段，创建水资源管理的新工具，实现水资源管理的新效果，全面加强水资源的管理。

随着社会的发展和科技的进步，一种以卫星遥感监测为主要表征的水量蒸散发量的指标以其快捷、全面、便于控制等特点逐渐得到重视并应用到水资源管理当中，这就是 ET 管理。

第四节　耗水管理的保障措施

实施 ET 管理既是一个全新的理念也是一项系统的复杂工程,主要目标是以控制地表水过度开发利用,减少地下水开采,逐步达到采补平衡。其核心是以流域水资源条件为基础,以生态环境良性循环为约束,在保证"粮食增产、农民增收、环境改善"的前提下,在流域广义水资源配置的基础上,全面节约生活、生产用水,推广高效综合节水措施降低无效 ET,提高单方水有效 ET 的效益和效率产出,减少流域综合 ET。经过 GEF 海河项目实施六年多的研究和实践,我们认识到现阶段在流域范围内推行 ET 管理,需要建立相应的保障措施。

一、采取基于耗水管理的综合节水措施

发展优质高效节水农业。农业是用水大户,也是耗水大户。农业节水应在农业灌溉总用水量略有减少、耕地面积不变而保证粮食生产安全的前提下,以提高水分生产率和降低灌溉定额为目标,针对流域水资源的特点,采取工程、农艺、生物和管理措施相结合的综合节水措施,强化"资源性"节水,减少无效和低效的蒸发蒸腾量(ET),提高天然降水及灌溉水的利用效率和效益,实现农业高效用水,保障农业发展。优化农业种植结构,根据水资源条件及其承载能力,合理安排农作物种植结构和发展灌溉规模,优化农业产业结构和布局,发展高效节水农业和生态农业;分期分批推进灌区的节水改造,推进灌区的节水达标率;因地制宜发展喷微灌等节水灌溉工程,推广膜下滴灌和膜上灌等田间节水灌溉技术,逐步加大设施农业的比重;改革传统耕作方式,发展保护性耕作,推广各种生物、农艺节水技术和保墒技术,研究开发和推广耐旱、高产、优质农作物品种,提高田间用水效率。

优化流域内水资源开发利用。鼓励潜水和微咸水的开发利用,减少地面潜水蒸发,控制超采区浅层和深层地下水的开发利用;科学调度供水工程,优先利用地表水,逐步减少地下水供水比重,以降低水库、池塘的水面蒸发。

优化流域产业结构,发展循环经济。控制工业发展中新鲜水取水量,强制推行先进高效用水的技术工艺,提高冶金行业的重复利用率,推广火电空冷机组,促进水循环利用。

科学合理实施水生态环境建设,营造合理的水生态环境布局。规范与控制城镇发展中的人造水面建设,兼顾美化环境、亲水需求、改变微地小气候与总体水平衡的关系,积极科学的发挥雨水资源和废污水资源在城镇水环境建设中的作用;在流域中具有重要作用的湖泊、湿地,统筹考虑水量、水质、生境和人文综合要素,根据流域生态修复目标进行恢复;在水土保持生态建设和林业发展中,推广耐旱品种、因地制宜布设与气候及地理环境相适应的乔、灌、草规模,控制高耗水林草种植。

二、建立 ET 与可调控用水指标之间的关系

ET 是水分的蒸发和蒸腾量,是消失在空中看不见、摸不着的水量,对 ET 的控制和管理,是通过对可调控的用水指标进行控制和管理来实现的。目前,流域对供用水实施的是"总量控制、定额管理",为使 ET 管理具有可操作性,需要建立不同尺度 ET(如流域、

行政单元/市/县、地块和行业部门等)与可调控用水指标(如地表引水量、地下水开采量、跨流域调水量、灌溉定额、灌水定额、灌溉用水量、工业和生活各部门用水量等)之间的关系。目前由于很多指标的监测设施不完善、监测手段落后,使得这一关系的建立还存在局限。因此需加强全流域(区域)的地表水、地下水的出入境水量的监测和土壤含水量的监测,各行政单元/市/县采、引、蓄、调水量,农田内不同灌溉作物的灌溉定额、实际灌溉水量、渠系/农田灌溉水利用系数,生活和工业部门的用水量监测、排水量监测等。并根据遥感方法监测不同的土地利用类型的蒸散发。对于化学能等其他能量引起的耗水量,则需根据实测资料构建供用水和耗水的关系。

一是在主要省界断面设立水文站,加大对地表水出入境的监测力度;二是在有条件的地方建立试验站,加大地表水对地下水的入渗补给和侧向补给的监测;三是结合农业土壤墒情的监测,分析土壤水含量;四是对有选择一些代表性的工业、农村、城市、医院、学校等部门进行用水量、耗水量和排水量监测,得到不同部门的耗水率数据;五是获得以上监测数据后,开展小区域的水量平衡分析,建立小区域上典型区用户供用水和 ET 之间的关系。

三、完善现有水资源管理机制

传统的以"供需平衡"为核心的水资源管理仅对水循环过程中的径流量管理,而对在生产活动和生态环境保护方面发挥重要作用的非径流水资源土壤水并不涉及。研究表明,地表径流和地下水的水资源量仅占降水量的 20% 左右,这部分水量就是水资源管理和规划的对象,与之相应的管理机制和一些基础数据都是为围绕着径流数据来开展的。

在耗水管理中,不仅要控制取水量,还要控制或减少工农业生产中人工用水的消耗量。区域水利规划要进行 ET 评估,控制 ET 与可开发利用的水资源之间的平衡。

在流域机构、省(直辖市、自治区)、市县一级的水行政主管部门建立 ET 监测中心,或者是在现有的管理机构增设 ET 管理职能,实现 ET 监测常规化和制度化,为实施 ET 管理提供保障;建立 ET 管理制度,强化流域、区域 ET 控制管理,逐步将 ET 管理纳入水权管理。

建立基于 ET 的水资源管理组织实施体系。将广义的水资源配置系统纳入流域水资源规划,即在传统水资源调配的基础上,将配置水源拓展到降水、地表水、地下水和土壤水,以满足经济社会和生态用水的需求;完善主要跨省河流省界断面水量监测站网,掌握区域或者是子流域的来水、去水动态,为实施 ET 管理提供支持;建立基于 ET 的监测评价指标体系,科学评价各地区的用水效率、节水效果等。

第五节　耗水管理的技术支撑

实施 ET 管理,关键是要有对 ET 进行观测的技术手段和方法。随着科学技术的迅猛发展,ET 的估算和监测手段与方法已有重大进展。

ET 并不是完全的新事物,在传统水资源管理当中也是有体现的,传统观测 ET,是在灌溉试验站进行,目的是研究农作物的灌溉问题。观测方法是在农作物的种植地块上,选择固定点,按规定的时制和层次,测量土壤含水量的变化,分阶段统计计算水分消耗量,得出各种作物不同发育阶段的 ET 及全生长期的 ET。根据测得的 ET,设计作物的灌溉制度和灌溉用水量。20 世纪 50～60 年代发展的彭曼方法,由于对不同作物不同气象条件下蒸发蒸腾量的大量研究和世界粮农组织的推荐,使得 ET 的观测计算有了参考标准。这种观测和计算 ET 的方法在我国有数十年的历史,积累的资料为灌区规划设计、开展计划用水以及流域和地区水利规划,提供了科学依据。

彭曼方法自投入使用到现在发挥了非常重要的作用,一方面,彭曼方法需要不少参数,这些参数推动了大量灌溉试验的产生,通过灌溉试验在确定参数的同时,也逐步改变了对土壤含水量的认识,发展出运用土壤水的方法,同时对作物生长的水分胁迫也有了更深的认识,预警式灌溉方法也相应出现。另一方面,通过试验和参数的确定,几十年来形成的各种作物灌溉定额和农业用水标准对于全世界范围内的农业生产都起到了不可磨灭的作用,我国大部分地区至今仍在使用彭曼方法进行蒸发量的计算。

但是,运用彭曼方法测量 ET 也存在其自身的局限性。其一,由于是人工操作,布点不可能很多,只是针对主要作物开展观测,而对许多小品种的杂粮、园艺、树木、饲草料等研究的很少,因此不适合大面积的详细调查;其二,定点测土壤含水量,观测作物的 ET 值,由于土壤的物理性质和水分状况,空间变异性很大,所以观测的误差有时很大;其三,虽然在试验站的观测地块上,可用多点取样办法,减少观测误差,但把试验站上小面积的观测数值推广到大区域应用时,仍然难免以点带面产生误差;其四,研究流域和地区的水资源问题,不仅要取得农田灌溉用水、工业用水和城乡人畜用水的数据,也要取得各种环境环境因素的耗水数据;后者不仅研究的少,而且没有适当的观测方法。

利用卫星遥感资料估算区域 ET,已有了较为成熟的方法。遥感监测系统通过对净辐射量、土壤热通量、感热通量和潜热通量等热通量指标的能量平衡分析,估算流域或区域的 ET 值,生成任意时段 ET 分布图。从 ET 分布图上可以直接看出各种土地利用类型的 ET,用作各种对比分析。

遥感监测 ET 技术对流域蒸发量的获取使得进行较大尺度的流域水平衡成为可能。大尺度水平衡在降雨、外来水、入海水量、蒸腾蒸发量(ET)和地下水储量变化等因素之间建立起联系,在已知降雨、ET、入海水量和外调水量的基础上,地下水的储量变化能够被清晰地描绘出来。这一点首先在技术上实现了不再采用统计办法就能获取地下水开采量的途径;其次在管理上显示出较好的操作性,管理者仅需要了解降雨和 ET 就可以对地下水管理制定决策。因此较之传统办法这种较大尺度的水平衡显示出了很大的优越性。

此外,在节水和高效用水的领域,ET 技术扮演了更为重要的角色。遥感监测 ET 结合雷达测雨系统,可以对区域气候特点进行模拟分析,结合土壤墒情的监测结果,实现有预警有指导的农业灌溉,在减少水资源消耗的情况下农作物不减产,提升水分生产率,达到高效用水。

着眼未来,管理者可以依照流域水资源情势的变化和现状存在的问题,为未来不同的年份制定 ET 目标,然后分解到各小的区域,通过各种管理措施,在减少 ET 的同时还可以恢复生态。

东南亚地区利用遥感监测蒸发数据结合气候模型以及潮汐规律,可以对风暴潮、城市洪水等情况进行预测，加强了城市水资源管理。在美国的内华达州，年蒸发量巨大，政府管理者利用遥感监测 *ET* 分析城市绿地的灌水量和绿地面积合理性，对城市景观进行管理，收到了很好的效果。

　　总的来说，遥感监测 *ET* 和计算机技术相结合，可以说为新时期的水资源管理开辟了新的篇章，为水资源管理提供了长期而准确的数据资源和有效的技术手段，为 *ET* 管理规划了美好的前景，提供了宽广的舞台。

参 考 文 献

鲍晓倩. 2012-7-4. 宁夏用水为什么能下降. 经济日报

陈晓虎，马俊，任玮. 2011-7-22. 宁夏"科学治水"的路径从何而来. 西部时报

顾烈烽. 2003. 新疆生产建设兵团棉花膜下滴灌技术的形成与发展. 节水灌溉，(1)：27～29

贾仰文，王浩，仇亚琴，周祖昊. 2006. 基于流域水循环模型的广义水资源评价(I)——评价方法. 水利学报

李代鑫. 2009. 中国灌溉发展政策. 中国农村水利水电，(6)：1～2

刘宇，郑宁. 2008. 宁夏压砂西瓜及栽培技术. 高校教育研究，(9)

汪恕诚. 2009. 一部绿色交响曲——水资源管理十年回顾. 中国水利，(5)：24～29

王浩等. 2002. 现代水资源评价及水资源学学科体系研究. 地球科学进展，17(1)：12～17

王浩等. 2004. 水资源评价准则及其计算口径. 水利水电技术，35(2)：1～4

王浩，仇亚琴，贾仰文. 2010. 水资源评价的发展历程和趋势. 北京师范大学学报(自然科学版)，46(3)：274～277

Bastiaanssen W G M，*et al*. 1998a. A remote sensing surface energy balance algorithm for land (SEBAL). 1. Formulation. Journal of Hydrology，212-213(0)：198～212

Bastiaanssen W G M，Miltenburg I，Evans R，Molloy R，Bastiaanssen F，van der Pol E，Foulkesweg G. 2009b. An operational satellite-based irrigation monitoring and scheduling tool for saving water in irrigation. In Irrigation and Drainage Conference October，2009

Bayart J B，*et al*. 2010. A framework for assessing off-stream freshwater use in LCA. The International Journal of Life Cycle Assessment，15(5)：439～453

Berger M，*et al*. 2012. Water footprint of european cars：potential impacts of water consumption along automobile life cycles. Environmental Science & Technology，46(7)：4091～4099

Bos M G，Nugteren J. 1974. On Irrigation Efficiencies，1st ed. International Institute for Land Reclamation and Improvement：Wageningen，the Netherlands：95

Bos M G，Nugteren J. 1982. On Irrigation Efficiencies，3rd ed. International Institute for Land Reclamation and Improvement：Wageningen，the Netherlands：142

Chris P. 2011. Accounting for water use：Terminology and implications for saving water and increasing production. Agricultural Water Management，98，1840～1846

Falkenmark M，Rockström J. 2006. The new blue and green water paradigm：Breaking new ground for water resources planning and management. Journal of Water Resources Planning and Management，132(3)：129～132

Garg K K，Karlberg L，Barron J，Wani S P，Rockstrom J. 2012. Assessing impacts of agricultural water interventions in the Kothapally watershed，Southern India. Hydrological Processes，26(3)：387～404

Garg K K，Wani S P，Barron J，Karlberg L，Rockstrom J. 2013. Up-scaling potential impacts on water flows from agricultural water interventions：opportunities and trade-offs in the Osman Sagar catchment，Musi sub-basin，India. Hydrological Processes，27(26)：3905～3921

Gerten D，*et al*. 2005. Contemporary "green" water flows：Simulations with a dynamic global vegetation and water balance model. Physics and Chemistry of the Earth，Parts A/B/C，30(6-7)：334～338

Hansen V E. 1960. New concepts in irrigation efficiency. Transactions of the ASAE，3(1)：55～57，61，64

Israelsen O W，Wiley J. 1950. Irrigation principles and practices. Soil Science，70(6)：479

Jensen M E. 1967. Evaluating irrigation efficiency. Journal of Irrigation and Drainage Division, American Society of Civil Engineers, 93(IR1): 83～98

Jensen M E. 1993. Impacts of irrigation and drainage on the environment. 5th N. D. Gulhati Lecture, The Hague, The Netherlands, 8 September, French and English: 26

Jensen M E. 2007. Beyond irrigation efficiency. Irrigation Science, 25(3): 233～245

Jewitt G. 2006. Integrating blue and green water flows for water resources management and planning. Physics and Chemistry of the Earth, Parts A/B/C, 31(15-16):753～762

Keller A A, Keller J . 1995. Effective efficiency: a water use efficiency concept for allocating freshwater resources. Discussion paper 22, Center for Economic Policy Studies, Winrock International, 19 p. Also printed in the USCID Newsletter, Issue 71, Apr 94-Jan 95, pp 4-10 with discussion by W. Clyma in the USCID Newsletter, Issue 72, Apr-Oct95, pp 5-9, along with Keller's response, pp 4 and 22

Liu J, Zehnder A J B, Yang H. 2009. Global consumptive water use for crop production: The importance of green water and virtual water. Water Resour Res, 45(5): W05428

Molden D. 1997. Accounting for water use and productivity. IWMI/SWIM Paper No. 1, InternationalWater Management Institute, Colombo, Sri Lanka, 25

Molden D, Sakthivadivel R. 1999. Water accounting to assess use and productivity of water. International Journal of Water Resources Development,15(1): 55～71

Nilsson G. 1977. Measurement of water exchange through skin. Medical and Biological Engineering and Computing, 15(3): 209～218

Perry C. 2007. Efficient irrigation: inefficient communication: flawed recommendations. Irrigation and Drainage, 56(4): 367～378

Perry C. 2011. Accounting for water use: Terminology and implications for saving water and increasing production. Agricultural Water Management, 98(12): 1840～1846

Perry C, et al. 2009. Increasing productivity in irrigated agriculture: Agronomic constraints and hydrological realities. Agricultural Water Management, 96(11): 1517～1524

Pulido-Velazquez M, Andreu J, Sahuquillo A, Pulido-Velazquez D. 2008. Hydro-economic river basin modelling: The application of a holistic surface-groundwater model to assess opportunity costs of water use in Spain. Ecological Economics, 66(1):51～65

Ridoutt B G, et al. 2012. Meat consumption and water scarcity: beware of generalizations. Journal of Cleaner Production, 28(0): 127～133

US Interagency Task Force. 1979. Irrigation Water Use and Management. US Gov't. Washington DC: Printing Office. 143

Wang S, et al. 2011. A comparative analysis of forest cover and catchment water yield relationships in northern China. Forest Ecology and Management, 262(7): 1189～1198

Ward F A, Pulido-Velazquez M. 2008. Water conservation in irrigation can increase water use. Proc Natl Acad Sci, 105 (47):18215～18220. www. pnas. org cgi doi 10. 1073 pnas. 0805554105

Willardson L S, Allen R G. 1998. Definitive basin water management. In Proceedings, 14th Tech Conf on Irrig, Drainage and Flood Control, USCID, 3～6 June 1998, Phoenix, 117～126

Willardson L S, Allen R G, Frederiksen H. 1994. Eliminating Irrigation Efficiencies. USCID 13th Technical Conference, Denver, Colo, 19～22 October, 15

第四章 地表蒸散遥感监测

蒸散是流域水文-生态过程耦合的纽带,是流域能量与物质平衡的结合点,也是农业、生态耗水的主要途径,更是水资源气候和自然环境变迁中的活跃因素,也与许多实际问题紧密相关。例如,科学灌溉方案的制订、大型水利工程的评估、农业旱灾的监测、作物产量的估算等,掌握了流域的蒸散时空结构,将极大地提升人们对流域水文和生态过程的理解和水资源管理能力。由于陆表水热交换受到局地环境(包括地形、地势、地理位置及下垫面)的影响,不同下垫面的地表蒸散量存在很大的差异,为得到地表实际的蒸散,发展了微气象法、波文比法、土壤耗水法、涡度相关法等地面观测方法。这些方法大都基于局地尺度,得到的都是单点资料或小范围内的蒸散结果,然而在大型水利工程设计、干旱监测、水资源评价等方面都需要估算流域或区域尺度的蒸散量(刘昌明,1997)。而遥感能够对地表特征空间分布信息进行监测和表达,因此可用来对蒸散进行监测和反演。本章将介绍蒸散遥感监测原理和当前的进展,并从系统结构、模型方法、标定和验证等多个角度介绍ETWatch 模型与系统,最后以海河流域为例详细介绍了蒸散量的生产过程,及蒸散的精度评定结果。

第一节 蒸散遥感监测方法

遥感是指以电磁波(紫外-可见光-红外-微波)为媒介,通过飞机或卫星等平台携带的各类传感器获取地表信息,通过数据处理、判读和分析,来了解和研究地表特性。

蒸散在时间上和空间上是高度变化的(Turner *et al.*,1995),与气象条件、降水、土壤水文参数、植被类型和密度的时空格局密切相关。遥感不能直接监测蒸散,但可以直接监测许多影响蒸散的因子,如地表反照率、土壤湿度、地表温度和粗糙度等重要参数,因此需要在这些因子的遥感监测基础上利用模型估算蒸散,如地表能量平衡模型。遥感监测地表蒸散的方法具有空间上连续和在时间上动态变化特点,能够刻画出蒸散量的时空分布与变化,这是遥感监测蒸散区别于传统方法的优势和特点。许多蒸散估算模型应用在不同地区(Bastiaanssen *et al.*,1998a,1998b;Su,2002;Allen *et al.*,2007;Nishida *et al.*,2003;吴炳方等,2008)。目前,遥感方法估算区域蒸散的精度能够满足水文、生态、农业和森林等相关研究的需要(Kalma *et al.*,2008),与气象水文观测手段的精度处于相同的水平(Wu *et al.*,2012)。

使用遥感监测蒸散是一种通俗的说法,遥感传感器并不能直接测量蒸散,而是通过遥感方法为计算蒸散的各类定量模型提供参数输入或驱动变量。蒸散遥感监测模型不同于水文模型,既不需要降雨量作为输入,也不需要地表下的土壤结构,瞬时的蒸发速率直接与地表参数(地表温度、植被覆盖度等)相关,提供的是蒸散速率的空间分布信息。

从地表能量平衡方程、大气边界层理论的水热传输规律出发,依靠地面观测发展起来的地气交换模型是遥感监测蒸散的基础,遥感所起到的主要作用是提供模型所需的输入参数,如地表温度、地表粗糙度以及到达地表的净辐射等,这类参数具有时空快速变化的特点,可以通过遥感手段方便地获取。但遥感能提供的参数也有限,不能提供蒸散计算所需的所有参数,这就要求对模型做出一定的简化或是将遥感数据与地面观测数据结合起来,发挥出遥感在时空动态监测方式的独特优势。

当前,利用星载遥感数据计算蒸散所用的波段有可见光、近红外和热红外。可见光和近红外遥感数据主要用来反演地表反照率和植被指数等地表参数,热红外波段则主要用来反演地表温度和比辐射率。可用于 ET 监测的卫星包括地球同步气象卫星(如 GMS、FY-2 系列等),极轨气象卫星(NOAA、FY-1/3 系列等),陆地资源卫星(Landsat5、Landsat7、HJ 等)以及 2000 年左右发射运行的 EOS 系列卫星。不同卫星的探测波段的数量、位置和波谱分辨率不同,过境的时间频度、地面分辨率不同,相互结合使用,可以实现从田间尺度到流域尺度,甚至全球的蒸散估算。

自 20 世纪 70 年代以来,随着机载及星载热红外遥感传感器的发展,遥感方法越来越多地引入到已有的蒸散模型中(Kalma et al.,2008),一些较为复杂、繁琐的模型的应用有限,而一些作了合理简化、计算方便的模型则得到了广泛的应用。

早期的遥感蒸散模型以单源模型为主,单源模型是把植被和土壤当作为一个总体热源,假设它只具有一个热交换边界层;通过卫星遥感地表温度代替动力学温度估算地表感热通量(Allen,Pereira,1998),利用地表土壤热通量与净辐射的经验关系估算出地表土壤热通量(Clothier et al.,1986;Kustas,Daughtry,1990;Kustas et al.,1993;Jacobsen,1999),结合能量平衡方程,获得地表蒸散发。

目前被广泛使用的 SEBAL 算法(Bastiaanssen et al.,1998a,1998b)就是单源模型,SEBAL 算法只需要地表参数的遥感数据、常规气象数据、地表植被高度,区域地表变量的经验关系等辅助资料,计算简便。当地表变量的经验关系运用于区域时,需要进行模型的本地化处理(Teixeira et al.,2009a,2009b)。

另一个被广泛使用的单源模型是 SEBS 模型(Su,2002),利用卫星的可见光、近红外和热红外波段资料,结合气象数据,基于表面能量平衡原理估算地表相对蒸发;该方法通过计算"剩余阻抗"的方法解决显热计算问题,目前广泛应用于中低分辨率遥感数据估算地表蒸散(French et al.,2005;Su et al.,2005)。

相比单源模型,双源模型的提出能够提高遥感估算稀疏植被覆盖条件下的潜热(Shuttleworth and Wallace,1985;Dolman,1993;Blyth and Harding,1995;Huntingford et al.,1995;Norman et al.,1995;Kabat et al.,1997;Wallace,1997)。该模型是 Norman 等于 1995 年提出的。双源模型中,整个冠层的湍流热通量由两部分组成,它们分别来自于植被冠层和其下方的土壤,从整个冠层发散的总通量是组分通量的叠加之和,土壤和植被的热通量先在冠层内部汇集,然后再与外界大气进行交换。双层模型理论上可以分离出土壤蒸发和植被蒸腾,这是单层余项法无法做到的。分离出的土壤蒸发和植被蒸腾可以表征出作物的水分利用效率,在农业中是非常有价值的信息。双层模型的难点问题在于表面温度和净辐射通量的分解。

单源模型理论结合地表能量平衡方程可以推导出 Penman-Monteith。Penman-

Monteith综合了辐射和感热的能量平衡和空气动力学传输方程,有着坚实的物理基础;模型提供了一个能反映瞬时能量交换的近似解析表达,将无法确定的蒸散面上的空气动力学温度用气温近似,避免了不确定性较大的地表温度产品的引入(Widmoser,2009)。通过简化模型所需的地表导度的参数化表达,Mu等基于MODIS和气象模拟数据开发了全球尺度的蒸散量产品(Cleugh *et al*.,2007;Murray and Verhoef,2007)。然而,冠层和空气动力学阻抗等模型中的大量参数还是基于地表观测得到的,这些关键性信息对于大尺度上的应用是难于获得甚至是未知的。

遥感数据与P-M模型相结合的应用为其估算区域蒸散发提供了一种新的途径。Jackson等(1981)首先提出将遥感估算的地表参数和Penman-Monteith(P-M)公式结合的方法。它首先是由遥感数据和地面气象资料结合P-M模型计算得到下垫面的潜在蒸散发;其次是通过遥感提供的地面参数,如地表温度、地表反照率和植被参数等,计算得到实际蒸散发和潜在蒸散发的比值系数;最后将该系数与潜在蒸散发相乘即得到蒸散发的结果。在Penman-Monteith模型中应用遥感反演得到大尺度的参数,使估算的结果更加精确。

Bouchet于1963年提出了陆面实际蒸散与潜在蒸散之间的互补相关原理,即局地蒸发潜力与实际蒸散发之间存在着互补关系的假设,这一假设为区域蒸散发的计算开辟了一条新的途径。目前基于互补相关原理估算区域蒸散发的模型主要有平流—干旱模型(Brulsaerl and Chen,1979)、CRAE模型(1983)和Granger(1989)模型等。互补相关模型简化了蒸散发过程,规避了土壤—植被系统复杂的关系和作用,在估算区域蒸散发有极大的优势。

Crago和Crowley(2005)将遥感反演的地表辐射温度作为输入,利用多套实验样地比较了不同复杂程度的互补相关模型。刘绍民检验了几种互补相关模型在不同时间尺度、不同气候类型上的计算精度(刘绍民等,2004),发现互补相关模型在湿润和干旱的条件下以及在有效能量偏高和偏低的条件下计算效果比较差,模型的经验参数在不同年型、不同气候类型区域有不同的最优值。尽管如此,互补相关方法仍然可以作为缺少遥感观测数据条件下的应用方案。

土壤热惯量模型用于估算蒸散量时,关键点是把土壤的显热和潜热同土壤热惯量联系起来。由于在植被覆盖区无法完成植被潜热的分解,植被的蒸散实质上是土壤热惯量的干扰信息,目前热惯量方法只能适用于裸土,在有植被覆盖情况下的应用受到限制。为摆脱地表通量模型中的非遥感因子的影响,张仁华在地面实验的基础上建立了以微分热惯量为基础的地表蒸发全遥感信息模型(张仁华等,2002),该方法的关键是以微分热惯量提取土壤水分可供率而独立于土壤质地、类型等局地参数;以土壤水分可供率推算波文比而摆脱气温、风速等非遥感参数。并以净辐射通量和表观热惯量对土壤热通量进行参数化,使用接近最高和最低地表温度出现时刻的两幅NOAA-AVHRR影像和地面同步观测数据计算了裸沙地上的土壤蒸发分布。但通常认为热惯量方法只适用于裸土或者表层植被覆盖很少的情况。这是因为如果土壤表层植被覆盖度比较高,植被的蒸腾就会影响到土壤水分传输平衡及热量的分配(田国良,2006)。

由于植被指数(VI)和地表温度(TS)是描述陆面区域蒸散发最重要的参数,利用遥感反演获得的植被指数和地面温度以及这两种数据的融合,可以衍生出更为具体的蒸散发过程信息。Ts-VI 空间三角法即是使用地表温度的空间变化对地表净辐射进行分离成地表潜热与地表感热。在遥感影像中,如果区域足够大,像元个数足够多,Ts 与 VI 的空间关系犹如三角形。Ts-VI 空间三角法是 Price 于 1990 年提出,它的思路是定义水分亏缺指数(WDI)结合潜在蒸散(PET)来表示实际蒸散(Nemani and Running,1989;Moran *et al.*,1994)。Ts-VI 空间三角法的优点是避开了对地气交换过程的模拟,从而也避开了对表面阻抗等复杂参数的计算,缺点是缺乏理论基础,梯形顶点的确定具有较大的不确定性,理想的"干、湿边"范围难以仅由遥感数据确定。但由于其方便实用,被广泛应用于土壤干旱状况的空间制图。

　　遥感数据反演的地表温度与植被指数在一定程度上能够反映土壤水分差异和植被生长的状况。地表净辐射作为热源对地表及贴地大气层的增温或降温起到重要作用,它影响日蒸散量的反演精度。研究者通常将植被指数和地表温度(或地表温度差)和地表净辐射等地表特征参数与地面观测的蒸散量进行回归分析,即可建立的经验模型,用于估算区域蒸散。

　　Wang 等(2007)发现影响地表潜热的主要地表参数包括地表净辐射、空气温度或者地表温度,以及植被指数;为了避开遥感蒸散复杂的模型,通过与地面实测蒸散数据可建立基于地表地表净辐射、地表温度以及植被指数的简单经验模型,基于植被覆盖度(Choudhury,1994;Schüttemeyer *et al.*,2007;Anderson and Goulden,2009)、土壤水分(Wang *et al.*,2008)等地表参数的简单经验模型。这些经验方法计算过程简单,所需参数较少。但是,由于蒸散与地形、植被状况,土壤湿度,大气条件等地表的热力和动力特性呈非线性关系,使得模型具有很强的局限性(Yang D. W. *et al.*,2006;Yang F. H. *et al.*,2006;Lu and Zhuang,2010)。因此这些模型在运用到区域时,需要模型的标定;为了减少对模型的标定,提出了一些可以被运用到不同地表类型具有普适性的经验模型(Wang *et al.*,2008,2010)。

　　综合上述,提到的遥感蒸散模型,在进行区域尺度非均匀下垫面的蒸散发估算,遥感蒸散模型已经成为该应用领域的重要研究方向。尽管遥感蒸散模型得到了越来越多的应用,但还存在一系列问题,包括如何获得空间上一致时间上连续的数据产品;空间尺度的不匹配,和直接观测资料的缺乏,使得遥感蒸散结果的验证非常困难。因此 ETWatch 蒸散发遥感监测系统(Wu *et al.*,2002;吴炳方等,2008)应运而生,ETWatch 模型能获得逐日连续的蒸散产品,能够形成业务化的区域尺度上陆面蒸散发遥感监测处理链,该模型面向水资源管理和农业节水管理的实用需求,实现了区域蒸散发的运行性遥感监测。

第二节　　ETWatch 蒸散遥感估算模型

　　由于蒸散过程的复杂性,影响其估算精度的不确定因素非常多,如地表参数的反演精度、蒸散模型的适用性、时间扩展的局限性、平流与局地环境的影响等(黄妙芬等,2004;高彦春、龙笛,2008)。以定量化和高精度为目的的蒸散反演,需要充分发挥遥感技术在空间、时间动态监测上的优势,同时结合多源遥感数据的特点,研究流域尺度、局地尺度和像元尺度的模型与方法,解决遥感瞬间过境与蒸散连续变化的矛盾。欲推动蒸散数据产品在水文、农业和生态领域中的实际应用,还需要处理好模型方法与地面验证的关系;在理论上有较大改进的蒸散算法,结果不一定就好;而缺少充分有效的精度验证,又会极大限制数据产品在行业中的应用。吴炳方等(2008)针对遥感应用特点提出了业务化遥感蒸散监测方法(ETWatch)。

ETWatch 采用了余项法与 Penman-Monteith 公式相结合的方法计算蒸散(图 4.1)。首先根据数据影像的特点选择适用的模型,在高分辨率、空间变异较小、地物类别可分的情况下使用 SEBAL 模型与 Landsat TM 多波段数据反演晴好日蒸散,而在中低分辨率、空间变异大、混合像元占多数的情况下使用 SEBS 模型与 MODIS 多波段数据反演晴好日蒸散;遥感模型常常因为天气状况无法获取清晰的图像而造成数据缺失,为获得逐日连续的蒸散量,引入 Penman-Monteith 公式,将晴好日的蒸散结果作为"关键帧",将关键帧的地表阻抗信息为基础,构建地表阻抗时间拓展模型,填补了因无影像造成的数据缺失,利用逐日的气象数据,重建蒸散量的时间序列数据(吴炳方等,2008),并通过数据融合模型,将中低分辨率的蒸散时间变化信息与高分辨率的蒸散空间差异信息相结合,构建高时空分辨率蒸散数据集,同时提供流域尺度的(1km)和地块尺度(10~100m)的蒸散监测结果,满足水资源评价与农业耗水管理的需求(Wu et al.,2008)。

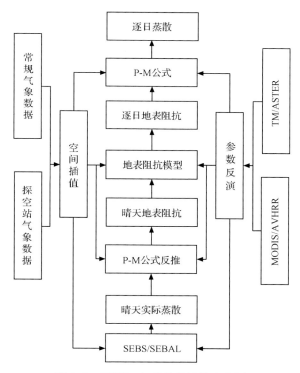

图 4.1 ETWatch 蒸散量计算流程图

一、ETWatch 参数化方法

(一)地表关键参量的参数化方法

蒸散遥感估算的核心问题是对地气相互作用和水热交换过程的参数化方法,已有的模型需要适应当地区域的特点。所有地表变量在时间和空间上都具有高度的异质性,而在局地尺度建立的经验公式在适用性上非常有限。实现对大范围地区地表参量的定量表达,需要结合地面实测数据进行建模和求优。在不同应用尺度,模型的参数化方法也不一样。空间分辨率低时,气象要素的空间分布趋势和变幅等因素影响较大,而下垫面影响相对较小;空间分辨率高时,模型驱动的数据相对不易获得,气象要素的分异较小,而下垫面的影响增加。因此,在使用中低分辨率遥感数据时,可以选用参数化方案较为灵活、大气湍流方案较为复杂的模型;而在使用高分辨率遥感数据时,可以使用经本地数据标定后的、相对简单的经验模型。

目前在地表通量项计算中,地表净辐射是地表通过短波、长波辐射过程得到的净能量,它作为热源,供地表及贴地大气层的增温或降温及蒸发、蒸腾的耗热,而土壤热通量则来自于与净辐射的经验关系或综合考虑植被、土壤质地、水分对热通量的影响(Murray and Verhoef,2007)。显热通量则仅是由地表温度及其参考高度上的气象条件所决定的,存在一定的不确定性。

目前遥感地表温度已是较成熟的定量数据产品(Wan et al.,2004),为降低遥感地表温度与参考高度处的空气温度之差对模型精度的影响,Anderson等利用静止气象卫星的多次观测发展了基于地温变率的双层模型,应用 GOES 卫星的午前观测获取北美地区5～10km 分辨率的通量估算值,并采用了 Norman 提出的 DisALEXI 算法将其分解到微气象尺度(100m～1km)。ETWatch 则使用改进的分劈窗方法(Mao et al.,2005)提取地表温度,并经地面站点标定来保证地温数据的精度。并将 12 点的边界层空气温度以正弦变换调整到卫星过境时刻,缩小因观测时间不同造成的两者差异(Xiong et al.,2010)。

日净辐射通量对日蒸散量反演精度有很大影响。日太阳短波辐射往往通过气象观测计算得到,但气象台站的辐射或日照观测数据的代表性需充分评估。气象台站一般都处于地势平坦、周围少障碍物的区域,如果研究区地形复杂,坡度、坡向和周围地形遮蔽均会对辐射产生显著影响,尤其是在中高纬度地区,会给蒸散反演带来较大误差。这就需要考虑地形和气象条件,用参数化的方法计算日平均净辐射(田辉等,2007)。ETWatch 从实用角度出发,用分区拟合的方法对覆盖研究区的辐射台站的散射和直射经验回归系数进行逐月的空间化,并制成按经纬度、月份的查找表,根据这一查找表进行太阳短波辐射的计算。

由于耗水方式的不同,应用蒸散模型时需要对下垫面的水面、植被与裸地进行分类,从而分别应用适用公式,其中植被信息常通过归一化植被指数来提取。在中等植被覆盖度下,归一化植被指数对于土壤背景的敏感性最大,随着覆盖度减小,植被传递冠层散射的能力减弱,而在高覆盖度下,归一化植被也无法传递有效的土壤信号。因此植被与裸地之间的分界阈值值域比较模糊,变化也较大。ETWatch 采用土壤调节植被指数(SAVI)来计算叶面指数的方式进行对下垫面的水面、植被与裸地进行分类,土壤调节植被指数消除了土壤背景的影响,对植被与裸地的区分能力优于归一化植被指数。

计算地表通量的遥感模型需要参考高度处的地表动量、热量和水汽阻抗等地表参数。它们都是地表空气动力学粗糙度的函数,目前使用遥感手段还难以直接获取。空气动力学参数对植被区域植株的密度、高度、郁闭度和风速变化都非常敏感(朱彩英等,2004),对于不同的陆面类型,由于几何特征和环境变量的差异性而产生的变化量可能会达到几个数量级(张仁华,2002),对地表通量模型的反演计算影响很大。仅考虑植被高度对粗糙度的影响,或者根据土地利用分类来指定经验值(Allen et al.,2007),在地形起伏条件下的适用性较差。而使用雷达数据计算地表粗糙度的做法逐渐为研究者所重视,这是因为SAR 图像的后向散射系数在很大程度上由地表的几何粗糙状况所决定(Prigent et al.,2005)。ETWatch 使用植被、地形、非植被覆盖表面的几何粗糙度等因素来表达区域的综合有效粗糙度(吴炳方等,2008;熊隽等,2011),综合考虑了植被、微地貌和地形起伏的影响。

(二)遥感蒸散量的时间重建方法

光学卫星在成像过程中不可避免会受到云雾的影响,在获取的遥感影像上经常会出现块状的高亮区域及暗淡的阴影区域,使得对应区域所反映的目标信息有所损失或受到干扰,从而直接影响目标检测和信息识别。尤其在热红外波段,由于云的影响,无法反演到地表的真实地表温度信息,对地表 ET 计算造成影响。

遥感蒸散数据的时间重建是遥感监测 ET 走向应用化的必经一步。由于云对可见光和热红外波段的干扰,只能获得有限的晴日蒸散数据,而在计算作物的真实耗水、水分利用率、农业水管理等需要的是逐日蒸散信息和时段内的累积蒸散量。通过发展重建方法、制定数据策略和质量控制措施,减少因遥感图像质量、时相分布带来的不确定性,对于获得全年和作物生长季的蒸散量数据产品具有重要意义。受可用数据的制约,遥感蒸散余项法在数据缺失的情况下无法给出逐日的蒸散值与分布。因此地表蒸散时间扩展的目标是将遥感瞬时地表蒸散扩展到某一时段的累积量,包括由瞬时到日蒸散,和由日蒸散到更长时段。

瞬时遥感蒸散量的时间扩展的思路主要在于确定逐日的表面阻抗或土壤湿度胁迫。在以往的研究中,往往假设相对蒸散或蒸发比等指标在全天不变来进行日的扩展(Brutsaert and Chen,1996;Porté-Agel et al.,2000;Allen et al.,2007),而在时段扩展时则使用遥感蒸发比和时段净辐射来线性积分,或是使用平滑算法对非晴天条件下的日蒸散量进行插补(奚歌等,2008),忽略了气象条件和下垫面状态的逐日变化,在实际应用中存在着较大不确定性。单层模型中的表面阻抗(RS)与植被覆盖度(LAI)和下垫面湿度有关,在植被全覆盖时近似等于气孔阻抗,在裸露土壤时等于土壤表面阻力。基于 LAI,有许多模型用于计算部分植被覆盖时的地表阻抗,问题是地表阻抗难以有一致的表达式。Anderson 等提出了一种土壤含水量逐日变化的概念模型用于计算逐日地表蒸散变化。Jang 等应用四维同化技术,通过将晴日能量通量的计算结果同化至中尺度气候模型中,完成了有云条件下日 ET 的计算。

ETWatch 中的时间扩展模块则是上述两类方法的集成,基于冠层阻力进行由瞬间到日蒸散扩展方法(刘国水等,2011);在晴好日到阴雨日的扩展方面,应用改进的 SEBS 模型和 SEBAL 模型计算晴好日的地表能量平衡各项,并选择叶面指数 LAI 作为冠层阻抗的时间扩展参量,并引入微波土壤表层湿度数据表达了土壤水对地表阻抗的限制作用,将晴好日的阻抗格局扩展至有云日,使用中科院禹城站 2003 年作物季的大型蒸渗仪数据对重建后的逐日蒸散结果进行了验证(图 4.2),在作物生长季,模型结果相对于实测结果表现出了良好的相关性($R^2 \approx 0.7$),优于作为对比的蒸发比不变法(熊隽等,2008)。

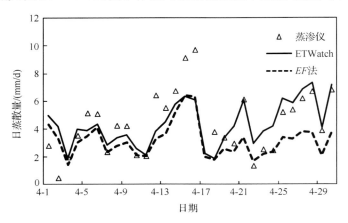

图 4.2　禹城站蒸渗仪与遥感蒸散时间扩展结果(2003 年)

地表蒸散时间尺度转换的难点在于多云和阴雨天气,通过微波遥感探测阴雨日地表的温度和湿度,推算多云天气下地表蒸散的日总量或旬总量将是未来的发展趋势(张仁华,2009)。

（三）不同尺度蒸散融合方法

在进行面向地块的作物耗水监测时,需要高空间分辨率的遥感蒸散结果。陆地卫星能提供关于下垫面植被、热量的细节信息,但无法提供作物生长的时间过程;极轨气象卫星能够提供足够的时间分辨率,但空间分辨率又不能达到精度要求。在蒸散遥感估算研究中,常用的传感器有 MODIS、TM/ETM＋、ASTER、AHVRR 等,用这些遥感资料结合能量平衡模型来估算陆面日蒸发量的研究中普遍存在着单一传感器时空分辨率有限、不能完整覆盖研究区、时间序列不足等问题。

数据融合可以通过高空间分辨率遥感数据来描述空间分布细节特征,用高时间分辨率、空间分辨率低的遥感数据来描述下垫面随时间过程的变化,从而获取“双高”(时间与空间)分辨率的地表遥感数据产品。为了将不同传感器上具有不同时空分辨率的数据进行融合,生成同时具有高时间和高空间分辨率的遥感数据,Hansen 等(2008)使用回归树模型将 MODIS 500m 分辨率的 16 天合成地表反照率数据与 Landsat 数据进行了融合;Roy 发展了一种半物理的数据融合方法,该方法使用 MODIS 二向反射率等地表数据产品,与 ETM 数据进行融合,完成了高空间分辨率影像数据的预测(Roy et al.,2008)。

ETWatch 使用时空适应性反射率融合模型 STARFM 算法（Spatial and Temporal Adaptive Reflectance Fusion Model）,构建了区域高时空分辨率 ET 数据集。所构建的高时空分辨率 ET 数据集在时间上保留了高时间分辨率数据的时间变化趋势,空间上又反映了高空间分辨率数据的细节差异。STARFM 结合了高时间分辨率的 MODIS 数据在 Landsat TM 的空间分辨率上进行地表反射率的预测,获取 MODIS 数据相应时间的模拟 Landsat TM 数据。STARFM 方法的理论基础是在忽略空间定位误差与大气纠正误差的前提下,低分辨率遥感数据的像元值可以用同期高分辨率遥感数据像元值的面积比例的加权平均来计算。STARFM 方法首先获取同一时刻(t_1)的 MODIS 与 Landsat 影像,通过计算影像间空间分布的差异,结合另一时刻(t_2)的 MODIS 数据进行 t_2 时刻 TM 影像的预测模拟。在预测过程中使用了滑动窗口的方法来减少低分辨率遥感数据像元边界的影响。在使用滑动窗口进行中心像元值的计算时,把空间距离、光谱距离及时间距离作为权重信息计算窗口内每个像元对中心像元的影响程度。

二、ETWatch 参数标定

遥感应用中的参数化方案往往是在极为有限的地表观测的基础上建立起来的,如何结合地面实测资料进行标定则是应用中的难点,其核心问题是参数化方案的适用性评价与优化,关键技术则是地面观测的尺度转换。虽然在青藏高原、极端干旱地区、干旱荒漠地区、半干旱草原地区、农牧交错带、黄土高原等典型区域开展了一系列以陆面过程为主的观测试验(李英年等,2003;宋霞等,2004;张一平等,2006),但很少把这些观测结果转化为陆面过程或卫星遥感反演模式中所需的参数,而仍是以典型下垫面单点试验研究为主。

Teixeira 等(2009a,2009b)在巴西圣弗朗西斯科流域应用 SEBAL 模型计算区域蒸散,基于四个地面通量站的观测数据对地表反照率和地表温度进行了标定,由于缺乏直接观测量,比辐射率和粗糙度、显热通量等则通过间接的方法得到。其中大气的表观比辐率的不确定性最大。标定方法主要是通过对经验公式进行线性纠正。最后的日蒸散量也通过类似的方法相对于地表观测值进行了线性回归,标定后的日蒸散量与观测值的决定系数 R^2 为 0.91,RMSE 为 0.38mm/d。Yin 等(2008)利用中国地区 81 个气象站的观测数据对 FAO56 式中的辐射计算方法进行了优化,分别纠正了短波辐射中的直射和散射系数以及长波辐射的经验系数,结果说明纠正后的净辐射量可大大提高 ET_0 的计算精度,而未经纠正的方法会引起 ET_0 约 27% 的高估。相对于单一参量的标定与优化,McCabe 等提出了多目标优化通量结果的标定思路,使得潜热、显热通量和地表温度的联合误差矩阵最小,认为这样得到的纠正参数在大范围应用时更为稳定。Jongschaap(2007)针对作物生长模型模拟结果对于叶面指数(LAI)的高敏感性,提出了联合遥感与地面观测对 LAI 进行实时标定、从而提高模拟精度的方法。又有研究者提出了先将模型分层,用关键参量(如 LAI)来链接各层,再通过对关键参量的标定来实现对模型结果的快速标定。在黑河流域开展的航空-卫星遥感与地面观测同步试验中,以航空遥感为桥梁,发展尺度转换方法,改善从卫星遥感资料反演和间接估计水循环各分量的模型和算法(李新等,2008)。

ETWatch 是面向水资源管理和农业节水管理的实用需求,针对遥感应用设计的业务化遥感蒸散监测系统,可用于计算流域地表净辐射、感热、潜热(ET)的空间分布图及其时间过程。在海河流域应用时,结合多点地面实测数据开展了模型标定工作,为形成持续监测能力,开发了模型参数的自动标定与分区管理模块。ETWatch 实际蒸散的计算过程包括重要参数的提取(地表温度,比辐射率,植被覆盖度)、地表辐射平衡计算、土壤热通量计算、粗糙度长度和地表阻抗计算、显热通量和蒸发比计算。模型首先收集输入不同、复杂程度不等的各种参数式,并将其经验参数初始化,计算模型值,然后利用 PEST 软件自动标定程序与实测值比较并调整参数大小。基于 PEST 软件实现的自动标定模块,可以根据所用的遥感影像和地面数据生成参数集,也可以对于不同的传感器数据、不同的气候区域,设置不同的参数集。某些参数也可预先通过模拟计算得出,作为查找表的一部分以加快计算的速度。

　　ET 模型标定是重要的一环,是利用地面观测数据对模型的中间计算参数进行标定,从而对于遥感参数化方案进行优化。利用经过参数标定后的优化模型,在系统中重新计算模型参数,再与地面观测值进行比较,直到符合模型的精度要求。

　　ETWatch 使用 PEST 软件进行模型参数标定与优化。Parameter Estimation (PEST)工具包由澳大利亚 Watermark Numerical Computing 公司开发,是功能强大的独立参数估计程序,可用于模型校正和预测分析,广泛应用于地下与地表水文地质学、地球物理、化学以及其他许多领域的模型校正和数据插值。PEST 中使用 Gauss-Marquardt-Levenberg (Levenberg,1944;Marquardt,1963)算法进行非线性参数估算,这是一种最速下降算法。

　　基于区域遥感 ET 监测的"真实"节水技术示范项目已安排了地面观测并用于 ET 结果的验证。在验证的同时,将地面观测数据用于模型参数的标定。因此,系统包括地面验证的参数标定模块,利用观测数据实现模型的自校正功能,数据输入之后,可以随时进行标定和验证,同时进行参数的修改。通过模型参数管理,针对将来新的遥感器,可以设定新的参数。针对特定的计算区域,某些参数可预先由地理空间位置和时间信息计算出来作为辅助信息,以加快计算的速度。

　　逐项进行模型参数的标定后,可以将整套参数保存为待用的标定参数集,根据地面观测数据的收集、整理情况进行更新、删除等管理,充分地利用不同地区获取的地面观测数据,实现了遥感蒸散模型的多区域应用。

（一）地表温度与地气温差

　　将位于北京市密云县新城子镇,下垫面类型主要为果树、耕地和居民地的密云观测站周围 2007 年 3 个×3 个 MODIS 像元的平均地表温度与测站地表辐射温度作了比较,共54 例数据(图 4.3)。选择相关系数 R 和标准化误差 RMSE 作为统计指标,标定后的劈窗

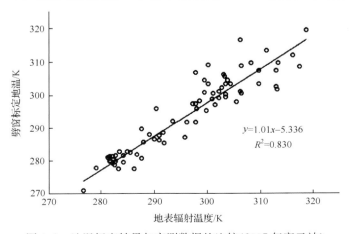

图 4.3　地温标定结果与实测数据的比较(2007 年密云站)

算法($R^2=0.91$, $RMSE=5.02$K)要优于 MOD11 全球地温产品($R^2=0.91$, $RMSE=$ 10.53K)。结果表明,尽管密云站的下垫面比较复杂,但简单的线性标定也可显著地提高季节温度变幅的估算精度,这一点对于全年蒸散量的准确估算是非常重要的。

在遥感蒸散模型中,边界层空气温度是另一类重要的非遥感输入要素,经温度、气压及高度订正后,即与地表辐射温度取得地气温差,而两者之间由于观测时间的不一致性造成的误差则往往被忽略掉。因此,需要将 12 点的边界层空气温度调整到 MODIS/Aqua 13:30 左右过境时刻,假设气温在日内按正弦方法变化,使用如下的正弦变换公式可以缩小因观测时间不同造成的差异:

$$T_{12:00} - T_{0:00} = A\sin\left(\frac{\pi}{2} \times \frac{3}{4}\right)$$

$$T_{13:30} - T_{0:00} = \frac{A}{2}\sin\left(\frac{\pi}{2} \times \frac{3}{4}\right) + \frac{A}{2} \qquad (4.1)$$

式中,A 为气温日变幅,脚标为时刻。

（二）短波辐射和长波辐射

日太阳短波辐射(R_{so})用包括天文辐射和相对日照的 Angstrom 式计算,如下:

$$R_{so} = \left(a_s + b_s \times \frac{n}{N}\right)R_a \qquad (4.2)$$

式中,R_{so} 为太阳短波辐射,MJ·m^{-2}·d^{-1};$\frac{n}{N}$ 为相对日照时间;R_a 为天文辐射 MJ·m^{-2}·d^{-1};a_s 和 b_s 为经验常数。因大气条件不同(混浊/干洁)和日倾角的不同,a_s 和 b_s 的取值会发生较大的变化。基于海河流域七个甲级辐射台站(太原、北京、天津、乐亭、济南、封丘、东灵山)2000 年以后的观测,对 a_s 和 b_s 的取值进行了逐月的空间化,再根据式(4.2)计算太阳短波辐射结果,达到标定的目的。图 4.4 显示了禹城站 2008 年的估算结果与实测结果的比较($R^2=0.869$)。

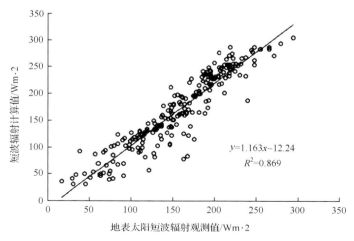

图 4.4 太阳短波辐射的估算值与地面实测值的比较(2008 年禹城站)

长波辐射(R_{nl})使用下式计算。

$$R_{nl} = \sigma \left(\frac{T_{\max,K}^4 + T_{\min,K}^4}{2} \right) \times (0.34 - 0.14 \sqrt{e_a}) \times \left(1.35 \frac{R_s}{R_{s0}} - 0.35 \right) \quad (4.3)$$

式中，σ 为斯蒂芬-波尔兹曼常数；$T_{\max,K}$ 和 $T_{\min,K}$ 分别为 24h 最高和最低气温 K；e_a 为实际的水汽压，kPa；R_s/R_{s0} 为相对太阳短波辐射；R_s 为太阳短波辐射，MJ·m^{-2}·d^{-1}；R_{s0} 为晴空太阳辐射，MJ·m^{-2}·d^{-1}，其余为经验系数。图 4.5 显示了在大兴站（玉米）2008 年的长波估算结果与实测结果的比较（$R^2 = 0.854$）。

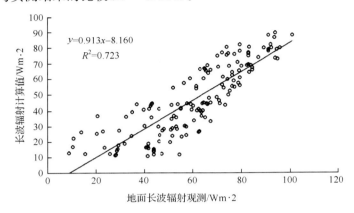

图 4.5　长波辐射的估算值与地面实测值的比较（2008 年大兴站）

在太阳短波辐射和长波辐射的基础上，进一步对日净辐射量进行标定，图 4.6 为馆陶站（小麦、玉米）2008 年净辐射估算结果与实测结果的比较（$R^2 = 0.889$）。

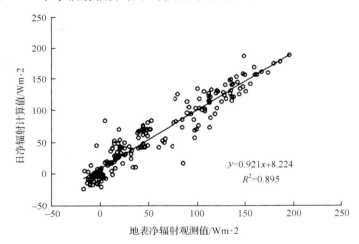

图 4.6　日均净辐射的估算值与地面实测值的比较（2008 年馆陶站）

（三）锚点通量的内部标定

对于余项式单层模型，极端干湿材料（冷热点）的通量由有效能量的计算结果得出，并不受当地的气象条件制约，在迭代计算的过程中达到的平衡状态可能与实际情况差别较大。原 SEBAL 模型中假设热点处无蒸散（$LE=0$），H 为最大值（$Rn-G_0$）；冷点处无显热（$H=0$）。参考 METRIC 模型的做法，ETWatch 利用本地的参考蒸散信息对于冷热点的初始通量给定了一个更优的初值:将冷点处的显热情况修正为:$H\_cold = Rn - G - LE\_cold$,式中,$LE\_cold = 1.05 \times ETr$($H\_cold$ 为冷点处显热,LE_cold 为冷点处潜热,ETr 为参考蒸散),这一做法通常可以有效减少迭代次数,使通量结果更快收敛。

（四）水体热通量

为准确估算华北地区大型水体的水面实际蒸散,ETWatch 利用 2002～2004 年密云水库的水面月蒸发数据（由 E601 型蒸发器和 20cm 型蒸发器获取,通过水面蒸发折算系数作了归一化）。在日时段的尺度下,建立了 Rn 与 G_0 的计算关系。

$$G_{0,\text{water}} = 0.225Rn \tag{4.4}$$

应用这一关系后,密云水库的估算蒸散量与观测数据具有较好的一致性,逐月相对偏差在 14.9% 左右,相关系数达到 0.91,汛期（6～8 月）相对偏差在年尺度上的误差在 1.5% 以内（图 4.7）。

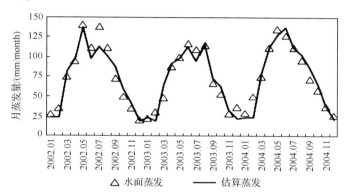

图 4.7　密云水库水面蒸散数据与估算结果（2002～2004 年）

（五）显热通量

余项式单层模型中的核心反演量显热通量 H 除受地气温差的直接影响外,空气动力学阻抗可能存在的系统误差也可能造成结果的低估,因此利用 PEST 软件参数估计方法订正了模型中空气动力学阻抗计算时的系数值,使得模型输出的显热通量与密云 LAS 站显热观测值吻合（图 4.8）。在图 4.8 中,实测显热为卫星过境前后 3h 的平均值（上午 12:00 至下午 3:00）,而遥感显热其实质是一个瞬间量,两者之间存在一定的差异;同时空气动力学阻抗的计算与订正方法是遥感蒸散方法中最为复杂和困难的部分,因此必须借助参数估计方法,才能将显热通量的误差控制在一定的范围内。

（六）蒸发比

作为对模型参数标定结果的评价,选择模型输出的蒸发比与涡度相关观测值进行比较,观测蒸发比由下式给出。

$$EF = \frac{\sum_{i=1}^{n} \lambda E_i}{\sum_{i=1}^{n} H_i + \sum_{i=1}^{n} \lambda E_i} \tag{4.5}$$

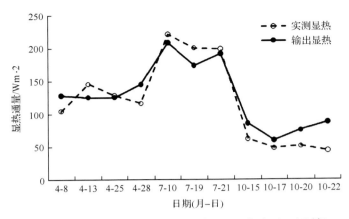

图 4.8　显热通量与实测结果的比较（2007 年密云 LAS 站）

地面观测数据包括涡度相关仪的每 0.5h 的 H 和 LE 数据，选择遥感卫星过境时刻（地方时 13：30）前 1.5h 和后 1.5h 的 3h 数据求平均值，观测表明午后的蒸发比较为稳定（徐自为等，2008），因此这一平均值应对全天的平均蒸发比有一定表征能力。图 4.9 是蒸发比输出在大兴、栾城、密云和禹城四通量站上与实测蒸发比的对比，相关系数 R^2 分别达到了 0.65、0.86、0.78 和 0.74。其中禹城站的有效记录最多（共 147 例），蒸发比结果

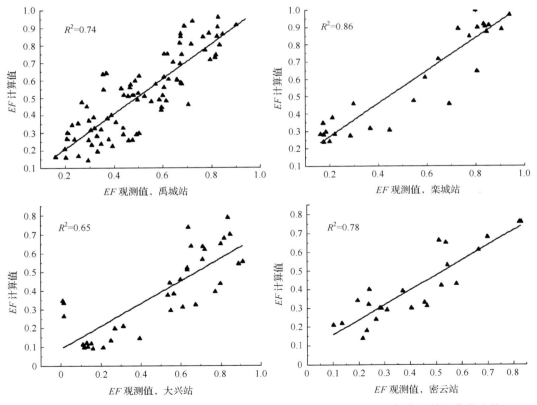

图 4.9　2006～2007 年禹城站、2008 年栾城站、2006 年大兴站和 2007 年密云站上蒸发比的
计算值与实测对比结果

在1∶1等值线左右分布得也较均衡。

第三节　ETWatch 系统

ETWatch 系统界面如图 4.10 所示,它包括系统设定、遥感数据处理、气象数据处理、ET 计算、应用分析、查询检索、用户管理和业务集成等模块。

图 4.10　ETWatch 系统界面

一、遥感数据源

ETWatch 从 NASA 的 MODIS 数据发布网站(http∶//ladsweb. nascom. nasa. gov)上下载了所需的中分辨率 MODIS1B 数据,包括 MOD021KM、MOD02QKM、MOD02HKM 和 MOD03 产品。MOD02QKM 和 MOD02HKM 产品中的 250m 和 500m 分辨率波段被空间聚合到 1km 分辨率上,生成大气层顶的辐照度和反射率。MOD03 产品包括有地理场信息(像素点纬度、太阳高度/方位角、卫星高度/方向角),其中经纬度信息用于 MODIS1B 数据的几何校正和重投影,太阳高度/方位角信息用于瞬时短波入射辐射的计算。MODIS 对应 2.1μm 波段用于探测影像暗目标,并使用 Kaufman 的方法(Kaufman et al.,1997)来计算红、蓝波段的气溶胶光学厚度,并将其作为输入,使用了 6S 模型来进行大气校正(Vermote et al.,1997)。劈窗算法则用于从 MODIS 1B 数据的 31、32 波段计算地表温度 LST(Mao et al.,2005)。由于云的影响,在半湿润半干旱的海河流域每年约 70～80 天的 MODIS1B 数据可用。选取数据时需要特别注意的是:一般年内 4 月到 9 月需要多选择天数据,保证每旬至少有一到二景数据,而 1 月至 3 月、10 月至 12 月可少选择天数据；如果 5 天内数据均无云，则取一天数据即可。

气象站台数据来自于海河流域的 83 个气象站，对逐日的最高气温、最低气温、日照时数、相对湿度、平均风速、大气压等进行空间插值生成 1km 的栅格数据；气象站台数据缺失时则用多年月平均值代替。对于气温、气压等随高程变化的量，在插值过程中考虑了高程的影响。

因大气条件不同（混浊/干洁）和日倾角的不同，净辐射计算方法中的散射部分和直射部分会发生较大的变化。因此基于海河流域七个甲级辐射台站 2000 年以来的观测资料（太原、北京、天津、乐亭、济南、封丘、东灵山），对散射和直射系数分区域进行了逐月的空间化，并按经纬度、时候制成逐月查找表，根据这一查找表进行海河流域日净辐射量分布图的计算。

二、遥感数据预处理

ETWatch 遥感监测蒸散用到的遥感数据包括 MODIS 中分辨率遥感数据和 Landsat 陆地卫星数据，以上数据可以分别从美国宇航局（NASA）和美国地质调查局（USGS）的官方网站上获取。

MODIS 预处理是以 MODIS 250m、500m、1000m 尺度的数据为遥感数据源，通过重投影、几何纠正、辐射定标、云检测、大气校正等预处理功能，反演地表 NDVI、ALBEDO、地表温度、云文件以及太阳高度角等参数。

Landsat TM 预处理包括几何纠正、辐射纠正、大气纠正、地形纠正，最终将遥感影像的 DN 值转换为具有物理意义的地表参数产品。

（一）几何纠正

由于遥感平台的扫描畸变或者遥感平台的高度、经纬度、速度和姿态等的不稳定，地球曲率及空气折射的变化等造成原始影像诸如行列不均匀、像元大小与地面大小对应不准确、地物形状不规则变化时，即说明遥感数字图像发生了几何畸变。遥感数字影像的几何纠正的目的就是改正原始影像的几何变形，生成一幅符合某种地图投影或图形表达要求的新的图像。当所需时间序列图像都进行了高精度的几何纠正时，就可以实现整幅图像的像素在空间上的完全配准。这是进行进一步数据处理工作的重要基础。

（二）大气辐射纠正

传感器的电磁信号因为受到大气层的影响和因传感器本身影响，遥感影像辐射值会产生一系列误差。大气层对遥感影像辐射值的影响是多方面的，一方面来自地物目标的辐射能量到达传感器之前受到大气层的吸收、散射等衰减作用而降低，而不同的大气状况，散射吸收的波段强度不一；另一方面，大气散射、云层反射形成的天空光会和地物目标的辐射能量一起进入遥感探测器，这部分能量称路径辐射，导致遥感辐射量失真，降低遥感图像质量，使图像对比度下降，犹如蒙上一层薄纱。消除这些由大气引起的辐射量失真的处理过程称大气辐射校正。对于 MODIS 与 Landsat TM 数据，选择了应用较为广泛的暗目标法(Kaufman *et al*.,1997),并结合 6S 辐射传输模型确定大气参数(Vermote *et al*.,1997),进行大气校正。

(三)地形纠正

山区蒸散量的反演在不同分辨率的遥感图像上有着不同的特征表现,在高分辨率的遥感图像上,受成像条件、太阳位置影响,山体的向阳面和阴面会形成辐射亮度差异极大的现象,即遥感的观测部分失真,影响反照率和地表温度等重要参量的反演精度。ET-Watch 解决地形纠正是在数字高程 DEM 的辅助下,对反射率进行基于坡度坡向的入射模拟,计算出垂直坡面方向的入射辐来对波段反射系数加以订正。

在忽略大气效应和邻近效应的情况下,根据坡面入射角来纠正各波段反射系数,如下式。

$$L_{\mathrm{H}} = L_{\mathrm{T}} \left[\frac{\cos(\theta_s)}{\cos(\theta_i)} \right]^k \tag{4.6}$$

式中,θ_s 为太阳高度角;θ_i 为瞬时坡面入射角;k 为表达表面朗伯体程度的 Minnaert 常数(0~1 之间,对朗伯体为 1)。

坡面上的瞬时入射角计算公式如下式:

$$\cos\theta = \sin\delta\sin\varphi\cos s - \sin\delta\cos\varphi\sin s\cos\gamma + \cos\delta\cos\varphi\cos s\cos\omega + \cos\delta\sin\varphi\sin s\cos\gamma\cos\omega +$$
$$\cos\delta\sin s\sin\gamma\sin\omega \tag{4.7}$$

式中,θ 为坡面上的瞬时入射角;δ 为太阳赤纬(北半球的夏季取正值);φ 为象元对应地区的地理纬度;S 为单位为弧度的坡度;γ 为陆面方位角;ω 是陆面法线偏离当地子午线的角度。

通过地形纠正,能够缩小因瞬时光照条件不同造成的山区阴阳坡差异,提高 NDVI、辐射量等值的计算精度,部分地改善估算精度,如图 4.11 所示。

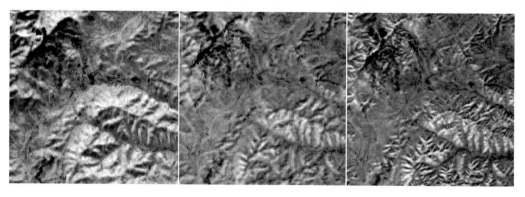

图 4.11　地形反照率纠正前后对比
左:没有 DEM 纠正的 *ET*;中:90m DEM 纠正的 *ET*;右:30m DEM 纠正的 *ET*

三、气象数据获取及处理

(一)近地层气象数据

气象数据记录可从中国气象局下所属的中国气象科学数据共享服务网处免费获得,

网址是 http://cdc.cma.gov.cn。

近地层气象数据是影响 ET 生产精度的重要输入数据,包括气温、湿度、风速、大气压和日照时数等。数据来源是由各气象站的点记录数据,为了与遥感数据相匹配,需要对其进行空间插值。某些气象数据,如大气压和温度,与地形有着密切的关系,在进行空间插值时应引入数字高程模型。

来自不同数据源的(国家气象站、地方气象站、科学自动观测站)气象数据在数据连续性、频次与单位上存在不一致,未经整编的原始数据对气象插值产品的质量控制存在巨大隐患。因此,在插值之前需要对各站点气象要素进行单位、缺测值等进行统一检查。

气象数据空间插值方法的确定是数据类型和计算效率的平衡,任何方法都不是绝对唯一的。多种插值方法用于同一组气候数据的研究比较表明,当数据密度足够大时,各种方法的结果差异不大。但在数据稀疏分散和差异显著时,由于各种方法处理样点间关系基于不同的基础理论,插值方法和参数的选用就显得尤为重要(图 4.12)。数据密度,分布和空间异质性对插值方法的效果起着关键作用。因此,必须分析原始数据的特征,选择适合的气象插值方法,目前,系统推荐采用是改进的、引入高程信息的样条插值方法。

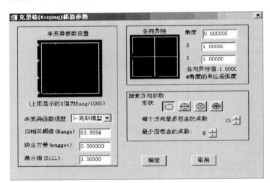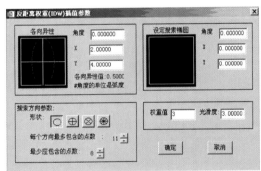

图 4.12　各类空间插值方法的参数设置

（二）探空气象数据获取

蒸散模型中需要大气边界层(PBL)层的相关数据,需要输入模型中的数据有:PBL 层的高度,气压,风速,湿度,位温等。此边界层即为能量交换的临界层。通过边界层与地表面之间的温度差来计算显热通量的方法,可以较好地适用于大范围的通量计算。一般应由气象站的探空数据来提供此类输入,但在边界层观测数据缺失的情况下,往往需要基于风速对数廓线等假设,引入简单的温湿风廓线,求地面数据通过廓线后变化最小的高度,定出等压面,通过地面数据估算 PBL 层相关要素进行计算。事实上,边界层高度随着区域不同而有变化,且每天的边界层高度也在变化,同时由于使用简单的廓线方程,估算的边界层要素的误差也较大。

通过收集赤峰、张家口、北京、太原、邢台、济南、郑州等气象探空站多年的大气分层数据,发现将 850hPa 左右作为等压面较为适宜。通过空间插值获得空间趋势图,如图 4.13 所示为 2003 年 4 月 1 日边界层处的气象要素,包括风速、温度和温度露点差。其中湿度由露点温度计算得到。

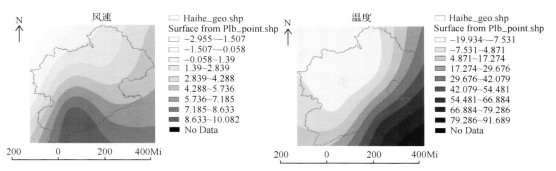

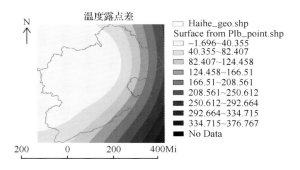

图 4.13　边界层风速、温度和温度露点差分布图示例

四、蒸散遥感监测

ETWatch 的流程可以分为四个部分：①利用能量平衡余项式模型结合低分辨率陆表参数（地表反照率、地表辐射温度和地表粗糙度）计算晴好日的地表通量；②利用一个时间重建算法计算获得逐日连续的低分辨率蒸散产品；③利用类 SEBAL 模型结合高分辨率陆表参数计算地表通量；④通过一个数据融合算法生成高时间分辨率、高空间分辨率的蒸散产品。

（一）卫星过境日蒸散量监测

ETWatch 采用了能量平衡余项法与 P-M 公式相结合的方法计算蒸散发。模型在高分辨率、空间变异较小、地物类别可分的情况下使用 Landsat TM 多波段数据驱动改进后的 SEBAL 模型，而在中低分辨率、空间变异大、混合像元占多数的情况下使用 MODIS 多波段数据驱动改进的 SEBS 模型。

在高分辨率 ET 计算界面中（图 4.14），通过在"加载数据"中选择需要处理的数据和日期，加载后在"地表要素"栏和"气象要素"栏中可以看到气象插值数据和地表参量是否已准备好，如果有的项目没有准备好，就无法进行运算，需要返回到气象数据或预处理阶段；在山区或地形复杂地区，使用"算法"中的"山地模式"减少计算误差，但需要有地面高程数据、坡度坡向文件支持，选择"平地模式"一般会获得更快的运算速度。

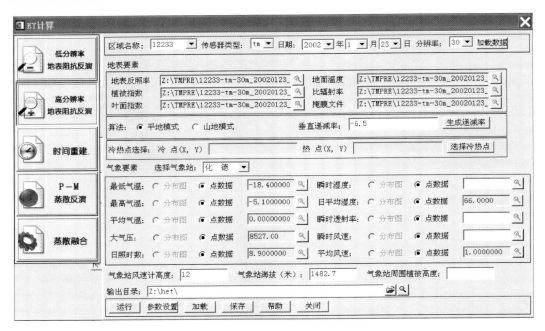

图 4.14　基于高分辨率(LANDSAT TM)遥感数据的 ET 模型界面

高分辨率蒸散的数据处理可分为以下三步:①ETWatch 在计算过程中需要将山区的地温按垂直递减率归一到平面上,以获取合理的显热通量,即温度垂直递减率的生成;②在地表温度文件经过垂直递减率调整后,通过选择"冷热"锚点来确定图像空间上的水热分布状况,即冷热点选择;③模型运行与结果输出。

（二）遥感蒸散量的时间重建

由于云对可见光和热红外波段的干扰,遥感平台不能每天都获取到有用的图像。因此地表蒸散时间扩展的目标是将遥感瞬时地表蒸散扩展到某一时段的累积量,包括由瞬时到日蒸散和由日蒸散到更长的时段(熊隽等,2008)。ETWatch 使用晴好日蒸散量、植被指数和气象数据来进行日蒸散量的时间重建,产生月蒸散量的累积值。

图 4.15 是蒸散量时间重建的界面,重建过程分为逐日 NDVI 的重建和逐日地表阻抗(RS)的重建两个部分,地表阻抗的重建以 NDVI 的重建为前提,在监测时往往先进行 NDVI 的重建,然后调整重建方案,再进行 RS 的重建。

通过设置遥感数据预处理目录、低分辨率地表阻抗保存目录和气象插值预处理目录后,可进行逐月的地表阻抗计算,再经 P-M 蒸散反演就可得到逐日的蒸散量结果(图 4.16)。

（三）不同分辨率蒸散融合

低分辨率时间重建后得到的月蒸散是 1km 分辨率,而高分辨率的遥感数据得到的过境蒸散是 30m 分辨率,为在更精细的时空尺度上反映蒸散量的时空变化,ETWatch 运用空间融合方法(柳树福,2011),在月 1km 蒸散数据的基础上,选择时相相近的高分辨率 ET 结果进行融合,得到 30m 分辨率月蒸散,如图 4.17 所示。

图 4.15　低分辨率蒸散量时间重建界面

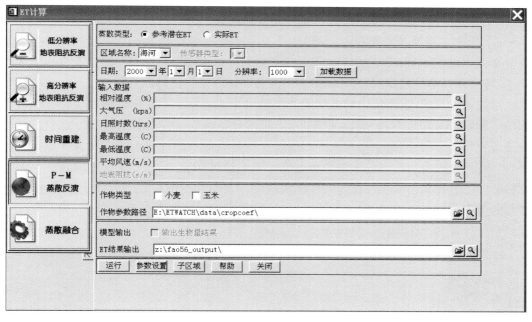

图 4.16　逐日 P-M 蒸散量计算界面

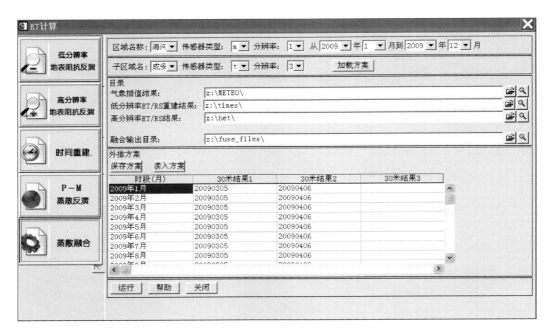

图 4.17　不同分辨率蒸散量融合界面

五、系统业务集成

　　ET 监测过程涉及数据获取、预处理、ET 数据处理与管理等多个环节,数据量大、运算复杂。因此 ETWatch 对整个数据处理链进行业务集成,将全部工作集成为一个从上到下、环环相扣的处理流程,实现 ET 监测的自动化与流程化的批处理。

　　通过业务集成,将系统中的各功能通过重组形成日常 ET 监测过程,实现半自动、无人值守的数据处理过程,形成标准化的 ET 监测业务流程(图 4.18),建成业务运行系统。业务流程化的过程,同时也是对业务处理过程数据流分析的过程。通过现有业务过程的整合、规范化,提取出标准的业务处理过程。规范化过程中,需要对业务处理过程中的数据特征、类型、存储格式进行统一的标准化处理。以图表和统计数据的形式按日、旬、月、季与年等不同时段输出,反映 ET 实况,为指导抗旱、水利建设、水资源调配、农业生产等提供科学依据和决策支持。

第四节　蒸散遥感监测结果

一、流域尺度结果

　　利用 2002~2009 年的 MODIS 数据以及逐日气象数据,基于 ETWatch 系统得到了海河流域 2002~2009 年的逐日 ET 监测结果,通过逐月累加和年累加的计算模块汇总得到了海河流域的逐月和逐年的 ET 监测成果。

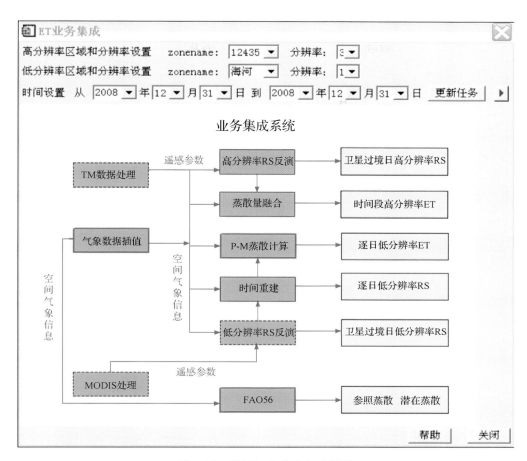

图 4.18　ETWatch 业务集成界面
红色区域是在当前数据准备的状况下,可以执行的任务,如果要批量执行一年的气象数据插值,可以在时间设置中加载预计算时段中的所有任务项,点击执行按钮,批量执行

　　海河流域 2002～2009 年年 ET 分别为 464mm、564mm、509mm、474mm、511mm、501mm、552mm 和 502mm,多年平均 ET 为 510mm,变化范围为±10%。八年时间序列的年 ET 空间分布如图 4.19 所示。总体上年 ET 空间分布类似,呈自西向东增加的趋势。由下图可定性分析出不同土地利用类型的 ET 相对差异,海岸带和水体 ET 最高,东北部林区和平原区 ET 较高,城区和西北部山区 ET 最低。

　　为了定量分析典型下垫面的 ET 变化,利用土地利用分布图,采用叠加和区域统计分析方法,计算得到海河流域典型地物对应的多年 ET 统计结果(图 4.20)。密云、于桥和官厅水库的蒸散量最高,年蒸散量均在 700mm 以上;其次为水田和芦苇等地块,年蒸散量在 600mm 以上;平原旱地、林地、灌木林等地块的蒸散量相近,年蒸散量在 500mm 左右;草地约为 300mm 左右;城区最低,年蒸散量变化从 100mm 到 200mm 不等。

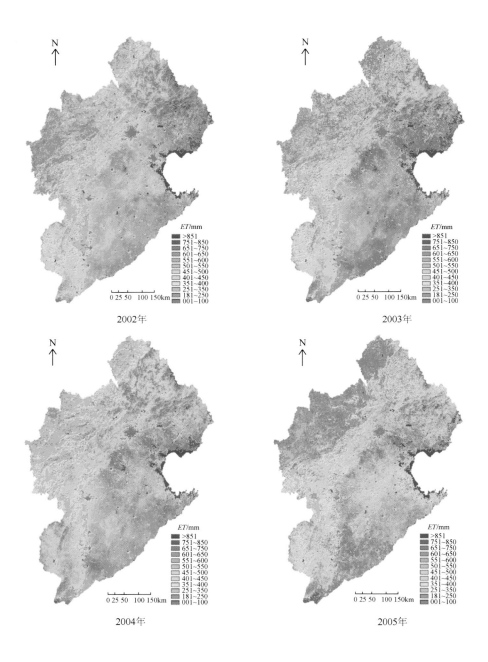

2002年

2003年

2004年

2005年

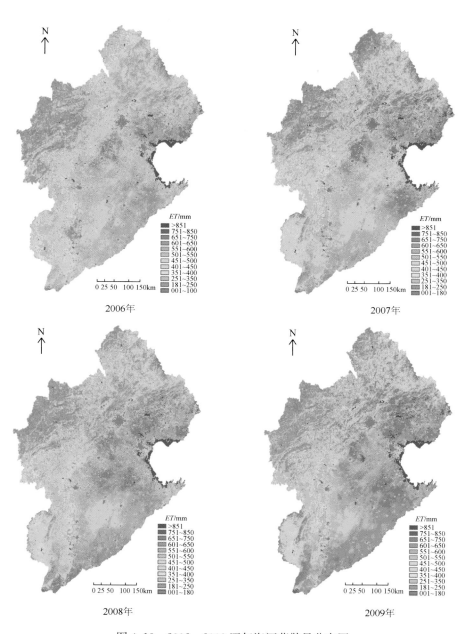

图 4.19　2002～2009 逐年海河蒸散量分布图

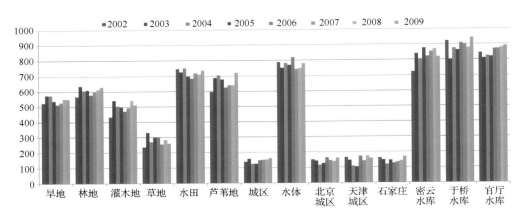

图 4.20 2002～2009 年海河流域逐月蒸散量

海河流域月均蒸散量年际间变化趋势大致相似(图 4.21),年内呈现双峰的变化特征。海河流域月蒸散从 1 月开始增加,在 5 月到达第一个峰值(75mm),6 月进入流域汛期,蒸散量在 6 月稍有递减之后,又呈上升趋势,至 8 月达到第二个高峰,之后逐渐减少。海河流域季风气候特点,降水通常集中在 6～9 月雨季,占全年降水量的 80% 以上(吴炳方等,2011),降水呈单峰变化的趋势。月蒸散量与降雨量的变化差异主要是归因于流域耕作作物的影响。流域种植作物以夏收和秋收作物为主,秋收作物在越冬后的生长期(1～5 月)处于旱季,降雨量小于蒸散量,作需水亏缺量主要依赖于灌溉,5 月出现的蒸散峰值正好与冬小麦生长旺盛时期相一致。秋收作物主要生长期在 6～9 月,雨季降水量大,基本能满足作物生长所需水分,6 月为作物生长初期,作物蒸腾作用较小,因此出现一个低谷,7 月随着作物的生长 ET 也逐渐增加,8 月作物生长旺盛期使得 ET 又出现峰值。

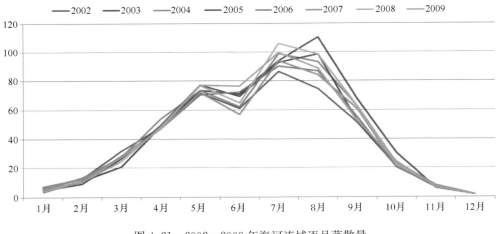

图 4.21 2002～2009 年海河流域逐月蒸散量

年内 ET 的空间变化各年类似,以 2009 年为例,海河流域月蒸散量空间分布如图 4.22 所示,空间上表现出明显的季节变化。1～2 月和 11～12 月的月 ET 空间差异较小(<40mm),4～9 月的月 ET 表现出较大的空间差异。在平原地区,3 月到 4 月 ET 明显

增大,直到 6 月稍有降低,之后逐渐增大,8 月达到高峰,9 月开始呈逐渐降低的趋势;在山区,4 月到 5 月 *ET* 开始呈增大的趋势,7～8 月达到峰值,9 月开始出现逐渐降低的趋势。

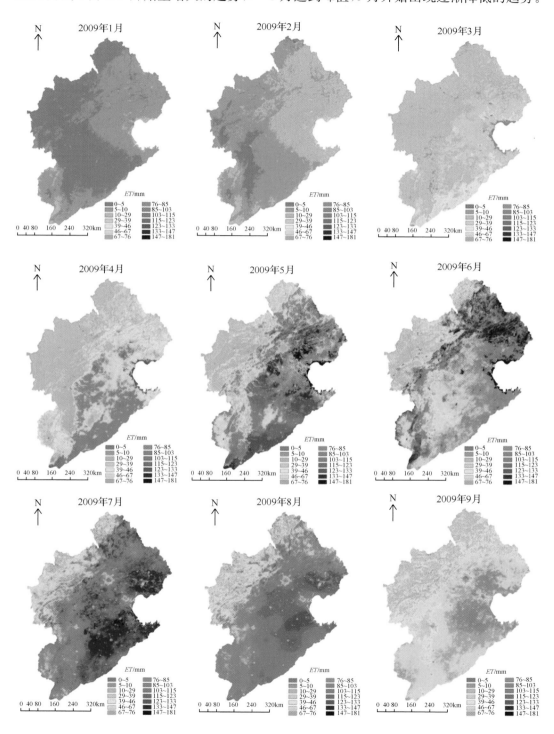

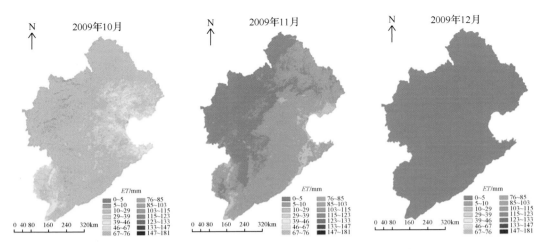

图 4.22　2009 年 1～12 月海河流域逐月蒸散量空间分布图

二、水资源三级区尺度结果

利用 2002～2009 年的年 ET 数据,结合水资源三级区的矢量边界,采用 ArcGis 软件中的叠加和区域统计分析方法,计算得到海河流域 15 个三级区对应的多年 ET 统计结果(图 4.23)。山区总体上均低于平原区,山区多年平均 ET 变化范围在 300～550mm,平原多年平均 ET 变化范围在 560～680mm。

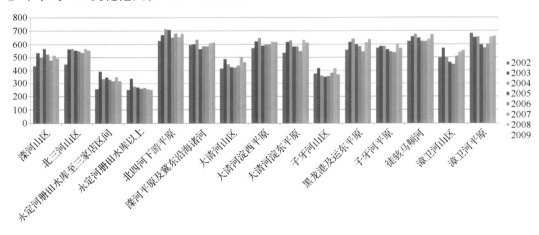

图 4.23　2002～2009 年海河流域三级区年蒸散量

结合 1:250000 土地利用分布图可以定量分析各个三级区不同土地利用类型的 ET 变化,如下图所示为耕地对应的多年 ET 统计结果(图 4.24)。耕地 ET 表现为山区低于平原的特点。各个三级区的年际间 ET 变化范围不同,变化范围较大的区域集中在永定河册田水库至三家店区间(-18%～27%)、子牙河山区(-12%～17%)和漳卫河山区(-18%～22%),而变化范围较小的区域集中在徒骇马颊河(-5%～4%)、北四河下游平原(-4%～8%)和子牙河平原(-6%～6%)。山区耕地 ET 可能更多地受降雨的变化,

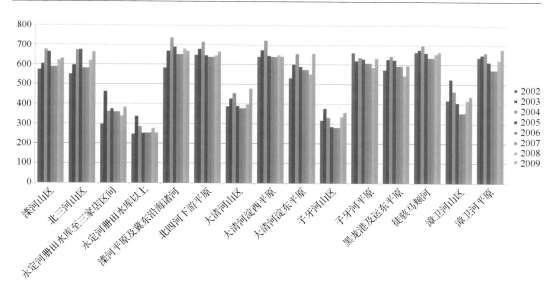

图 4.24　2002～2009 年海河流域三级区耕地年蒸散量

出现较大波动；相反，平原区耕地 ET 较小的差异可能归因于农田的灌溉。

三、地块尺度结果

地块尺度的 ET 是利用 1km 月累积 ET 和县 30m 日 ET，基于 ETWatch 系统中的数据融合工具，得到 2002～2009 年 16 个重点县的 30m 分辨率月 ET 监测结果，并经累加汇总得到年 ET 监测结果。这 16 个重点县分别是北京的 5 个县（大兴、通州、平谷、房山和密云），天津 3 个县（宝坻、宁河和汉沽），河北 5 个县（馆陶、成安、涉县、肥乡和临漳），山西 1 个县（潞城），河南 1 个县（新乡）和山东 1 个县（德州）。如图 4.25 所示，为 2002～2009 年密云县年 ET 的空间分布图，不仅空间上 ET 有较大差异，而且反映出了局部区域 ET 年际间的变化。密云县内的蒸散量空间分布特征十分明显，蒸散量最高的地方为密云水库，可达 800mm，南部小块破碎的作物蒸散量约为 600mm 以上，北部的林区蒸散范围在400～500mm，密云城区部分的蒸散量最低，仅 100mm 左右。

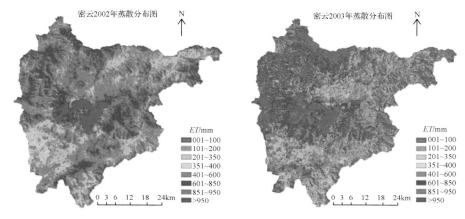

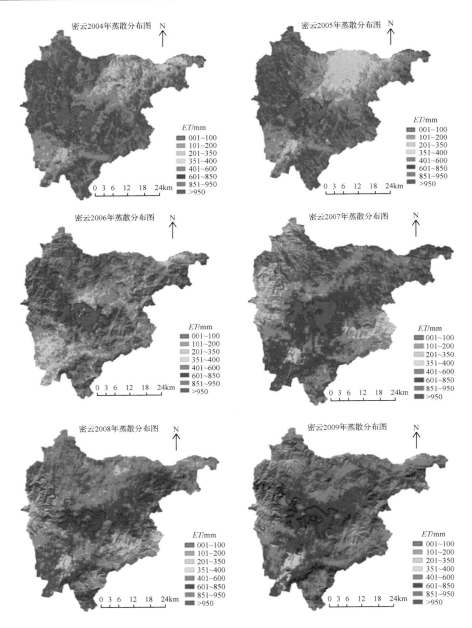

图 4.25　2002~2009 年密云县 ET

　　利用 2002~2009 年的年 ET 数据,采用 ETWatch 系统统计工具得到了 16 个重点县的年 ET 统计平均值,如表 4.1 所示。各个县年 ET 变化范围在多年平均值的 −15%~15% 变化。

表 4.1　2002～2009 年 16 个重点县蒸散量结果

县名	2002 年	2003 年	2004 年	2005 年	2006 年	2007 年	2008 年	2009 年	平均
密云	517.7	542.3	594.4	574.1	563.1	589.0	575.8	589.0	568.2
平谷	560.5	587.1	656.1	574.0	578.3	619.9	627.4	651.1	606.8
通州	585.9	573.1	595.3	518.7	534.7	529.2	565.2	568.0	558.8
房山	480.6	502.7	505.8	438.4	469.2	522.7	575.7	551.7	505.8
大兴	524.4	516.2	529.4	472.7	484.4	489.6	525.4	504.3	505.8
宝坻	665.8	662.5	707.6	622.2	670.6	674.9	703.8	732.6	680.0
宁河	667.7	680.1	740.8	640.6	673.8	647.9	657.2	677.9	673.2
汉沽	776.1	767.2	794.5	739.9	768.8	723.3	700.7	733.4	750.5
肥乡	714.2	650.4	629.8	568.1	519.8	550.2	621.5	598.0	606.5
成安	669.2	633.6	634.7	567.5	521.3	537.3	607.6	599.5	596.3
临漳	653.0	684.6	675.1	621.4	589.2	595.2	632.1	658.9	638.7
馆陶	692.0	645.1	659.9	618.8	575.6	589.8	649.2	644.0	634.3
涉县	434.9	525.4	441.1	407.9	413.9	481.4	522.5	522.8	468.7
德州	557.6	614.7	628.3	574.6	542.3	514.9	535.7	602.0	571.2
新乡	719.3	619.1	619.9	517.5	538.9	579.0	657.1	608.5	607.4
潞城	416.9	534.2	430.5	390.2	371.7	421.0	486.8	455.4	438.3

　　为了定量分析各个县的 ET 月变化,统计得到 2002～2009 年各月的 ET 多年平均值,图 4.26 为各个省代表性的重点县多年月平均 ET 变化过程线。大兴、通州、馆陶、成安、肥乡、德州和新乡的月 ET 过程线呈明显双峰的特征,这与区域种植夏收和秋收作物有关;而密云、平谷和宁河种植单季作物为主,月 ET 过程线呈现单峰的特征。

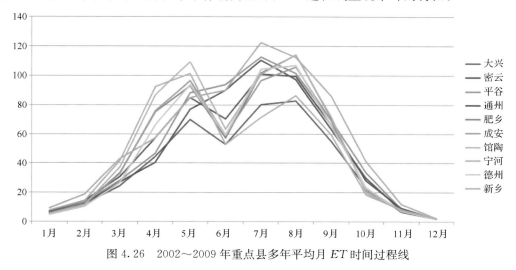

图 4.26　2002～2009 年重点县多年平均月 ET 时间过程线

　　结合 1:100000 土地利用分布图可以定量分析各个县不同土地利用类型的 ET 变化,图 4.27 为耕地对应的多年 ET 统计结果。耕地 ET 表现为天津的宁河、宝坻和汉沽最高(多年平均 $ET>650$mm),其次是河北、山东和河南的重点县(多年平均 ET 为 $580\sim$ 640mm),然后是北京的重点县(多年平均 ET 为 $490\sim600$mm),最后是涉县和潞城最低(多年平均 ET 为 440mm)。重点县多年 ET 表现出的差异影响因素很多,与局地气候、地形、土壤、种植作物和灌溉管理有关。

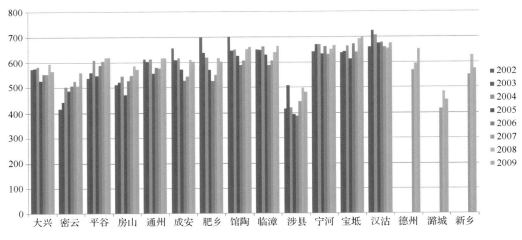

图 4.27 2002~2009 年重点县耕地年 ET

第五节 遥感蒸散产品的精度验证

随着地面通量观测网络的建设和水文资料的汇集,可用于通量验证和分析的地面资料每年都在增加,但缺乏有效评价遥感反演通量精度的标准方法和地基观测资料成为阻碍遥感方法得到广泛认可的主要因素。

Farahani 在其综述中指出,经常用于通量验证的波文比和涡度相关仪的自身测量误差也常常可达到 20%;对于仪器的维护和校正做得较好的站点,这一误差可减小到 10% (Glenn $et\,al.$,2007),但会随着下垫面的非均匀性的增加而迅速增大。李正泉对 China FLUX 各站点的能量平衡闭合状况进行了综合评价,发现在现有通量观测系统中,显热和潜热湍流通量往往会被低估,而有效能量项则会被高估(李正泉等,2004)。普遍的站台能量不闭合现象在国外也有报道(Wilson $et\,al.$,2002)。并且点观测推广到面上都会遭遇困难,主要原因是地形效应、植被类型差异和地面特征突变而引起的平流(Li $et\,al.$, 2006)。因此以小流域水文闭合和通量塔点面结合的综合评价思路不失为一种选择(吴炳方等,2009)。

近年来兴起的大孔径闪烁仪(LAS)可以测量 200m 至 10km 范围内的平均感热通量,通量计算结果不仅对时间,也对空间作了平均,其测量尺度能够与卫星遥感的像元尺度相匹配。但测量过程中涉及的源区影响、地表特征参数、掺混高度等问题还需要更加深入的实验和理论研究(Marx $et\,al.$,2008)。对于异质、破碎的下垫面,如何准确、客观地分析与解释观测数据的空间代表性是通量观测中还没有解决好的重要问题。足迹模型(footprint model)或源区(即测得通量与上风向地表通量的空间分布之间的关系)通过将通量贡献区域的空间分布与测定高度、表面粗糙度和大气稳定度等因素联系起来,提供了一个评价通量观测数据空间代表性的研究基础。然而,现有的足迹模型都是在基于近中性大气条件下的湍流扩散理论建立的,难以对稳定层结状况下的通量给予客观评价(Göckede et al.,2005),而且受主观因素影响较大。

而在下垫面复杂和大气处于稳定层结等非理想条件下,地表通量的计算需要考虑冠层内的大气储存、通量辐散和平流等因素的影响,对以上因素的数据验证方法,在通量观测界仍没有形成一致的意见(Massman and Lee,2002;Baldocchi,2003)。Kalma 等(2008)总结了共 30 项近年来将遥感估算结果与地面实测数据(主要基于涡度相关系统/波文比系统/通量塔网)进行对比验证的研究工作,结果表明,目前的地表验证工作受到诸多因素的影响,造成遥感通量的精度问题非常复杂。来自地面观测数据的不确定性与下垫面的空间非均匀性、时间扩展方式、足迹模型、高频涡度通量平均和去噪的方式等都有关系且难以分析;而模型中的一些关键变量(如各项阻抗、粗糙度长度)至今还无有效的确定方法。以土壤热通量为例,王介民等(2009)仔细计算了阿柔站土壤浅层热储存,在涡动相关资料再处理中加上高低频损失修正等,再参考该站大口径闪烁仪(LAS)观测对感热通量的提高,能量闭合率可达到 90% 以上。

ETWatch 在海河流域通过了多种途径的验证,包括地块实测的蒸散量、蒸渗仪、涡度相关系统、大口径闪烁仪以及子流域和小流域等不同方法和不同尺度的验证(Wu et al.,2012)。并利用涡度相关系统和大口径闪烁仪对计算过程中的参数变量和数据产品进行了不同尺度的第三方地表验证,结果表明,遥感估算的 1km 和 30m 蒸散结果与地面观测结果在时间过程上有着良好的相关性($R^2 > 0.9$)。

一、土壤水平衡

(一)不同尺度下的精度分析

ETWatch 估算的高分辨率蒸散数据,使用 2005 年从海河流域河北省馆陶县获取的作物耗水量进行验证(表 4.2)。馆陶县耕地面积占全县面积达 90% 以上,主要种植小麦、玉米和棉花。作物耗水量通过土壤水平衡法估算,在北董固、十里店、南于林村的小麦、玉米和棉花地分别选择了 8 个、6 个、6 个监测点。在作物的整个生育期每旬定期观测。生长季分别为:小麦是 10 月到次年 5 月底 6 月初,玉米从 6 月中下旬到 9 月,棉花从 4 月上中旬到 10 月下旬。

表 4.2　2005 年馆陶县土壤水平衡法观测 ET 与 ETWatch 结果的对比

样点编号	监测点	经度	纬度	作物类型	植被覆盖度/%	ET 观测值/mm	ETWatch 结果/mm	标准差/%
1	十里店	115.369E°	36.706N°	小麦	86	324	345	6
2	十里店	115.365E°	36.708N°	小麦	48	326	392	20
1	十里店	115.369E°	36.706N°	玉米	77	332	313	—6

样点编号	监测点	经度	纬度	作物类型	植被覆盖度 /%	ET观测值 /mm	ETWatch结果 /mm	标准差/%
12	十里店	115.369E°	36.708N°	玉米	65	353	310	−12
19	十里店	115.381E°	36.708N°	棉花	63	408	440	8
6	十里店	115.378E°	36.706N°	棉花	44	495	578	17
7	北董固	115.255E°	36.608N°	小麦	46	328	415	27
8	北董固	115.250E°	36.609N°	小麦	47	335	416	24
9	北董固	115.255E°	36.608N°	小麦	58	353	304	−14
6	北董固	115.255E°	36.609N°	玉米	38	353	260	−26
7	北董固	115.255E°	36.608N°	玉米	77	370	373	1
8	北董固	115.250E°	36.609N°	玉米	43	405	302	−25
9	北董固	115.255E°	36.608N°	玉米	40	520	680	31
24	北董固	115.254E°	36.609N°	棉花	76	545	565	4
4	南于林	115.393E°	36.704N°	玉米	88	334	329	−1
5	南于林	115.396E°	36.703N°	小麦	78	341	315	−8
3	南于林	115.399E°	36.705N°	小麦	86	370	392	6
4	南于林	115.393E°	36.704N°	小麦	50	425	365	−14
20	南于林	115.400E°	36.704N°	棉花	48	552	622	13
21	南于林	115.384E°	36.705N°	棉花	54	553	609	10

　　ETWatch 结果与土壤水平衡 ET 结果散点如图 4.28 所示,两者相关系数 R^2 高达 0.76,ETWatch 估算结果对土壤水平衡 ET 结果的均方根误差为 16.3%,绝对平均误差为 13.6%。

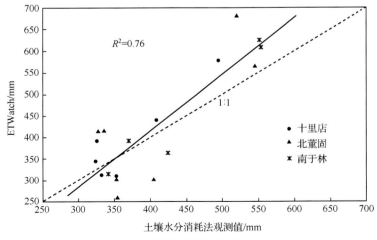

图 4.28　2005 年间馆陶县获取的土壤水分消耗曲线

　　将北董固、十里店、南于林村内每个村的测量点测量值取平均,与ETWatch结果比较,十里店村的平均相对误差为 6.3%,北董固村的平均相对误差为 3.3%,南于林村的平均相对误差为 2.2%。将北董固、十里店、南于林村的所有观测点测量值取平均,与 ETWatch 比较,平均相对误差为 3.8%。

(二)不同作物下的精度评价

将陶馆县内的所有观测点按作物分类,分析棉花、玉米和小麦各自的平均相对误差和绝对平均相对误差(图 4.29)。棉花 ET 观测值与 ETWatch 结果的平均相对误差为 10.2%,绝对平均误差为 10.2%;玉米 ET 观测值与 ETWatch 结果的平均相对误差为 -5.7%,绝对平均误差为 14.7%;小麦 ET 观测值与 ETWatch 结果的平均相对误差为 6.0%,绝对平均误差为 14.9%。

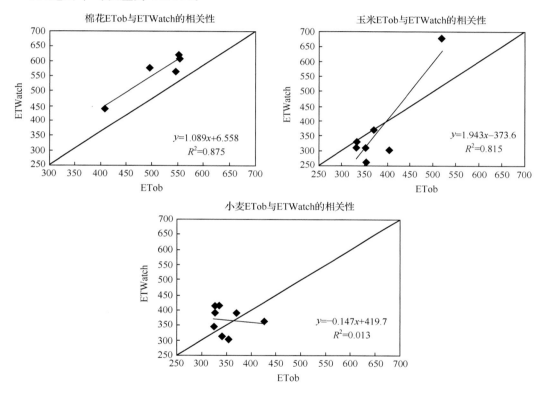

图 4.29　不同作物下的 ET 观测值与 ETWatch 估算值的比较

(三)不同覆盖度对精度的影响评价

将馆陶县内的所有观测点按植被覆盖度分类,将 ET 观测结果与 ETWatch 估算结果的绝对相对误差(Dev)与植被覆盖度进行比较[图 4.30(a)],两者呈指数负相关,R^2 高达 0.68,这说明地面测量结果与 ETWatch 估算结果的匹配结果受空间异质性影响较大。覆盖度越低的地区,空间异质性越强烈,观测结果与 ETWatch 结果的偏差越大,反之亦然。

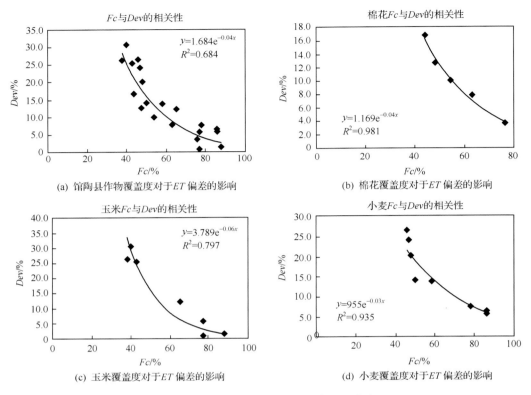

图 4.30　作物覆盖度对于 ET 偏差的影响

　　按作物分类,分析不同作物覆盖度对精度的影响分析[图 4.30(b)～(d)]。覆盖度与 ET 偏差的负指数相关性更加明显,除玉米外,小麦和棉花的相关性 R^2 均达到了 0.93 以上,而棉花更是高达 0.98。相关性的差异反映了不同作物地区空间异质性下 ET 的差异。棉花的覆盖度与偏差的相关性最高,说明在棉花种植区和非种植区(棵间土壤)处 ET 差异最为明显,而玉米种植区和非种植区(棵间土壤)处 ET 差异相对要低一些,这可能与棉花较深的根系有关。负指数相关性意味着在覆盖度较低时,覆盖度轻微的变化就会对偏差造成很大的影响,而覆盖度高值区,这种变化带来的偏差影响较小。

二、蒸渗仪

　　蒸渗仪位于海河流域山东省禹城县禹城综合农业试验站(东经 116N°禹城综合农,北纬 36°禹城综合)内。图 4.31 为 2003 年禹城站小麦-玉米轮作作物逐日的蒸渗仪测量值及其累积值与 ETWatch 估算结果的比较。ETWatch 估算结果相对蒸渗仪计算值全年的累积 ET 误差为 -9.2%。在小麦和玉米生产季,ET 的精度明显有所差异,小麦季 ET 的相对误差为 6.6%,而玉米季的相对误差为 -17.5%。

　　图 4.31 表明,2003 年内第 1 至 127 天期间,由于主导作物为小麦,不定期的小麦灌溉,导致蒸渗仪计算值与 ETWatch 估算值相差较大;而在第 127 至 163 天期间的时间段内,蒸渗仪计算的 ET 值较高,目前不清楚偏差是否与 30m 或 1km ET 数据与蒸渗仪计

算值的尺度匹配问题、小麦生产季节的大量灌溉、ETWatch 模型的参数化、TM 影像此时段的缺失、蒸渗仪的区域代表性等因素有关。

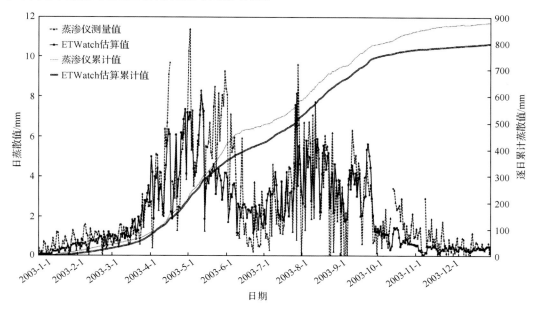

图 4.31 2003 年禹城站小麦-玉米轮作作物的蒸渗仪测量值与 ETWatch 估算的比较

三、涡度相关系统(EC)

海河流域所包含的六个 EC 通量站中有两个来自于中国生态研究网络(CERN),三个来自 GEF 海河项目办,一个来自北师大刘绍明在小汤山架设的通量站。六个 EC 站点相关信息如表 4.3 所示。

表 4.3 海河流域 EC 通量站点信息

站点	隶属	地形	下垫面类型	经纬度	观测时间段
禹城	中国生态系统网	平原	小麦,玉米	39.95N°,116.6E°	2006,2007
栾城	中国生态系统网	平原	小麦,玉米	37.88N°,114.68E°	2007,2008
大兴	全球环境基金	城郊	小麦,玉米	39.61N°,116.43E°	2005,2006
密云	全球环境基金	城郊	果树,玉米	40.63N°,117.32E°	2006,2007
馆陶	全球环境基金	平原	小麦,玉米	36.515N°	2006,2007
小汤山	北京师范大学	城郊	裸地,草地	40.183N°	2004,2004

小汤山站采用 2005 年 5 月和 2004 年 6 月共 10 天数据,其 EC 观测值和 ETWatch 结果相关性 R^2 达 0.91,10 天的 ET 累积值相对误差为 3.66%,10 天 ET 的绝对平均误差为 8.71%,位于 EC 系统误差范围内。

禹城站采用 2003 年 5 月的 10 天数据,10 天的 ET 累积值相对误差为 2.07%,10 天 ET 的绝对平均误差为 5.35%,且所有天的误差都小于 15%。有卫星过境日的平均 ET 误差为 4.61％,而无卫星过境日的平均误差为 7.36％,说明卫星数据缺失贡献了 60％的误差。

在小汤山站和禹城站,由于 ETWatch 日累积 ET 值与 EC 测量的日累积 ET 误差匹配的很好,可以得出 ETWatch 的估算偏差不存在,可用于不同的土地利用类型。

在密云站,EC 测量累积值为 220,而 ETWatch 的估算结果为 222,进一步说明 ETWatch 的预测结果和 EC 相关性很好。

大兴站的验证结果表明(图 4.32),ETWatch 估算的日 ET 结果的偏差较大,但日累积 ET 的相关性很高。2006 年,大兴站 EC 测量的日累积 ET 结果为 790mm,而 ETWatch 的估算结果为 815mm,两者仅有 3％的偏差。这种累积 ET 偏差增大的始于 2006 年 8 月的下旬,很有可能是雨季时期所选择的输入遥感影像质量不高引起的。

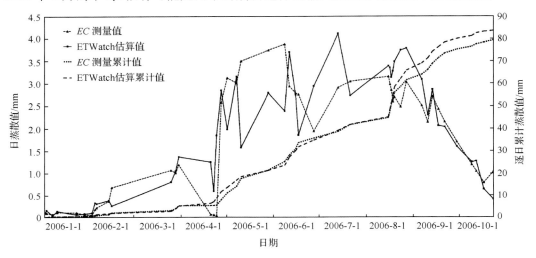

图 4.32　大兴站 ETWatch 结果与基于 EC 的 ET 通量结果比较

从 1 天到 40 天的不同站点累计标准差随时间的变化如图 4.33 所示。大兴站展现出最大的累计标准差,40 天的时期内累计标准差为 30％。原因可能是大兴站点 EC 系统中声波风速计和红外气体分析仪本身仪器的问题。栾城站累计标准差为 10％,密云站 20 天时间段内累积标准差小于 10％,禹城也能达到类似的精度。很明显,半月的 ETWatch 估算值精确较高,累计标准差均在 EC 测量允许的误差范围内。

四、北京师范大学的独立验证

ETWatch 的第三方独立验证由北京师范大学刘绍民课题组完成;刘绍民课题组主要是根据地表通量站观测数据,并结合不同时间尺度(月/半月和日)和空间分辨率(30m 和 1km)的通量足迹模型进行验证。观测数据来自于海河流域馆陶、大兴和密云站的 EC、LAS 和 AWS 地面测量结果。

采用 ETWatch 估算的 2007～2009 年馆陶 30m 月 ET 结果,与 EC 观测数据相比较,平均相对误差(MRE)和平均绝对百分比误差(MAPE)分别为 －13.62％和 21.22％。ETWatch 估算的 1km 的 ET 结果与 LAS 观测值相比较,平均相对误差和平均绝对百分比误差分别为 8.57％和 19.46％。由于 ETWatch 的 30m 和 1km 数据是一致的,故与

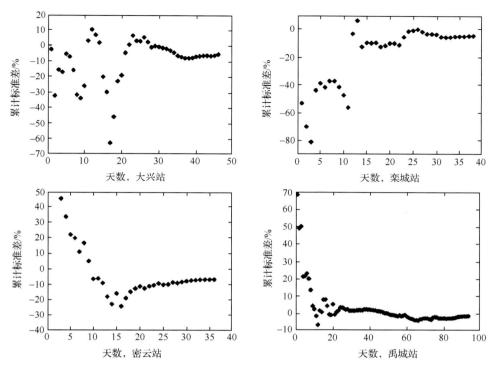

图 4.33　不同时间长度下 EC 通量和 ETWatch 预测结果的偏差

ETWatch 相比,EC 存在高估,LAS 存在低估。另外 ETWatch 和地面测量之间有很好的一致性,相关系数在 0.90 以上。

五、流域尺度水平衡

　　流域尺度的验证,主要是采用水平衡方法估算海河流域的八个小流域的 ET 与 ETWatch估算值相比较。八个流域分别为冶河、滹沱河、洋河、桑干河、潮河、白河、沙河和唐河。其中沙河面积最小($3770km^2$),桑干河面积最大($17744km^2$)。收集 $2002\sim2005$ 年八个小流域的水平衡数据,其中降水由 25 个均匀分布的雨量站计算,平均年径流来自八个水文站,而水储量变化忽略不计(表 4.4)。

表 4.4　流域的水平衡测量

河流	面积/km^2	降雨量/(mm/a)	径流/(mm/a)	水平衡 ET/(mm/a)	ETWatch/(mm/a)	相对偏差/%
沙河	3770	508	72	436	427	2.1
唐河	4420	451	62	390	402	-3.0
冶河	6420	507	75	432	471	-8.3
潮河	6531	478	38	440	520	-15.4
白河	9945	454	10	444	459	-3.3
洋河	14600	386	25	362	349	3.7
滹沱河	15580	477	41	436	373	16.9
桑干河	17744	396	23	374	337	11.0

最大低估的相对偏差最大的出现在潮河子流域,低估-15.4%和滹沱河子流域高估16.9%。八个流域误差加权平均为4.1%,绝对误差加权平均为9.1%。将八个子流域看作一个流域,则水平衡计算 ET 结果为32.1km³,ETWatch 估算 ET 为31.3km³,偏差为2.4%。整个海河流域,ETWatch 估算结果为173.4km³,而水平衡结果为170.2km³,偏差为1.8%。

六、精度评价总结

通过本节上述论述,在海河流域分别采用了土壤水平衡、蒸渗仪、涡度相关系统、大口径闪烁仪,以及小流域等不同尺度的方法对 ETWatch 进行了综合验证。

表4.5总结了 ETWatch 在不同空间尺度上的验证结果。可以看出年尺度上 ET 要比日尺度上 ET 更可靠,最好的验证结果出现在流域尺度,偏差为1.8%。因此流域尺度上的 ET 数据要比单个像素或图斑的 ET 可靠。田间尺度上 ET 的偏差一致较大,但数据应用于节水灌溉或者控制 ET 减少策略上是可以接受的,特别是当时间尺度为半月或更长一段时(图4.33)。高分辨率 Landsat TM 的低频次分布可能是引起田间尺度上 ET 偏差较大的原因,它与模型方法无关,而是与高分辨率 Landsat TM 数据的长时间间断以及云覆盖有关,因此新的卫星数据源(HJ-1B、Landsat 后继星、Sentinel-1 等)的出现能够降低这种田间尺度上 ET 偏差较大的不确定性。

表4.5　海河流域地面测量和 ETWatch 计算结果的综合绝对偏差(不是所有的组合都有有效数据)

空间尺度	观测方法	日尺度/%	季节尺度/%	年尺度/%
田间尺度	土壤水平衡	N/A	13.6	N/A
田间尺度	蒸渗仪	N/A	11.3	9.0
田间尺度	涡动相关仪(EC)	7.6	N/A	3.0
村庄尺度	土壤水平衡	N/A	3.9	N/A
县尺度	土壤水平衡	N/A	3.7	N/A
小流域尺度	流域水平衡	N/A	N/A	3.8
全流域尺度	流域水平衡	N/A	N/A	1.8

表4.6总结了 ETWatch 在不同景观类型下的验证结果。最好的验证结果出现在山区小流域,偏差为3.8%。而短时间尺度上的 ET 可靠性较差,但如果是在平原和城郊景观下,特别是时间尺度为半月或为月时,ET 结果仍然可以接受。

田间尺度上 ET 精度较高与地表的异质性有关,以馆陶站为例,由于下垫面为均一的作物,ETWatch 估算结果相对于 EC 和 LAS 偏差均相对较小;而在大兴站,由于下垫面为种植结构较为复杂的农田,ETWatch 估算30m 的 ET 结果与 EC 测量值偏差较大(-13.72%),而 ETWatch 估算1km 分辨率的 ET 与 LAS 的测量值偏差较小(-2.2%)。从表4.6可以看出 EC 的偏差要比其他设备偏差大。

表 4.6　不同景观下海河流域地面测量和 ETWatch 计算结果的综合绝对偏差

景观	地面站点	观测方法	日尺度/%	月尺度/%	年尺度/%
平原区	馆陶站	涡动相关仪(EC)	−5.72	4.49	N/A
		大孔径闪烁(LAS)	−4.68	11.79	N/A
		土壤水平衡	N/A	N/A	4.00
	栾城站	涡动相关仪(EC)	−17.7	7.41	N/A
	禹城站	涡动相关仪(EC)	15.4	6.50	N/A
城郊区	大兴站	涡动相关仪(EC)	−13.72	−12.69	N/A
		大孔径闪烁(LAS)	−2.2	4.31	N/A
	小汤山站	涡动相关仪(EC)	2.6	N/A	N/A
山区	密云站	涡动相关仪(EC)	N/A	−19.58	N/A
		大孔径闪烁(LAS)	1.15	8.41	N/A
	海河西部小流域	流域水平衡	N/A	N/A	3.8

　　蒸散数据产品的评估和应用是以尺度问题为主要特征的,需要以不同时空尺度的转换方法为桥梁,发展以地面通量网与流域水文模拟相结合的有效验证和校正方法。

　　遥感计算 ET 是基于像元的,像元上的数值反映的是一定空间范围内的地表要素的平均信息,而地面观测往往基于单点进行。因此地面观测结果与遥感监测 ET 结果对比分析时要特别注意到由空间尺度而造成的差异,需要进一步开展与遥感尺度相吻合的尺度转换方法研究。从概念性的遥感算法到成熟的产品处理平台是非常复杂的过程,有限的地面单点验证无法提供对差异性极大的下垫面的整体评价,大量的地面验证有助于算法改进和参数化,但在统计意义上也是有限的。

　　建立区域适用的遥感监测与评估系统,还需要将通量塔点联网观测、小流域水文资料,以及与其他遥感面上资料、模型模拟结果相结合,发展基于动态过程的,点面结合的综合评价思路。

　　本章介绍的 ET 遥感监测方法与模型(ETWatch)是 2011 年前的技术进展和成果。ETWatch 最近几年的技术进展和新的算法将在本书的下一版本或以其他的方式介绍给读者。

参 考 文 献

高彦春,龙笛. 2008. 遥感蒸散发模型研究进展. 遥感学报,(3),515~528

黄妙芬,刘素红,朱启疆. 2004. 应用遥感方法估算区域蒸散量的制约因子分析. 干旱区地理,27(1):100~105

李新,马明国,王建等. 2008. 黑河流域遥感——地面观测同步试验:科学目标与试验方案. 地球科学进展,23(9):897~914

李英年,赵亮,古松等. 2003. 海北高寒草甸地区能量平衡特征. 草地学报,11(4):289~295

李正泉等. 2004. 中国通量观测网络(ChinaFLUX)能量平衡闭合状况的评价. 中国科学(D辑),34(S2):4656

刘昌明. 1997. 21 世纪水文研究展望:若干前沿与重点课题. 第六次全国水文学术会议论文集. 北京:科学出版社

刘国水,刘钰,许迪. 2011. 基于蒸渗仪的蒸散量时间尺度扩展方法对比. 遥感学报,15(2):270~280

刘绍民,孙睿,孙中平. 2004. 基于互补相关原理的区域蒸散量估算模型比较. 地理学报,59(3):331~340

柳树福,熊隽,吴炳方. 2011. ETWatch 中不同尺度蒸散融合方法. 遥感学报,15(2):255~269

刘雅妮，武建军，夏虹. 2005. 地表蒸散遥感反演双层模型的研究方法综述. 干旱区地理，28(1)：65～71

莫兴国. 1998. 土壤-植被-大气系统水分能量传输模拟与验证. 气象学报，56(3)：323～332

莫兴国，林忠辉. 2000. 基于 Penman-Monteith 公式的双源模型的改进. 水利学报，6～11

宋霞，刘允芬，徐小锋等. 2004. 红壤丘陵区人工林冬春时段碳，水，热通量的观测与分析. 资源科学，26(3)：96～104

田国良. 2006. 热红外遥感. 北京：电子工业出版社

田辉，文军，马耀明等. 2007. 复杂地形下黑河流域的太阳辐射计算. 高原气象，26(4)：666～676

王介民，王维真，刘绍民，马明国，李新. 2009. 近地层能量平衡闭合问题——综述及个例分析. 地球科学进展，24：705～714

王磊. 2007. 植被覆盖地区被动微波辐射计土壤水分反演算法研究. 中国科学院遥感应用研究所

吴炳方等. 2008. 基于遥感的区域蒸散量监测方法——ETWatch. 水科学进展，19(5)：671～678

吴炳方，熊隽，卢善龙. 2009. 海河流域遥感蒸散模型：方法与标定

吴炳方，熊隽，闫娜娜. 2011. ETWatch 的模型与方法. 遥感学报，15(2)：224～239

奚歌，刘绍民，贾立. 2008. 黄河三角洲湿地蒸散量与典型植被的生态需水量. 生态学报，28(11)：5356～5369

辛晓洲. 2003. 用定量遥感方法计算地表蒸散. 中国科学院遥感应用研究所

熊隽. 2008. 基于 MODIS 数据的双温双源蒸散发模型研究. 中国科学院研究生院

熊隽等. 2011. ETWatch 中的参数标定方法. 遥感学报，15(2)：240～254

熊隽，吴炳方，闫娜娜. 2008. 遥感蒸散模型的时间重建方法研究. 地理科学进展，27(2)：53～59

张一平，窦军霞，于贵瑞等. 2006. 西双版纳热带季节雨林太阳辐射特征研究. 北京林业大学学报，27(5)：17～25

张仁华. 1996. 实验遥感模型及地面基础. 北京：科学出版社

张仁华. 2009. 定量热红外遥感模型及地面实验基础. 北京：科学出版社

张仁华，孙晓敏，朱治林，苏红波，唐新斋. 2002. 以微分热惯量为基础的地表蒸发全遥感信息模型及在甘肃沙坡头地区的验证. 中国科学(D 辑)，32(12)：1041～1051

朱彩英，张仁华，王劲峰等. 2004. 运用 SAR 图像和 TM 热红外图像定量反演地表空气动力学粗糙度的二维分布. 中国科学(D 辑)，34(4)：385～393

Allen R，et al. 2007. Satellite-based energy balance for Mapping Evapotranspiration with Internalized Calibration (METRIC)—applications. Journal of Irrigation and Drainage Engineering，133(4)：395～406

Allen R G，Pereira L S，Raes D，Smith M. 1998. Crop evapotranspiration：Guidelines for computing crop water requirements，FAO Irrig. Drain Pap 56，Food and Agric Organ of the United Nations，Rome

Anderson R G，Goulden M L. 2009. A mobile platform to constrain regional estimates of evapotranspiration，Agric for Meteorol，149(5)：771～782

Baldocchi D D. 2003. Assessing the eddy covariance technique for evaluating carbon dioxide exchange rates of ecosystems：past，present and future. Global Change Biology，9(4)：479～492

Bastiaanssen W G M，et al. 1998a. A remote sensing surface energy balance algorithm for land (SEBAL). 1. Formulation. Journal of Hydrology，212-213(0)：198～212

Bastiaanssen W G M，Pelgrum H，Wang J，Ma Y，Moreno J F，Roerink G J，van der Wal T. 1998b. A remote sensing surface energy balance algorithm for land (SEBAL)：2. Validation. J Hydrol，212-213(1-4)：213～229

Blyth E M，Harding R J. 1995. Application of aggregation models to surface heat flux from the Sahelian tiger bush，Agric for Meteorol，72(3-4)：213～235

Bouchet R J. 1963. Evapotranspiration reele et potentielle，signification climatique. Publ General Assembly Berkeley International Association of Hydrological Sciences，62：134～142

Brulsaerl W，Stricker H. 1979. An advection—Aridity approach to estimate actual regional evapotranspiration. Water Resources Research，15(2)：443～450

Brutsaert W，Chen D. 1996. Diurnal variation of surface fluxes during thorough drying (or severe drought) of natural prairie. Water Resour Res，32(7)：2013～2019

Choudhury B J. 1994. Synergism of multispectral satellite-observations for estimating regional land-surface evaporation. Remote Sens Environ，49(3):264～274

Cleugh H A，Leuning R，Mu Q，Running S W. 2007. Regional evaporation estimates from flux tower and MODIS satellite data. Remote Sensing of Environment，106(3):285～304

Clothier B E，Clawson K L，Pinter P J，Moran M S，Reginato R J，Jackson R D. 1986. Estimation of soil heat flux from net radiation during the growth of alfalfa. Agric for Meteorol，37(4):319～329

Crago R，Crowley R. 2005. Complementary relationships for near-instantaneous evaporation. Journal of Hydrology，300(1-4):199～211

Dolman A J. 1993. A multiple-source land surface energy balance model for use in general circulation models. Agric for Meteorol，65(1-2):21～45

French A N，et al. 2005. Surface energy fluxes with the Advanced Spaceborne Thermal Emission and Reflection radiometer (ASTER) at the Iowa 2002 SMACEX site (USA). Remote Sens Environ，99(1-2):55～65

Glenn E P，et al. 2007. Integrating remote sensing and ground methods to estimate evapotranspiration. Critical Reviews in Plant Sciences，26(3):139～168

Göckede M，et al. 2005. Validation of footprint models using natural tracer measurements from a field experiment. Agricultural and Forest Meteorology，135(1-4): 314～325

Göckede M，Foken T，Aubinet M，et al. 2007. Quality control of CarboEurope flux data-Part I: Footprint analyses to evaluate sites in forest ecosystems. Biogeosciences Discussions，4(6): 4025～4066

Granger R J. 1989. A complementary relationship approach for evaporation from unsaturated surfaces. Journal of Hydrology，111: 31～38

Hansen M C，Roy D P，Lindquist E，et al. 2008. A method for integrating MODIS and Landsat data for systematic monitoring of forest cover and change in the Congo Basin. Remote Sensing of Environment，112(5): 2495～2513

Huntingford C，Allen S，Harding R. 1995. An intercomparison of single and dual-source vegetation-atmosphere transfer models applied to transpiration from sahelian savannah. Boundary Layer Meteorol，74(4):397～418

Jackson R D，Idso S B，Reginato R J，et al. 1981. Canopy temperature as a crop water stress indication. Water Resource Research，17(4) :1133～1138

Jacobsen A. 1999. Estimation of the soil heat flux/net radiation ratio based on spectral vegetation indexes in high-latitude Arctic areas. Int J Remote Sens，20(2):445～461

Jia Z，Liu S，Xu Z，et al. 2012. Validation of remotely sensed evapotranspiration over the Hai River Basin，China. Journal of Geophysical Research: Atmospheres (1984-2012)，117(D13)

Jongschaap R E. 2007. Sensitivity of a crop growth simulation model to variation in LAI and canopy nitrogen used for run-time calibration. Ecological modelling，200(1):89～98

Kabat P，Dolman A J，Elbers J A. 1997. Evaporation，sensible heat and canopy conductance of fallow savannah and patterned woodland in the Sahel. J Hydrol，188-189:494～515

Kalma J D，McVicar T R，McCabe M F. 2008. Estimating land surface evaporation: A review of methods using remotely sensed surface temperature data. Surveys in Geophysics，29(4～5): 421～469

Kaufman Y J，et al. 1997. The MODIS 2. 1μm channel-correlation with visible reflectance for use in remote sensing of aerosol. IEEE Transactions on Geoscience and Remote Sensing，35(5):1286～1298

Kustas W P，Daughtry C S T. 1990. Estimation of the soil heat-flux net-radiation ratio from spectral data. Agric for Meteorol，49(3):205～223

Kustas W P，Daughtry C S T，Van Oevelen P J. 1993. Analytical treatment of the relationships between soil heat flux/net radiation ratio and vegetation indices. Remote Sens Environ，46(3):319～330

Levenberg K. 1944. A method for the solution of certain non-linear problems in least. The PEST Algorithm 2, 27

Li F，et al. 2006. Comparing the utility of microwave and thermal remote-sensing constraints in two-source energy balance modeling over an agricultural landscape. Remote Sensing of Environment，101(3): 315～328

Lu X L, Zhuang Q L. 2010. Evaluating evapotranspiration and water-use efficiency of terrestrial ecosystems in the conterminous United States using MODIS and AmeriFlux data. Remote Sens Environ, 114(9):1924~1939

Mao K, et al. 2005. A practical split-window algorithm for retrieving land - surface temperature from MODIS data. International Journal of Remote Sensing, 26(15): 3181~3204

Marquardt D W. 1963. An algorithm for least-squares estimation of nonlinear parameters. Journal of the Society for Industrial & Applied Mathematics, 11(2): 431~441

Marx A, Kunstmann H, Schüttemeyer D, et al. 2008. Uncertainty analysis for satellite derived sensible heat fluxes and scintillometer measurements over Savannah environment and comparison to mesoscale meteorological simulation results. Agricultural and Forest Meteorology, 148(4): 656~667

Massman W J, Lee X. 2002. Eddy covariance flux corrections and uncertainties in long-term studies of carbon and energy exchanges. Agricultural and Forest Meteorology, 113(1-4): 121~144

McCabe M F, Wood E F. 2006. Scale influences on the remote estimation of evapotranspiration using multiple satellite sensors. Remote Sensing of Environment, 105(4): 271~285

Monteith J. 1973. Principles of Environmental Physics. London: Edward Aronld

Moran M S, et al. 1994. Use of ground-based remotely sensed data for surface energy balance evaluation of a semiarid rangeland. Water Resour Res, 30(5): 1339~1349

Morton F I. 1983. Operational estimates of areal evapotranspiration and their significance to the science and practice of hydrology. Journal of Hydrology, 66: 1~76

Murray T, Verhoef A. 2007. Moving towards a more mechanis-tic approach in the determination of soil heat fux from remote measurements. Agricultural and Forest Meteorology, 147(1-2): 80~97

Nemani R R, Running S W. 1989. Estimation of Regional Surface Resistance to Evapotranspiration from NDVI and Thermal-IR AVHRR Data. Journal of Applied Meteorology, 28(4): 276~284

Nishida K, Nemani R R, Running S W, et al. 2003. An operational remote sensing algorithm of land surface evaporation. Journal of Geophysical Research: Atmospheres (1984-2012), 108(D9)

Norman J M, Becker F. 1995. Terminology in thermal infrared remote sensing of natural surfaces. Agric for Meteorol, 77(3-4):153~166

Norman J M, Kustas W P, Humes K S. 1995. Source approach for estimating soil and vegetation energy fluxes in observations of directional radiometric surface temperature. Agric for Meteorol, 77(3-4):263~293

Porté-Agel F, Meneveau C, Parlange M B. 2000. A scale-dependent dynamic model for large-eddy simulation: application to a neutral atmospheric boundary layer. J Fluid Mech, 415: 261~284

Prigent C, Tegen I, Aires F, et al. 2005. Estimation of the aerodynamic roughness length in arid and semi-arid regions over the globe with the ERS scatterometer. Journal of Geophysical Research: Atmospheres (1984-2012), 110(D9)

Roy D P, et al. 2008. Multi-temporal MODIS-Landsat data fusion for relative radiometric normalization, gap filling, and prediction of Landsat data. Remote Sensing of Environment, 112(6): 3112~3130

Schüttemeyer D, Schillings C, Moene A F, De Bruin H A R. 2007. Satellite-based actual evapotranspiration over drying semiarid terrain in West Africa. J Appl Meteorol Climatol, 46(1):97~111

Shuttleworth W J, Wallace J S. 1985. Evaporation from sparse crops—An energy combination theory. Q J R Meteorol Soc, 111(469):839~855

Su H, McCabe M F, Wood E F, Su Z, Prueger J H. 2005. Modeling evapotranspiration during SMACEX: Comparing two approaches for local- and regional-scale prediction. J Hydrometeorol, 6(6):910~922

Su Z. 2002. The Surface Energy Balance System (SEBS) for estimation of turbulent heat fluxes. Hydrol Earth Syst Sci, 6(1): 85~100

Teixeira A H C, Bastiaanssen W G M, Ahmad M D, et al. 2009c. Reviewing SEBAL input parameters for assessing evapotranspiration and water productivity for the Low-Middle São Francisco River basin, Brazil: Part A: Calibration and validation. Agricultural and Forest Meteorology，149(3)：462～476

Teixeira A H C，Bastiaanssen W G M，Ahmad M D，Bos M G. 2009b. Reviewing SEBAL input parameters for assessing evapotranspiration and water productivity for the Low-MiddleSão Francisco River basin，Brazil：Part B. Application to the regional scale. Agricultural and Forest Meteorology，149(3-4)：477～490

Teixeira A H C，Bastiaanssen W G M，Ahmad M D，Bos M G. 2009a. Reviewing SEBAL input parameters for assessing evapotranspiration and water productivity for the Low-Middle São Francisco River basin，Brazil：Part A. Calibration and validation. Agricultural and Forest Meteorology，149(3-4)：462～476

Turner et al. 1995. Land use and land cover change science/research plan. IGBP Report No. 35 and HDP Report No. 7，Stockholm：IGBP

Vermote E F，et al. 1997. Second simulation of the satellite signal in the solar spectrum，6S：an overview. IEEE Transactions on Geoscience and Remote Sensing，35(3)：675～686

Wallace J S. 1997. Evaporation and radiation interception by neighbouring plants. Q J R Meteorol Soc，123(543)：1885～1905

Wan Z. 1996. A generalized split-window algorithm for retrieving land-surface temperature from space. IEEE Transactions on Geoscience and Remote Sensing，34(4)：892～905

Wan Z，et al. 2004. Quality assessment and validation of the MODIS global land surface temperature. International Journal of Remote Sensing，25(1)：261～274

Wang K，Wang P，Li Z Q，Cribb M，Sparrow M. 2007. A simple method to estimate actual evapotranspiration from a combination of net radiation，vegetation index，and temperature. J Geophys Res，112，D15107

Wang K，Dickinson R E，Liang S L. 2008. Observational evidence on the effects of clouds and aerosols on net ecosystem exchange and evapotranspiration. Geophys Res Lett，35，L10401

Wang K，Dickinson R E，Wild M，Liang S. 2010. Evidence for decadal variation in global terrestrial evapotranspiration between 1982 and 2002：1. Model development. J Geophys Res，115，D20112

Widmoser P. 2009. A discussion on and alternative to the Penman-Monteith equation. Agricultural Water Management，96(4)：711～721

Wilson K，et al. 2002. Energy balance closure at FLUXNET sites. Agricultural and Forest Meteorology，113(1-4)：223～243

Wilson K，Goldstein A，Falge E，et al. 2002. Energy balance closure at FLUXNET sites. Agricultural and Forest Meteorology，113(1)：223～243

Wu B，et al. 2012. Development and validation of spatial ET data sets in the Hai Basin from operational satellite measurements. Journal of Hydrology，67～80

Wu B，Xiong J，Yan N. 2008. ETWatch：An Operational ET Monitoring System with Remote Sensing. ISPRS III Workshop

Xiong J，et al. 2010. Estimation and validation of land surface evaporation using remote sensing and meteorological data in North China. IEEE Journal of Selected Topics in Applied Earth Observations and Remote Sensing，3(3)：337～344

Yang D W，Sun F B，Liu Z T，Cong Z T，Lei Z D. 2006. Interpreting the complementary relationship in non-humid environments based on the Budyko and Penman hypotheses. Geophys Res Lett，33，L18402

Yang F H，White M A，Michaelis A R，Ichii K，Hashimoto H，Votava P，Zhu A X，Nemani R R. 2006. Prediction of continental-scale evapotranspiration by combining MODIS and AmeriFlux data through support vector machine. IEEE Trans Geosci Remote Sens，44(11)：3452～3461

Yin Y，Wu S，Zheng D，Yang Q. 2008. Radiation calibration of FAO56 Peman-Monteith model to estimate reference crop evapotranspiration in China. Agricultural Water Management，95(1)：77～84

第五章　流域耗水管理方法

利用 ET 进行水资源管理是一个新的理念,耗水管理关键是运用现代技术减少无效和低效 ET、高效利用降雨等,寻求切实可行的水资源管理办法来实现水资源的可持续利用和社会经济与生态环境的协调发展的目标。耗水管理的理论、方法及技术措施体系还处于起步阶段,还有待于更深入的研究和进一步的发展,本章仅从流域耗水平衡、农田水分生产率估算、节水效果监督和管理三个方面论述流域耗水管理方法,对生活和工业的耗水管理方法、基于"取水、耗水、排水"三要素的水权管理并没有涉及,尽管其中有很大的潜力。

在水资源匮乏程度日益加剧的今天,采取正确的水资源管理战略是解决全球水危机和贫困问题的关键,水资源管理经历了以"供水管理"、"用水管理"和"耗水管理"为核心的三段发展历程,水资源管理的战略也由"以工程建设为主的水利"向"现代的、以资源管理、可持续发展为主的水利"转变。这种转变的主要目的是通过水资源可持续利用,支撑经济社会的可持续发展。因此,对水资源进行以"ET 管理"为核心的现代水资源管理,是传统水资源管理向现代水资源管理转变的必然趋势,也是未来进一步提高水资源利用效用,缓解水资源短缺的重要方面。

流域耗水平衡分析可以得到流域蓄变量结果,应用到区域尺度上则可确定该区域是否超采。流域耗水平衡还可确定一段时间范围内流域的可允许耗水量,并通过对实际耗水量的估算,对目标 ET 评估和调整,使目标 ET 达到合理的范围(见图 5.1)。因此,流域级耗水平衡分析可解决流域范围内水资源的合理调配问题,包括空间上的"以丰补缺",时间上的"合理调蓄",行业间的"优化配置"等。在整个流域耗水平衡分析中,以流域水平衡原理为基础,通过水资源循环要素(包括降水量、入境水量、调水量、地下水超采量、出境水量、入海水量等),可得到蓄变量结果。

对于人类到底允许消耗多少的水量不至于引起地下水超采,则要考虑满足生态基流和不可控 ET 前提下的人类可持续耗水量估算方法。根据 ETWatch 监测得到的太阳能 ET 和用耗水定额等方法得到的其他生活和工业耗水(生物能 ET 和矿物能 ET)得到流域实际耗水量后,通过与可允许耗水量的比较,结合一系列的目标 ET 制定准则,对可控 ET 调整,使得目标 ET 逐渐得以实现。

农业是最大的水资源消耗行业,农田水分生产率的研究对于我国粮食安全保障和解决流域水资源问题都有着重要的意义。随着经济社会的快速发展,工业、生活等行业的需水量将持续增加,对水资源的竞争使得农业能分配到的水资源量将会减少。因此农业部门必须采取措施进行调整,不断地提高水利用效益以维持粮食产量水平。

节水效果监督和管理则是从耗水的角度对农业管理措施、水利工程、水土保持工程和农业工程实施前后 ET 的变化来评价"真实"节水效果,以达到耗水管理的目标。

第一节 流域耗水平衡

利用 ET 进行水资源管理依据的是水文学水平衡原理,出发点是立足于水循环全过程,管理对象是全部的水汽通量,它是建立在流域水资源供给和消耗关系基础之上的。即以有限的水资源消耗量为上限,保证农民基本收益为前提,通过采取工程、农艺、管理、政策、生物等措施手段减少蒸发蒸腾量(ET),达到"真实"节水、改变流域内地下水超采的现状、逐步实现地下水采补平衡、维持一定适宜入海水量为目标,最终实现水资源的高效利用,以达到宏观总量控制、微观定额管理的要求(图 5.1)。利用 ET 进行水资源管理的实质是在传统水资源管理需求的基础上进行更深层次的调控和管理,也是对水循环过程中真实耗水的一种管理。

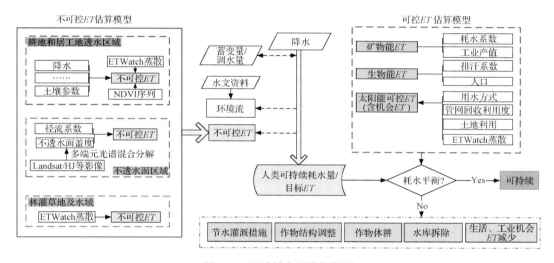

图 5.1 流域耗水平衡框架图

一、流域水平衡原理

不仅地球是一个系统,一个流域或一个区域,一直到水-土-植被结构,都是一个系统。在这些系统中发生的水文循环,年复一年,永不休止,这是自然界服从物质不灭定律的必然结果,而水平衡是水文循环遵循物质不灭定律的具体体现,或者说,水平衡是水文循环得以存在的支撑。

水平衡可以在全流域进行也可以在某个区域内进行。水循环的过程是:降雨下来后,形成地表径流(对流域而言有入流和出流——包括用去的水),还有一部分渗入地下形成地下水(也有入流和出流——开采),还形成地表、地下和土壤水的蓄变量,而在地面又有各种蒸散形式回到空中,人类的生产生活活动也会产生耗水回到大气中。

对于流域而言,水平衡的定量表达式可以表示为

$$W_I(P + I) = W_O(R + ET) + \Delta W \tag{5.1}$$

式中,P 为时段内流域上的降水量;I 为时段内从地表、地下流入流域的水量;R 为时段内

的径流量(从地表、地下流出流域的水量);ET 为时段内流域的蒸发蒸腾量以及生活和生产过程中产生的生物能和矿物能耗水;ΔW 为时段内的流域蓄水量的变化,包括地表、地下和土壤水;W_{I} 为给定时段内进入系统的水量;W_{O} 为给定时段内从系统中输出的水量;ΔW 为给定时段内系统中蓄水量的变化量,可正可负,当 ΔW 为正值时,表明时段内系统蓄水量增加,反之,蓄水量则减少。

其中,总径流 R 包括地表径流 R_{s}、河川基流 R_{g} 和地下潜流 U_{g};总耗水 ET 包括地表蒸散(植物散发 E_{z}、水面蒸发 E_{w}、土壤蒸发 E_{s}、生产和生活用水消耗 E_{c})和潜水蒸发 E_{g};ΔW 包括地表调蓄变量 ΔW_{k}、地下调蓄变量 ΔW_{g} 和土壤调蓄变量 ΔW_{s}。因此,流域的整个水量平衡方程可转化为(图 5.2)

$$P + I = R_{\mathrm{s}} + R_{\mathrm{g}} + U_{\mathrm{g}} + E_{\mathrm{z}} + E_{\mathrm{w}} + E_{\mathrm{c}} + E_{\mathrm{s}} + E_{\mathrm{g}} + \Delta W_{\mathrm{k}} + \Delta W_{\mathrm{g}} + \Delta W_{\mathrm{s}} \quad (5.2)$$

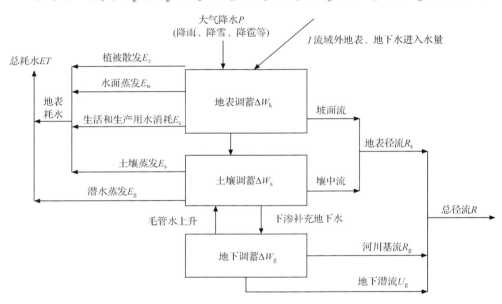

图 5.2　流域水循环图

式(5.2)是对流域水量平衡的基本描述。但是,很多变量难以完全在实际工作中测出,如地下潜流 U_{g}、土壤水分变化量 ΔW_{s}、地下水储存变量 ΔW_{g} 和各项蒸发等。因此,在实际应用时,可以根据已经产生的水资源量的分配、消耗和排泄建立新的水量平衡方程。

如果流域是闭合流域,则 $I=0$,则式(5.1)变成更简单的形式。

$$P = R + ET + \Delta W \quad (5.3)$$

若研究时段较长,考虑到闭合流域多年可以丰枯互补,闭合流域多年水量平衡方程式为

$$P_0 = R_0 + ET_0 \quad (5.4)$$

式中,P_0 为流域多年平均降水量;R_0 为流域多年平均河川径流量;ET_0 为流域多年平均蒸散发量。

降水、径流、蒸腾蒸发平衡是水资源供用耗排平衡的基础,一个流域的降水是所有水量来源的根本,从图 5.2 可以看出,这些元素的进出、来去应该平衡,才能维持生态平衡,

如果不平衡,就会对生态平衡造成破坏。流域水资源平衡,就是保持在一定时期内流域的入境和出境水量相等。要以水资源可持续利用保障经济社会持续发展,就要使流域蒸发蒸腾量与入海水量之和等于流域降水量。

二、流域蓄变量

流域水平衡的最直接应用即为通过流域耗水平衡计算区域/流域蓄变量(吴炳方等,2011),确定区域内有无地下水超采,从而对地下水的超采情况予以监督。流域采用陆地外流区的水量平衡表达式为

$$P - E - R = \Delta S \tag{5.5}$$

式中,P,E,R 和 ΔS 分别为流域任意时段内降水量、总耗水量、径流量和蓄变量。R 表达为流域出入境的变化量,即出境(O)与入境(I)的差值;对于多年平均而言 $\Delta S = 0$。通常以一年为周期土壤蓄变量近似不变,那么区域蓄变量相当于地下水蓄变量。

其中,降水和径流通过观测站的数据可以得到,关键是区域总耗水量的计算。人类实际耗水量指的是人类在生产和生活过程中直接或间接消耗的水量,包括太阳能 ET、矿物能耗水量和生物能耗水量。传统人类耗水量的研究,定义比较狭窄,往往更多的关注了太阳能 ET 的监测,而对矿物能耗水和生物能耗水关注较少。这三部分耗水量都是可控 ET 的重要组成部分,都需要予以关注。传统的耗水量仅考虑的为“看得到”的水资源的消耗,而对于通过储存到土壤中的水分消耗则考虑较少,但土壤水对于农业生产有着重要的意义。Falkenmark 指出土壤水在农业生产中的用水比例可高达 2/3,是农业生产的重要水量来源(Falkenmark and Rockstrom,2006),因此耕地中的人类实际耗水量应将土壤水用于生产的耗水部分,即降水落到土壤后被作物吸收以蒸腾的形式消耗掉量包括进来。这部分耗水称之为有效降水。本书中所提到的人类实际耗水量,指的是人类消耗的各种形式的水量,则与人类可持续耗水量中的概念一致。为了将人类实际耗水量与不可控 ET 区分,人类实际耗水量均是人类生产生活所引起的,因此全部为可控 ET。本书中可控 ET 和人类实际耗水量均表示相同含义,具体计算可参考图 5.1。根据水汽由液态到气态过程能源的不同,总耗水量可以表达为三项之和。

$$E = ET + Q_m + Q_b \tag{5.6}$$

式中,ET 为区域蒸散发,为太阳能源引起的蒸发,这部分可以通过遥感估算得到。其不仅包括了自然状态下地表的蒸散发过程,包括了农田、森林、水面、裸露地表等的蒸发,也包括了人类生产(工业和农业)和生活用水过程中及用后所产生的一系列蒸发散发。例如,工业生产中的取自地下水的水量除部分用于生产后,一部分循环利用回到生产系统,还有一部分排放出来或经过处理后排放回到水循环系统中,或因暴露到地表受太阳能驱动以蒸散的形式消耗掉,产生机会 ET;居民生活用水中的大部分水通过城市和农村排水系统进入流域水循环,少部分水分通过太阳能驱动以蒸发的方式进入大气;农业生产则是通过引水渠系引用地表水或开采地下水对农田灌溉,产生无效蒸散(土壤蒸发)和有效蒸散(蒸腾)。在众多行业部门中,农田始终是主要的耗水大户,为了分析农田耗水的变化及影响,可结合土地利用图将 ET 分解为农田蒸散发(ET_{ari})和生态环境蒸散发(ET_{env})。

流域内也有矿物能和生物能消耗所引起的水分消耗。石油和煤的燃烧引起的水分蒸

发即是矿物能引起的耗水,这部分耗水量就是矿物能耗水 Q_m;人或动物排汗的能量来源则是储存在体内的生物能,因生物能损耗而产生的耗水称之为生物能耗水 Q_b。

　　矿物能耗水主要由工业生产和居民生活过程中水冷却、汽化所产生的蒸发,其中又以工业生产耗水为最多。工业矿物能耗水可通过产品产量、用水量和产品耗水率等信息计算得到。由于耗水率和产品资料获取的局限性,工业耗水主要计算流域内三个主要耗水产业的耗水量,即将三个主要耗水产业的用水量与其耗水率相乘。生活中的矿物能耗水主要为做饭产生的汽化,其比重较小。同时由于数据缺失原因,只计算工业生产中的矿物能耗水。工业生产中的矿物能耗水量计算方法采用如下:

$$Q_m = \sum_{i=1}^{n} P_i * Co_i \qquad (5.7)$$

式中,Q_m 表示工业类矿物能耗水;下标 i 表示区域内的某类工业,P_i 为该类工业的产量,Co_i 为该类工业单位产值的耗水系数。由于资料获取的局限性,只搜集了流域内主要耗水产业的耗水率和产品产量信息。例如,火电厂的耗水量,可以利用各省市发电量和单位发电耗水量,计算通过消耗煤等能源将水从固态转变为气态的产生的蒸发量。钢铁行业的耗水量,利用各省市钢和铁的产量和单位产量耗水量,可以计算矿物能产生的蒸发量。

　　生物能耗水主要为人和牲畜的排汗量。可获取的资料是人口数、牲畜数以及每人每年排汗量数据。由于缺乏牲畜排汗相关资料,其排汗量按人均年排汗量计。生物能耗水量的计算如下:

$$Q_b = P \times Co \qquad (5.8)$$

式中,Q_b 表示年排汗量;P 为人或动物的数量;Co 为排汗系数。

　　因此,联合以上公式,耗水平衡分析为

$$\Delta S = P + I - O - ET_{agr} - ET_{env} - \sum_{i=1}^{n} P_i * Co_i - P \times Co \qquad (5.9)$$

　　海河流域存在跨流域调水和入海流量,为方便分析这两部分分别归并在入境和出境流量中。通过各分量数据的收集和计算,可得到较长时间段内的流域蓄变量,它反映了流域的地下水超采情况。若流域耗水平衡放到区域的尺度上,则可对区域的地下水超采情况进行监督。因此基于耗水平衡的蓄变量估算方法为地下水超采提供了重要的知识和参考信息。海河流域耗水平衡分析结果见第 7 章。

三、流域人类可持续耗水量

　　从流域水平衡方程可以看出,ET 是水平衡的关键要素。在气候不出现巨变的情况下,区域内的降水相对稳定,因此 ET 的大小就决定了径流输出量。在干旱半干旱地区,随着全球气候变化、人类活动的加剧以及生态的恢复,ET 逐渐增大,导致径流衰减、地下水亏缺,因此,控制流域 ET 成为促进人水和谐的关键。以海河流域为例,如果 ET 增大了,就存在地下水超采现象,通过“水平衡原理”就能计算出具体的超采量,从而对 ET 进行控制,促使地下水回补、地下水水位抬高恢复达到平衡状态。所以说,“耗水平衡”是描述和解决水资源和水环境问题的正确方法和途径。而且只有从水的自然循环、达到平衡为出发点,才能使生态环境免遭破坏、可持续发展得到保证。

　　传统的水资源管理,注重取水管理,节水的效果主要用减少取水量来衡量,减少的取水量等同于节约水量。其结果是,发达地区或者强势部门通过提高水的重复利用率和消耗率,这样虽不突破取水许可的限制却消耗更多的 ET,减少了回水量。在流域总的可消耗 ET 基本不变的情况下,意味着留给欠发达地区或者弱势部门的可消耗 ET 将被挤占。越是在水资源紧缺地区,这种矛盾越是突出。所以,只有对 ET 进行控制才能真正实现流域水资源的可持续利用。对 ET 进行控制,不仅需要从流域整体对 ET 进行控制,还需要对流域的局部 ET 分别进行控制,对流域内的不同部门进行控制。

　　人类所能控制的耗水量即为可控耗水量,基于 ET 的水资源管理首先要根据流域自身条件确定流域可允许的耗水量,即流域目标 ET,然后从广义水资源角度出发,在综合考虑自然水循环的"地表-地下-土壤-植被"四水转化过程中产生的 ET 和社会水循环的"供水-用水-耗水-排水"过程中产生的耗水基础上,进行不同用水户的 ET 分配,确保流域总的耗水量不超过可允许的耗水量(目标 ET)的要求。

　　从遥感监测区域 ET 入手,基于水平衡原理以水资源可持续利用和维系良好的生态环境为目标,确定流域人类的最大可消耗量,即制定流域目标 ET。

（一）人类可持续耗水量内涵

　　人类可持续耗水量从人类可耗水角度出发,在不损害环境和生态可持续发展前提下,人类能消耗的一切形式的用于生活和生产的水量。包括地表水和地下水传统意义上的水资源形式,也包括用于农作物生长的土壤水量-有效降水量。人类可持续耗水量需满足三个条件:

　　(1) 地下水不超采,即蓄变量 ΔS 等于 0;

　　(2) 自然生态系统不发生破坏;

　　(3) 保证河道内有一定的生态流,以稀释污染物,维持航运和生物多样性。

　　需要指出的是,人类可持续耗水量与传统意义上的水资源量截然不同,该定义有着传统水资源无法比拟的优势。首先,在当今高度人工干扰环境下,以天然径流量代表地表水资源量,一系列水文地质参数计算地下水资源量的水资源核算方法已不再适用(Wang et al.,2011a),而人类可持续耗水量则正是从耗水的角度出发,扣除人类不可控的生态环境耗水和环境流,将剩余部分水量作为人类可持续耗水量(图 5.3),计算过程省去了与人类用耗水相关联的复杂计算和恢复过程。其次,传统水资源量中将河川的径流,包括洪水和入海水量等均视为水资源量。而通过地区下游末端河流断面的径流量仅代表该地区及其上游用掉后剩余下来的水资源,而非本地区的水资源(黄万里,1989,1992)。故传统的水资源定义给人一定的误导。而人类可持续耗水量直接面向人类可消耗的水量,只有能耗的,才是真正的水资源。

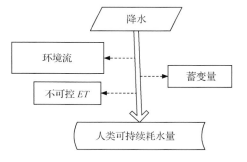

图 5.3　流域水循环图

（二）人类可持续耗水量计算方法

根据人类可持续耗水量的内涵和流域水循环图可知（图5.3），人类可持续耗水量计算需要考虑当地的降水量、环境流以及不可控ET。降水量、环境流和不可控ET的计算结果直接影响人类可持续耗水量。人类可持续耗水量的计算表达示如下：

$$SCW = P - ET_{env\_uc} - ET_{hum\_uc} - R_{env} \qquad (5.10)$$

式中，P为降水；R_{env}为环境流；ET_{env_uc}为自然生态系统不可控ET（生态耗水量）；ET_{hum_uc}为人工生态系统不可控ET。人类可持续耗水量中参数的计算流程可参考图5.1。

1. 降水量

降水量是人类可持续耗水量的重要因子之一，其精度的高低直接影响最终的估算精度，一方面它反映了水源的空间分布规律；另一方面也是人类可持续耗水量不能突破的极限值。从机理上讲，降水与地表加热、自然对流、地形、地表空气的抬升等有关（Ahrens，2003）。而降水的空间变化则受局地的因子有关，如地形和湿润风的主风向（Phillips *et al.*，1992）。

降水量的估算方法主要分为三大类：图解法、地形学方法和数值法（Daly *et al.*，1994）。图解法涉及降水数据的制图，有时需要降水和高程相结合，具体方法包括等降水深线法和泰森多边形法。地形学方法包括将降水数据与一系列的地形和气象参数的关联起来，这些参数有坡度、坡向、高程、屏障位置、风速和风向。数值法一直是过去几十年最流行的方法，即插值方法。其中有些方法比较复杂，如最优化插值、克吕金插值、样条插值，还有些方法相对简单，也能获得较好的精度，如反距离加权法等。稀疏的雨量站分布仍是插值精度最大的制约因素（Xie *et al.*，2007）。微波可直接反映降水云的微物理特性，随着星载微波探测器和地面雷达等遥感技术的发展，综合处理实测降雨数据和遥感反演数据将有可能大大提高降雨场的时空分辨率。

2. 环境流计算

环境流包括河道内生态环境、污染物稀释等必需的水流量，也包括不能控制的洪水量以及因地理位置无法获取的径流，可通过天然径流量和经验系数确定。

3. 不可控ET计算

不可控ET是人类可持续耗水量中最重要的因子。采用居工地、耕地、水域、林灌草地、未利用地的土地利用类型分类体系可较好的反映水分在不同用地上的消耗，能够快速准确的分离可控ET与不可控ET（表3.1）。水域、林灌草地和未利用地中，降水用于其蒸发蒸腾，满足其生理和生态环境耗水需求，其耗水均为不可控ET。三种类型的不可控ET统称为生态环境ET；居工地中，降水落到不透水面地表产生的蒸发以及绿地背景ET均属于不可控ET；耕地中，只有背景ET属于不可控ET。居工地和耕地不可控ET统称为人工生态环境不可控ET。

（1）生态环境不可控ET。

生态环境不可控ET全部为太阳能ET，因此可通过遥感方法予以监测，如ETWatch模型法。其表达示如下：

$$ET_{env\_uci} = ET_{env\_ai} \qquad (5.11)$$

式中，ET_{env_uci}为生态环境不可控 ET；ET_{env_ai}为遥感监测到的生态环境实际 ET。

（2）人工环境不可控 ET。

人工环境不可控 ET 不包含植被因素影响，只受降水因素和下垫面因素影响。其中居工地不可控 ET 为不透水面截留蒸发和背景荒地 ET 之和，耕地不可控 ET 为背景荒地 ET。不透水面截留蒸发受降水和不透水面径流系数的影响，不透水面地区降水不能下渗，故截留蒸发等于降水量减去径流量。人工环境不可控 ET 可表达为不透水面截留蒸发和背景荒地 ET 的加权。不可控 ET 可由下式综合表达。

$$ET_{hum\_uci} = [P_i \times (1 - r_i)] \times ISC_i + ET_{bari} \times (1 - ISC_i) \tag{5.12}$$

式中，P_i为降水；r_i为径流系数；ISC_i为不透水面盖度[①]；ET_{bari}为背景不可控 ET，这些参量均为空间分布。不透水面的提取和背景不可控 ET 的计算方法如下。

① 不透水面提取。

不透水面可以用遥感提取，提取方法包括参数分类器和非参数分类器，所使用的遥感影像特征包括光谱特征、空间和几何特征，以及时间特征，尺度包括了像元尺度和亚像元尺度。但受不同影像波谱特征和不同提取方法性能差异影响，希望利用特定影像、特定方法解决所有问题可能性较小（Wang et al.，2011b）。

② 背景荒地 ET 计算。

背景荒地 ET 实质为土壤蒸发。研究表明，干旱地区，降水小于潜在蒸发，实际 ET 主要受降水影响；湿润地区，降水大于潜在蒸发，实际 ET 主要受温度影响。耗水管理主要适用于干旱地区，故降水是决定实际蒸发的主要因素。此外土壤特征，如含水量、厚度、有机质含量等也是制约土壤蒸发的重要因素。

真实荒地 ET 通过真实荒地的遥感 ET 计算得到。真实荒地在土地利用所得的耕地用地基础上，根据 NDVI 时间序列采用阈值法或波峰波谷法探测得到（Wardlow et al.，2007；Zuo et al.，2008）。阈值法探测真实荒地的原理为，年内的 NDVI 序列包含了作物的生长信息，荒地年内 NDVI 序列值均较低，而耕种区则在作物生长季内 NDVI 值较高。海河流域背景荒地 ET 计算结果见第七章。

四、可控 ET 计算

1. 居工地可控 ET

居工地可控 ET 综合反映了路面洒水、绿地灌溉水和有效降水、城市景观水面蒸发等一系列可控 ET 结果。其等于由居工地太阳能 ET 扣除掉居工地的不可控 ET。

$$ET_{res\_sol\_c} = ET_{res\_sol} - ET_{res\_uc} \tag{5.13}$$

式中，$ET_{res\_sol\_c}$为居工地太阳能可控 ET；ET_{res_sol}为居工地太阳能 ET；ET_{res_uc}为居工地不可控 ET。不可控 ET 的计算方法可参考式（5.12）。

景观水面 ET 包括居工地或城市内的景观湖泊、河流等产生的蒸发，由遥感反演得到。

---

① 不透水面盖度，定义为某一区域内不透水面覆盖面积所占整个区域面积的比例。

$$ET_{\text{wat\_vol}} = A_{\text{wat}} \times ET_{\text{wat}} \tag{5.14}$$

式中，$ET_{\text{wat\_vol}}$ 为城市水面耗水量；A_{wat} 为景观水面面积；ET_{wat} 为水面蒸发，mm，为遥感反演模型计算结果。

2. 耕地可控 ET 计算

耕地可控 ET，即耕地人类耗水量，包括了有效降水和灌溉耗水量两部分，其能量来源全部为太阳能。故耕地可控与不可控 ET 之和可由遥感监测得到，耕地可控 ET 为耕地总 ET 与背景荒地 ET 之差，其计算表达式如下：

$$ET_{\text{agr\_ci}} = ET_{\text{ai}} - ET_{\text{uci}} \tag{5.15}$$

式中，ET_{a} 为遥感反演的耕地总 ET，ET_{uc} 为不可控 ET，即背景荒地 ET。

为掌握有效降水和灌溉耗水量在耕地可控 ET 中所占的比例，可对可控 ET 做进一步的分离。有效降水为耕地可控 ET 与灌溉耗水量之差。

$$ET_{\text{soli}} = ET_{\text{agr\_ci}} - ET_{\text{irgi}} \tag{5.16}$$

式中，ET_{irgi} 为灌溉耗水量；ET_{soli} 为有效降水。

灌溉耗水量由灌溉水量和灌溉耗水系数乘积得到；也可参照 FAO(2005)的蓝绿水消耗分离法，根据种植密度相似的同种作物在水浇地和旱地监测得到的 ET 差值来计算。其中前者可表达为式(5.21)。后者的计算主要为种植密度相似的同种作物水浇地和旱地对比样地的选择，可根据遥感土地利用分类和实地调查的方法提取。

$$ET_{\text{irgi}} = RIA_i * CO_{\text{irgi}} \tag{5.17}$$

五、目标 ET

目标 ET 是从耗水角度出发，在特定发展阶段的区域，以其本身水资源条件为基础，以生态环境良性循环为约束，兼顾上下游与左右岸公平用水的要求，并考虑水资源的现实情况，满足经济持续向好发展与生态文明建设要求下，可被人类控制用于生产生活消耗的水量，是取水权建立的依据。它是在保证生态环境良好发展前提下，通过不同行业耗水系数和农业水分生产率的提高，将工业、生活和农业等用水消耗控制在一定的范围内，且保证地下水不过度超采所允许的人类可耗水量。与人类可持续耗水量相比，目标 ET 考虑了不同时间社会经济的发展和人类的生活耗水需求，是生态环境和人类生活生产协调发展的可耗水量。它具体包含以下含义：

第一，以流域水资源条件为基础。水资源基础条件包括降水量、入境水量、必要的出境水量以及特定时期可以接受的地下水超采量和调水量。

第二，维持生态环境良性循环。必须保证一定的河川径流量与入海水量以维持河道内生态与河口生态，合理开采区域内地下水，多年平均情况下，逐步实现地下水采补平衡。

第三，满足社会经济的可持续向好发展与生态文明建设的用水要求。不能为改善生态环境而放弃了人类最基本的生存需求，必须采取可行的经济技术手段和管理措施，从节水和高效用水的角度出发，立足于减少无效消耗，提高水分生产率、经济效益、生态效益及社会效益，通过提高水资源的单位产出，实现区域经济社会的可持续发展与生态文明建设。

（一）目标 ET 的制定原则

制定流域的综合目标 ET 和区域目标 ET，是开展耗水管理的重要基础之一。依据流域水平衡原理给出流域的耗水管理目标，表征当地人类总可消耗水量；区域目标 ET，考虑某一区域当地的水资源条件、经济社会发展对水的需求、用水效率等，依据水平衡原理，在流域人类可消耗水量约束前提下，所确定的区域的人类允许消耗的水量。目标 ET 的制定遵守以下几个原则：

1. 目标 ET 要适应当地水资源禀赋条件

流域内的水资源禀赋条件是确定目标 ET 的基础。我国地域辽阔，南、北方差距较大，水资源禀赋条件并不优越，尤其是水资源时空分布不均，导致我国水资源开发利用难度大，可供人类生活、生产及生态环境消耗的水资源十分有限。在没有区外补水或区外补水较少的条件下，最理想的流域综合目标 ET 要尽可能小于或等于多年平均人类可持续耗水量，这样才能保持流域水资源的可持续利用，否则超过当地人类可持续耗水量的那部分 ET 只能靠过度引用地表静态水（湖泊、水库）和超采地下水来解决，这必将引起河流、湖泊、湿地等的萎缩和地下水水位下降等问题。因此，为实现水资源的可持续利用，流域经济社会发展模式应适应当地水资源禀赋条件。

2. 目标 ET 要符合水资源的可持续利用

水资源是经济社会发展的物质基础和基本条件，水资源的可持续利用是经济社会可持续发展的重要支撑和保障。因此，流域目标 ET 要一定要坚持可持续利用的原则。各区域的可消耗量严格控制在流域可消耗总量内，防止各区域可消耗量失控由此带来的资源过度开发、承载力下降的局面，维护当代人和子孙后代的生存和发展空间。可持续发展的核心问题是实现经济社会发展和人口、资源、环境的协调，发展不能以牺牲生态环境为代价。在水资源配置中要优先考虑满足人民基本生活、维系生态系统、保障社会稳定等公益性领域的基本用水需求。在现状的水资源禀赋条件下，如果完全将目标 ET 约束在人类可持续耗水量之内就会影响人类的可持续发展。因此在实际中，受经济的发展和农业等部门的用水需求影响，地下水禁止超采不可能一蹴而就，需分阶段制定各阶段切实可行的目标 ET，保证生态环境良好发展的同时，有效地促进流域内各地区向高效用水的方向发展，确保经济增长、农民收入增加，最终达到人水和谐的水资源可持续利用。

3. 区域间的目标 ET 要进行系统配置

流域内不同的分区之间存在着复杂的水力联系，并且不同区域的水资源丰缺不一、节水水平参差不齐。通常情况下，流域内相同作物在产量水平相近的条件下 ET 值仍有较大差别。这种差别是由当地的自然环境条件、灌溉工程措施、农业发展水平等共同作用的结果，代表了现状水资源的利用效率水平。为了使流域内的水资源得到最有效的利用，遵循公平性、系统性、高效性的原则，充分考虑流域与行政区域水资源条件、供用水历史和现状、未来发展的供水能力和用水需求、节水型社会建设的要求，统筹协调流域的上下游、左右岸、不同区域、不同用户的 ET 需求差异，协调地表水与地下水、河道内与河道外用水，通过水资源的合理配置，统筹安排生活、生产、生态与环境用水，在流域范围内统一调配不同区域的目标 ET，促进流域经济社会协调发展；同时，在人类实际耗水量高于可持续耗水量的地区,制定的目标 ET 要在现状 ET 的基础上逐步调整,一次调整幅度不能太大,根据各地的调整潜力,要进行目标 ET 实施的可行性分析。

4. 高效性原则

进行资源管理或者资源配置的重要目的之一是实现资源的高效利用。水资源作为一种经济资源的配置,必须讲高效的原则。因此,在制定目标 ET 时,在流域范围上统一调配不同区域的目标 ET,在用水行业之间要鼓励通过提高水的利用效率,创造更好的效益。这样可以鼓励地方积极发展节水产业和进行节水改造,使流域内的水资源得到最有效的利用。

（二）目标 ET 的计算

依据水量平衡方程式,从耗水平衡的角度来看,流域目标 ET 可以表达为

$$ET_{\text{Tar}} = P + R_{\text{in}} - R_{\text{out}} - ET_{\text{uc}} - \Delta S \tag{5.18}$$

式中, ET_{Tar} 为规划年份的目标 ET; P 为规划年份降水量; R_{in} 为规划年份入境水量; R_{out} 为规划年份出境水量,包括各种调出水量、入海水量和各种环境流,如包括河道内基流量、无法捕获洪水量和偏远地区无法利用水量之和; ET_{uc} 为规划年不可控 ET; ΔS 为区域水资源可持续发展允许的蓄变量或超采量。

目标 ET 的计算需要考虑当地的降水量、入境水量、出境水量以及当地水资源的蓄变量。为实现"本地水本地用"减少水转移过程中的无效蒸发和昂贵的运输成本,目标 ET 最好小于等于人类可持续耗水量,这样就不需从外流域调水 $(R_{\text{in}}=0)$,也不会引起地下水超采 $(\Delta S=0)$。

$$ET_{\text{Tar\_ide}} \leqslant P - R_{\text{out}} - ET_{\text{uc}} \tag{5.19}$$

式中, $ET_{\text{Tar\_ide}}$ 为理想目标 ET; ET_{uc} 根据降水、不透水面增加情况以及土地利用情况,并结合历史 ET 时间序列数据集计算得到; R_{out} 为出境水量,理想状态下等同于环境流。不等式右侧的变量计算同流域人类可持续耗水量。

第二节　水分生产效率评价方法

水资源是有限的,经济社会发展与水资源的不相适应,使工农业、生活各部门之间用水需求的矛盾加剧。农业是最大的水资源消耗产业,全球占 70%,在亚洲和太平洋地区高达 90%（Ahmad *et al.*,2009）。面临严峻的水资源问题,我国水资源规划逐步提出了全面建设节水型社会,提高水的利用效率和效益,以水资源的可持续利用支撑经济社会可持续发展的战略方针。作为最大的耗水行业,农业灌溉部门必须采取措施进行调整,不断地提高水利用效益以维持粮食产量水平（Zwart *et al.*,2010）。其中水分生产效率包含了水分生产率和灌溉效率两个方面,前者体现的是耗水管理高效的核心,后者则是对于工程效率的重要监督手段。

一、基于遥感的水分生产率估算

水分生产率是表征和评价农业灌溉用水管理水平和节水发展的一个重要指标。传统

的指标在节水效果评估及水资源调配决策中存在局限性,不适用于大尺度节水效果评价,水分生产率指标反映水的产出效率,可用于不同尺度及条件下节水效果的比较(崔远来等,2007)。这正是水资源管理的重要目标之一。

水分生产率定义为单位水量消耗所生产的产品数量,涉及两个关键参数即产量和耗水量。其中,耗水量的测量一直是个难点,传统测量方法以田间测量为主,包括蒸渗仪、涡度相关、土壤墒情等,由于高的测量成本和点代表性问题使得田间测量方法很难得到准确的区域耗水量结果,因此在灌区系统和管理中水分生产率的计算采用的是作物产量与灌溉水的比值(Howell,1990),而灌溉水有多少用于作物蒸腾消耗很难估算,因此得到的水分生产率一般小于等于实际的水分生产率(郑捷等,2008)。

近十几年,大范围的蒸腾蒸发和作物产量遥感估算方法的成熟及其应用,为基于作物耗水的水分生产率的研究提供了新的方法(Bastiaanssen et al.,1998a,1998b;Tao et al.,2005;Li et al.,2008;Zwart et al.,2010)。采用 ETWatch 模型(吴炳方等,2008)可估算流域蒸腾蒸发,利用 CASA 模型可估算平原区的干物质量,因此从耗水角度估算了区域农田水分生产率,进而通过平原区水分生产率的空间差异分析,可总结流域平原区的水分生产率特点。

水分生产率定义为单位水量消耗所生产的产品数量(吴路萌、陆成汉,2005;Unkovich et al.,2010),计算如下。

$$CWP = \frac{Y_i}{\sum\limits_{ts}^{te} ET} \tag{5.20}$$

式中,Y_i 为某种作物 i 的产量;ET 为农田的蒸腾蒸发值;ts 为作物 i 播种开始时间;te 为收获时间。

产品数量即作物经济产出只是作物总干物质量的一部分,两者之间的比例直接影响着经济价值。经济产量是总干物质量的一部分,当干物质量达到最大值的 8% 左右,收获指数保持不变。可见收获指数在干物质量变化的区间内很快就达到稳定,因此很多研究中将收获指数设定为常数,以线性关系表达产量和干物质之间的关系为

$$Y_i = H'_i \times \sum\limits_{ts}^{te} DM \tag{5.21}$$

式中,DM 为干物质量的增量,kg/ha;H_i 表示为作物 i 的收获指数,定义为经济产量与地上干物质量的比值(Donald and Hamblin,1976)。我国粮食作物的收获指数在 $0.35\sim 0.45$(张福春、朱志辉,1990),棉花的收获指数为 $0.35\sim 0.53$(周有耀,1995),相对于干物质量的变化较小。海河流域粮食作物以小麦和玉米为主,主要的经济作物是棉花,根据作物物候确定生长期从 10 月至第二年 10 月,全年收获指数采用平均的经验系数 0.4。联合式(5.25)和式(5.26)得

$$CWP = \frac{0.4 \times \sum\limits_{ts}^{te} DM}{\sum\limits_{ts}^{te} ET} \tag{5.22}$$

以作物物候年计算秋收和夏收作物总的累加干物质量和蒸散量。海河流域作物水分生产率的成果见第七章。

二、水分生产率提高方法

在经济学中,有一条非常重要的定律——回报递减规律:随着生产过程中输入的持续增加,输入的单位效益会越来越少。该规律在很多农业实验观测中得到的体现。基于回报递减规律的存在,有很多研究尝试用最少的肥料、杀虫剂、耕耘、种子和劳作,得到"最优化"的生产结果。"最优化"是在该某一输入点上,输入增加产生的额外价值等于输入增加的成本。经济学上认为该点上边际收益和边际成本相等,当超过该点,成本的增加会超过收益的增加,利润会减少。

考虑到农业生产过程中存在很多方面的不确定性,如作物病虫害、暴雨、干旱以及粮食价格的波动,加上行为参数,如风险转移,精确的最优化事实是不可能的。事实上,作物的生产过程如此复杂,任何输入对于"生产力"的改变可能并不明显。该事实不管是在不同的气候区、土壤类型,还是农业系统中都是存在的。但是在某一区域的农业生产控制实验中,用水(包含来自各种水源的水)是否遵循递减定律是有一定合理性的,而且很有意思。

为了支持回报递减定律这一论点,成百上千的文章报道了与水有关的观测,总结出了该定律在用水上的效果:用水可以减少,而产量保持不变;或者用水大量减少,而产量减少相对较少。这隐藏着一种非常重要的提示:即节约水量可以使产量保持不变,或者同样的水量可以得到更多的产量。这些结果给人的感觉是水分生产率随着用水量变化,服从回报递减定律。事实上,在某些研究中观测到的"回报递减定律"是无法经受仔细推敲(李智、张慧方,2011);而有的根据田间实测数据看起来貌似很合理;还有一些研究中的"回报递减定律"则是只能经过仔细的用水核算后才能充分理解其是否准确。

因此,准确核算用水过程将有助于水管理者明确用水目标,充分理解对采取何种水管理措施才能达到"最优"的节水效果。例如,当每公顷的产出最大时水分生产率最大,那么水资源管理者的目标就相当简单和清楚了;若两者不吻合,则减少水分输入提高水分生产率则仍有很大的潜力。这对于水资源缺乏而且水资源被过度开发的地区尤其重要。只有充分提高水分生产率才有可能解决水资源危机,以更少或相同的水量生产更多的粮食维持粮食安全。以下是可能提高水分生产率的几种措施。

(一)减少非消耗项

过量的灌溉可能导致作物根系区积水,产量就会下降。产量随着输水的减少反而会增加。这在农业灌溉中是比较极端的情形,只会偶尔发生,特别是在排水很差时会出现这种情况。以下几中改进的措施可减少灌溉过程中的非消耗组分,措施难度依次增加。

(1)减少灌溉输水,使农田内灌溉水产生的径流减至最少;

(2)减少灌溉输水,使灌溉水产生的深层渗漏减至最少;

(3)改进灌溉制度,使降水产生的径流和深层渗漏减至最少;

(4)平整田地,使作物灌溉均匀。

这些管理干预措施可减少了水流向非消耗部分。如果没有当地详细的水文信息,很难明确这些减少的用水是否是真的节下来了。如果真的节下来水,则可用于其他地区。

例如,如果雨季灌溉输水过量、土壤水分充足,水渗漏后会补给地下水;干旱季节,地下水又被开采出用于灌溉或其他用途。这种情况下,上面提到的改进的管理步骤就不会带来真实节水,或者用水减少量并不等于真正的节水量。另一种情况,如果地下水含盐量较高,或以地下径流的方式流入海中,减少的输水量是真正的节水,但不可用于其他用途。

从表面上看,这观测到的干预影响与总用水的递减回报一致,但是直到确认水的去向后水和产量之间的精确关系才会清楚。

（二）减少无效蒸发

蒸发为水到达湿润土壤或叶片时,受能量驱动转化成的蒸汽,对作物生产无贡献,是无效耗水。现在农田灌溉发展了很种技术,希望能够最大化的减少无效蒸发,提高用水向有效耗水的转移。几种典型的灌溉技术包括喷灌和滴灌。

喷灌系统,特别是喷枪灌溉会产生很高的蒸发损失,水直接通过喷射湿润叶片和土壤产生蒸发。但是也有研究报导喷灌减少了无效蒸发,研究认为喷灌"将水撒到空中,分解成小的水滴",更充分地被作物利用,这项研究出现在英国最近的一个报告中（Knox et al.,2009）。也有研究与该报导结论相反（Kendy et al.,2006）。

滴灌技术的原理相对更加清晰,但对于不频繁地表灌溉完全加湿土壤是否会比频繁加湿较少面积区的滴灌产生更高的蒸发仍存在争议。滴灌直接将水作用于作物的根系,只湿润了有限的土壤区域。滴灌技术可以最小化灌溉水的无效蒸发,但事实上滴灌对产量的影响分析非常复杂。湿润土壤和叶面蒸发会影响作物的微气象,增加了湿度,减少了作物的潜在蒸腾,因此减少了达到某一产量所需的蒸腾速率,这正好抵消了无效耗水的负面作用。即虽然土壤蒸发增多了,但达到某一产量所需的蒸腾耗水也减少了,而产量却不受什么影响。所以土壤蒸发看作无效蒸发也有所争议,土壤蒸发对作物潜在蒸腾的反馈作用取决于作物类型和覆盖度相关。在果园或葡萄园,大片的土壤暴露给太阳直接照射,蒸发对蒸腾潜力影响很小。而密集覆盖地面的作物,蒸发的损失会少得多,但对作物蒸腾影响更直接。但具体密度为多少时两者正好抵消目前还未有研究。

总的来说,这些改进措施减少了用水,而且减少了耗水,并且并不一定要减少产量——与水带来的回报递减定律一致。

（三）增加有效耗水的生产率

作物蒸腾和生物量之间有很强的关系。这是因为蒸腾发生的气孔也是CO_2进入的路径,是植物增长所需的"物质"源。如果因为缺水,部分气孔开放,可观测到碳的摄取和生物量成比例下降。但是,蒸腾和生物量间的简单联系一定要从两个方面定量化。

可收获产量占生物量的比例（小麦粒占总植被重量的比例）不是常数,与水胁迫产生的影响有关。因此理论上在非敏感期减少灌溉,在敏感期充分灌溉,可获得水分生产率的边际增加。要达到这一程序所需的管理水平非常高,风险也很高（当作物已经受到胁迫的时候,而不去灌溉）。通过这种管理一般可使常见作物水分生产率（单位蒸腾生成的产量）增加 10%～15%。

（四）蒸腾和水分生产率关系的误解

最后，不同的研究和报告中报道了耗水和产量之间有三个截然不同的关系曲线，这三种关系在理解水分生产率的可提升潜力时往往有可能造成混乱（Perry，1999）。

1. 降水稀少和不规律时的生产率

Rockström（2003）和 Rost 等（2009）报道了大量雨养农业地区，特别是撒哈拉非洲地区，将耗水中的蒸发转化为蒸腾以提高生产率的例子。在单位面积产量低的地区，耗水生产率极低，然而一旦达到了某一产量，如 2～3t/ha，耗水产生的生产率会大大提高。这种现象并不能说明耗水和水分生产率违背了回报递减定律，而是由于受到雨养情景下很多农民行为变化影响的结果：降水稀少、不规律时，若种子种植密度高，植株之间会相互间竞争水分，有可能导致种子的成活率较低；相反，当种子种植密度较低时，可以让每棵植株从先前的降水中获取相对多的土壤水分，尽管这会产生大量的土壤蒸发。在叶片稀疏季节，这种种植方式产生的蒸发会很高。降水增多后，种子种植密度变大，较高的植物密度减少了土壤蒸发损失，生产率（每公顷面积上每方耗水的产量）会呈现出指数的增加。

这种观测结果与其他地区的实际情况是一致的。在 Klein 和 Lyon（2003）的报告中，1999 年和 2000 年在内布拉斯加州进行了多个站点的地面观测研究，最适宜的田间玉米数量从每公顷不到 7000 株到 23000 多株变化，明显受可利用水资源量的控制。

Rockstrom 给出提高水分生产率的解决方法是控制水分缺失。如果农民做到了这些，也不会出现一开始在低水平生产率下运作的情形。

2. 生产率和气候

过去蒸腾和生物量之间的线性关系非常著名，但该关系只有在特定气候状况下才成立。众所周知，当作物蒸腾达到它的潜力时产量最高，但是潜在蒸腾是气候的函数。例如，澳大利亚相比英国具有更热和更干的气候，澳大利亚的小麦生长潜在蒸腾量几乎是英国地区小麦生长潜在蒸腾量的三倍。所以，如果在绘制水分生产率图表时不对该水分生产率所处的特定气候标准化，其结果所反映出的耗水（T 或 ET）和产量之间的关系将明显呈现出一条曲线，这一结论存在于很多已经发表的文章中，但并没有对所处的气候进行详细说明（Zwart and Bastiaanssen，2007）。这是不能作为生物量和 T 之间非线性关系的证据，也不能作为蒸腾和生物量间服从回报递减定律的证据。

3. 生产率和肥料

耗水和水分生产率的关系复杂，因为它涉及的不只是流量计、蒸渗仪和复杂的作物模型，而是涉及农民的切实利益。

蒸腾和生物量之间近似线性的关系在很多文章中报道过，但这种线性关系是基于作物所需养分不受限的情况。也就是说，作物有足够的肥料和其他的养分到达某一给定可用水情况下的潜在产量。在这些情况下，能够重复观测到 T 和生物量之间近似线性的关系。但是，农民对可利用水有很大的不确定性，通常情况他们会按照某一预期的可利用水量水平下施肥。如果标准降水模式下施 $5t/hm^2$ 的肥料能获得的产量，施 $8t/hm^2$ 的肥料和其他养分就显得毫无意义。已施肥完后的真实降水可能会超过预期，这样观测到的 T 和产量间的关系因此就会非线性，这是因为产量受到了养分的制约。

在这种情况下,T 和产量的曲线关系是施肥前的预期可用水量和施肥后的实际可用水量两者偏离的结果。这并不是"回报递减"的特征,而是农民理性行为所导致的肥料缺失下的结果。

三、基于 ET 的灌溉需水量估算方法

华北平原是中国重要的农业生产基地,同时是中国水资源供需矛盾十分突出的地区。灌溉用水在该区耗水量最大,占用水总量的 70% 以上。在地下水水位下降严重、水环境恶化和南水北调工程输水的形势下(杨永辉等,2001;贾金生、刘昌明,2002;吴光红等,2007),如何量化灌溉需水量,分析灌溉需水量的时空变化特点,并找出影响灌溉水空间分布的驱动因素,对保证该区域水资源安全、农业可持续发展以及保障中国粮食安全具有重要意义(高占义、王浩,2008)。

农田需水量的估算方法主要有传统的基于作物种植结构和灌溉定额的农业统计法、FAO 法、作物模型法和遥感法等。FAO 法(FAO Irrigationand Drainage paper 56)是通过参照腾发量和作物系数的乘积来估算作物需水量,这种方法的优点是简单实用,曾被许多学者用来估算当地的农田蒸散量(Gunston and Batchelor,1983;陈玉民等,1995;Allen et al.,1998;Liu et al.,2003,2005)。缺点是机理过于简单,仅一个作物系数不足以反映作物具体栽培环境对耗水的影响。国内外研究者利用作物模型如 CERES 模型(Clouds and the Earth's Radiant Energy System)(Jones and Kiniry,1986)、EPIC(Environmental Policy Integrated Climate)(Thomson et al.,2002)、WOFOST(World Food Studies)模型(Vandiepen et al.,1989)模拟农田需水量,取得了很好的研究结果。但作物模型是基于站点的模型,在小范围的大田尺度运行良好,在较大区域上的应用存在一定缺陷,如空间上参数的获取和区域上的验证等。

本节内容是在 ETWatch 系统的基础上,根据土壤水分平衡原理,由区域蒸散发量计算农业灌溉需水的方法。

蒸散发量数据由 ETWatch 系统生成,时间分辨率为日,空间分辨率为 1000m,时间为 1985~2009 年。ETWatch 系统是以 Penman-Monteith 公式为基础建立的下垫面表面阻抗估算方法,利用逐日气象数据与遥感反演参数,采用能量平衡余项法获得连续的蒸散量(吴炳方等,2008)。

土壤初始含水量的计算:由于初始土壤含水量(SW_0)(mm)数据难以获得,故设土壤含水量的初始值为土壤有效含水量(SW_h)(mm)的 60%,如下:

$$SW_0 = 0.6 \times SW_h \tag{5.23}$$

$$SW_h = h \times (SW_c - SW_w) \tag{5.24}$$

式中,h 为土层厚度,mm(模型中设为 800mm);SW_c 和 SW_w 分别为田间持水量和萎蔫系数,mm,由土壤质地和有机质数据计算得到。

将所有旱地和水田面积所占比例大于 90%(0.9km²)的像元设农田。灌溉需水量根据 ETwatch 中的农田蒸散量(ET)计算。首先计算土壤含水量,如下:

$$SW_{i+1} = SW_i - ET_i + P_i \tag{5.25}$$

式中,所有变量中下标 i 表示第 i 天;SW_i 为土壤含水量,mm;ET_i 为蒸散量,mm;P_i 为降

水量,mm;由于华北平原地势较平坦,假设地表径流为零,故公式中忽略了地表径流项。

模型将根据土壤含水量情况判断三个过程,当 $SW_i > h \times SW\text{capacity}$ 时,土壤水产生深层渗漏,渗漏量 Dr_{i+1}(mm)和土壤含水量 SW_{i+1} 分别为

$$Dr_{i+1} = SW_{i+1} - h \times SW_c \tag{5.26}$$

$$SW_{i+1} = h \times SW_c \tag{5.27}$$

当 $(h \times SW_w + 0.4 \times SW_h) < SW_{i+1} < SW_c$ 时,土壤水视为可满足农作物生长需要,无渗漏量发生也无需灌溉;当 $SW_{i+1} < (h \times SW_w + 0.4 \times SW_h)$ 时,农田需要灌溉 RIA_{i+1}(mm)为

$$RIA_{i+1} = h \times SW_c - SW_{i+1} \tag{5.28}$$

$$RIA = RIA + RIA_{i+1} \tag{5.29}$$

式中,RIA 为灌溉需水量,根据上述原理,依次在计算时期内循环。

第三节　节水效果监督和管理

基于"耗水控制、地下水持续利用、综合评价"原则,本节以反映区域耗水水平的目标 ET 和反映地下水持续利用水平的地下水理论变幅(Gu $et\ al.$,2009)为评价基准值,采用基准值比较法来评价区域的综合节水效果。

采用基准比较法的评价方法,即将监测指标与相应评价基准进行比较,得出评价值,以评价区域节水效益的完成情况。就本文而言,即将区域实际蒸散量与目标蒸散量比较,得出蒸散量评价值(用 ET_v 表示);将区域地下水实际变幅与地下水理论变幅比较,得出地下水位变幅评价值(用 ΔH_v 表示)。

初始目标 ET 为理想目标 ET,理想目标 ET 最大值为人类可持续耗水量。而在实际中,对于地下水长期处于超采地区,直接恢复到原始状态是不可能的,只能通过一段时间逐步恢复,这就允许在某个特定的阶段有一定的地下水超采,但需要逐步降低,最终达到地下水采补平衡。同样,在本地水资源状况无法满足可持续发展前提下,历史上每年流域所引入的外调水量仍需保持,在不同的阶段设定相对合理的允许地下水超采量及外调水量。目标 ET 则调整为理想目标 ET 与外调水量和允许地下水超采量之和。

为评估设定的目标 ET 是否合理,首先计算当前情景下的人类实际耗水量,以及目标与人类实际耗水量的差值。该差值需通过各地区和行业根据历史情况和自身发展水平,对可控 ET 调整来消除。模拟不同农业农艺措施(秸秆覆盖、滴灌)、作物种植结构和密度调整(缩行播种、"水改旱"、节水抗旱新品种)、灌溉制度优化(调亏灌溉)工业和生活设备用水效率提高,以及取水量相应减少(减少机会 ET)等节水措施不同组合情景下的可能减少的耗水量,得到不同情景下的人类实际耗水量。评估不同情景的可行性和实现难易程度,选择既能保证人民生活和物质生产的情景减少部分人类耗水量。若各种情景下人类实际耗水量依然超出人类可持续耗水量,则模拟可能需要休耕的面积,或休种一季作物情景下的休种面积,同时考虑可能对粮食安全造成的影响,计算在提高农业水分生产率和不影响粮食安全前提下可休耕的面积和因此减少的 ET。若人类耗水量仍超出目标 ET,则需对目标 ET 再次调整,将该人类耗水量作为目标 ET。同时为弥补可耗水差距,需考

虑更多的跨流域调水。

当达到某一阶段时,对该阶段的实际耗水量与目标 ET 评价,计算流域和各区域目标 ET 实现度如下:

$$D = (ET_c - ET_{Tar})/ET_{Tar} * 100 \tag{5.30}$$

式中,D 为区域目标实现度,用来判断各个流域、地区是否达到了分配的目标 ET。当 D 为负值,可控 ET,即人类耗水量,小于目标 ET,说明目标 ET 的执行合理。可考虑下阶段进一步缩减地下水开采量;若 D 为正值,说明人类耗水量大于目标 ET,区域水资源节水目标未实现。需仔细计算核对各分项可控 ET 的实际情况,对于未完成之前设定节水目标的单位和个人,要予以处罚。若是因人口增加和工业规模增长等因素造成了耗水基数的提高,则需在下一阶段中重新制定节水方案和目标 ET,并增加跨流域调水规模,切实保障地下水开采稳步减少。

就区域蒸散量而言:若区域实际蒸散量大于目标蒸散量,这将造成区域水资源亏损,说明节水工作不达标、节水效果差,则蒸散量评价值 $ET_v = -1$;若区域实际蒸散量等于目标蒸散量,则区域水资源恰好实现供耗平衡,说明节水工作基本实现目标,则蒸散量评价值 $ET_v = 0$;若区域实际蒸散量小于目标蒸散量,则区域水资源存在盈余,说明节水工作绩效优良,则蒸散量评价值 $ET_v = 1$。区域蒸散量的评价过程可用下式表示:

$$ET_v = f(ET, ET_0) = \begin{cases} 1 & (ET < ET_0) \\ 0 & (ET = ET_0) \\ -1 & (ET > ET_0) \end{cases} \tag{5.31}$$

地下水理论变幅是给水度、降水量、地表水资源量的函数(Gu $et\ al.$,2009)。如果地下水理论变幅为正值,则表示在特定时段内地下水水位应上升,且上升的数值等于地下理论变幅;如果地下水理论变幅为负值,则表示在特定时段内地下水水位应下降,且下降的数据等于地下水理论变幅的绝对值。地下水理论变幅的计算式(Gu $et\ al.$,2009)可表示为

$$\Delta H_T = [(P_i + W_i) - (\bar{P} + \bar{W})]/(1000 * \mu) \tag{5.32}$$

式中,ΔH_T 表示地下水水位理论变幅,m;P_i 表示当年降水量,mm;W_i 表示当年地表水资源量,mm;$\bar{P}$ 表示多年平均降水量,mm;$\bar{W}$ 表示地表水资源量的多年平均值,mm;μ 是给水度,m³/m,表示单位面积的潜水层降低单位长度时在重力作用下所能释放出的水量。

若一个区域以井灌为主,则地下水理论变幅可以近似地表示为(Gu $et\ al.$,2009)

$$\Delta H_T = (P_i - \bar{P})/(1000 * \mu) \tag{5.33}$$

就地下水水位变幅而言:若地下水实际变幅大于地下水理论变幅,则地下水的开采量小于回补量,地下水得到了补充,说明节水效果优良,地下水水位变幅评价值 $\Delta H_v = 1$;若地下水实际变幅等于地下水理论变幅,则地下水开采与回补实现了动态平衡,节水工作基本实现了工作目标,地下水水位变幅评价值 $\Delta H_v = 0$;若地下水实际变幅小于地下水理论变幅,则地下水的开采量大于回补量,地下水超采了,节水工作没达标,地下水水位变幅评价值 $\Delta H_v = -1$。地下水变幅的评价过程可表示为

$$\Delta H_v = \varphi(\Delta H_p, \Delta H_T) = \begin{cases} 1 & (\Delta H_p > \Delta H_T) \\ 0 & (\Delta H_p = \Delta H_T) \\ -1 & (\Delta H_p < \Delta H_T) \end{cases} \tag{5.34}$$

参 考 文 献

陈玉民，郭国双，王广兴，康绍忠，罗怀彬，张大中. 1995. 中国主要农作物需水量与灌溉. 北京:水利电力出版社

崔远来等. 2007. 农业灌溉节水评价指标与尺度问题. 农业工程学报，23(7):1～7

高占义，王浩. 2008. 中国粮食安全与灌溉发展对策研究. 水利学报，39(11):1273～1278

黄万里. 1989. 增进我国水资源利用的途径. 自然资源学报，4(4):362～370

黄万里. 1992. 论降水、川流与水资源的关系. 中南水电，3～8

贾金生，刘昌明. 2002. 华北平原地下水动态及其对不同开采量响应的计算——以河北省栾城县为例. 地理学报，
　　57(2):201～209

李智，张慧方. 2011. 理论极限灌溉水价. 水利经济，29(2):35～37

刘昌明. 1989. 华北平原农业节水与水量调控. 地理研究，8(3):1～9

马林，杨艳敏，杨永辉，肖登攀，毕少杰. 2011. 华北平原灌溉需水量时空分布及驱动因素. 遥感学报，15(2):324～
　　339

毛德发等. 2011. 区域综合节水效果的遥感评价方法研究与应用. 遥感学报，15(2):340～348

莫兴国，薛玲，林忠辉. 2005. 华北平原1981～2001年作物蒸散量的时空分异特征. 自然资源学报，20(2):
　　181～187

裴源生，孙素艳，于福亮. 2006. 黑河流域土壤墒情预报模型. 水利水电科技进展，26(4):5～8

秦大庸等. 2008. 区域目标ET的理论与计算方法. 科学通报，53(19):2384～2390

王浩，王建华，秦大庸. 2006. 基于二元水循环模式的水资源评价理论方法. 水利学报，1496～15025

魏彦昌，苗鸿，欧阳志云等. 2004. 海河流域生态需水核算. 生态学报，24(10):2100～2107

吴炳方等. 2011. 流域耗水平衡方法与应用. 遥感学报，15(2):282～297

吴炳方，熊隽，闫娜娜，杨雷东，杜鑫. 2008. 基于遥感的区域蒸散量监测方法——ETWatch. 水科学进展，19(5):
　　671～678

吴光红，刘德文，丛黎明. 2007. 海河流域水资源与水环境管理. 水资源保护，23(6):80～83

吴路萌，陆成汉. 2005. 粮食水分生产率分析计算与思考. 节水灌溉，(3):36～37

夏军. 2002. 华北地区水循环与水资源安全:问题与挑战. 地理科学进展，21(6):517～526

闫娜娜，吴炳方，杜鑫. 2011. 农田水分生产率估算方法及应用. 遥感学报，15(2):298～312

杨永辉，郝小华，曹建生，张喜英，胡海珍. 2001. 太行山山前平原区地下水下降与降水、作物的关系. 生态学杂志，
　　20(6):4～7

张福春，朱志辉. 1990. 中国作物的收获指数. 中国农业科学，23(2):83～87

张希三. 2007. 对ET新理念、新方法的理解和商榷. GEF海河流域水资源与水环境综合管理项目工作简报，1～12

赵静，邵景力，崔亚莉，谢振华. 2009. 利用遥感方法估算华北平原陆面蒸散量. 城市地质，4(1):43～48

郑捷，李光永，韩振中. 2008. 中美主要农作物灌溉水分生产率分析. 农业工程学报，24(11):46～50

周有耀. 1995. 棉花高产育种中收获指数的作用. 中国棉花，22(12):4～6

Ahmad M D, Turral H, Nazeer A. 2009. Diagnosing irrigation performance and water productivity through satellite
　　remote sensing and secondary data in a large irrigation system of Pakistan. Agricultural Water Management，96(4):
　　551～564

Ahrens C D. 2003. Meteorology today: an introduction to weather, climate, and the environment. 7th Ed. Brooks
　　Cole Pacific Grove, CA, USA, 594

Allen R G, Luis S P, Dirk R M S. 1998. Crop evapotranspirationguidelinesfor computing crop water requirements.
　　FAO Irrigation and Drainage Paper, 56: 89～102

Arnold J, Fohrer N. 2005. WAT 2000: Current capabilities and research opportunities in applied watershed modeling.
　　Hydrology Proecss, 19(3):563～572

Bastiaanssen W G M, Pelgrum H, Wang J. 1998a. A remote sensing surface energy balance algorithm for land
　　(SEBAL): 1. Formulation. Journal of Hydrology, 212-213: 198～212

Bastiaanssen W G M, Pelgrum H, Wang J. 1998b. A remote sensing surface energy balance algorithm for land (SEBAL): 2. Validation. Journal of Hydrology, 212-213: 213~229

Daly C, Nielson R P, Phillips D L. 1994. A statistical-topographic model for mapping climatological precipitation over mountainous terrain. J Appl Meteorol 33, 140~158

Donald C M, Hamblin J. 1976. The biological yield and harvest index of cereals as agronomic and plant breeding criteria. Advance Agronomy, 28(1): 361~405

Falkenmark M, Rockstrom J. 2006. The new blue and green water paradigm: Breaking new ground for water resources planning and management. Journal of Water Resources Planning and Management-Asce, 132 (3): 129~132

FAO. 2005. Review of agricultural water use per country, food and agriculture organization, Rome, Italy. www. fao. org/nr/water/aquastat/water_use/index. stm

Gu T, Li Y H, Liu B. 2009. Application and research of groundwater management based on ET in North China. Proceedings of International Symposium of Hai Basin Integrated water and Environment Management. Sydney: Orient Academic Forum

Gunston H, Batchelor C H. 1983. A comparison of the Priestley-Taylor and Penman methods for estimating reference crop evapotranspiration in tropical countries. Agriculture Water Management, 6(1): 65~67

Howell T A. 1990. Relationships between crop production and transpiration, evapotranspiration, and irrigation Agronomy. A series of monographs-American Society of Agronomy, (30): 391~434

Jones C A, Kiniry J R. 1986. CERES-Maize: A Simulation Model of Maize Growth and Development. Temple TX: Texas A and MUniversity Press

Kendy E, Molden D J, Steenhuis T, Liu C, Wang J. 2006. Agricultural policy and groundwater depletion in luancheng county, 1949-2000. IWMI Research Report 71, Colombo, Sri Lanka

Klein R N, Lyon D J. 2003. Recommended seeding rates and hybrid selection for rainfed (dryland) corn in Nebraska. Cooperative Extension, Institute of Agriculture and Natural Resources, University of Nebraska-Lincoln

Knox J, Weatherhead K, Díaz J R, et al. 2009. Developing a strategy to improve irrigation efficiency in a temperate climate: a case study in England. Outlook on Agriculture, 38(4): 303~309

Li H J, Zheng L, Lei Y P, Li C Q, Liu Z J, Zhang S W. 2008. Estimation of water consumption and crop water productivity of winter wheat in North China Plain using remote sensing technology. Agricultural Water Management, 95(11): 1271~1278

Li H, et al. 2008. Estimation of water consumption and crop water productivity of winter wheat in North China Plain using remote sensing technology. Agricultural Water Management, 95(11): 1271~1278

Liu X Y, Li Y Z, Hao W P. 2005. Trend and causes of water requirement of main crops in North China in recent 50 years. Transactions of the Chinese Society of Agricultural Engineering, 21(10): 155~159

Liu X Y, Lin E D, Liu P J. 2003. Comparative study on Priestley-Taylor and Penman methods in calculating reference crop evapotranspiration. Transactions of the Chinese Society of Agricultural Engineering, 19(1): 32~36

Mao D F, Zhou H Z, Hu M G, Tian J X, He H. 2011. Application and study on evaluation method of the overall effect of water saving efforts in a region based on remote sensing. Journal of Remote Sensing, 15(2): 340~348

Mohamed Y A, Bastiaanssen W G M, Savenije H H G. 2004. Spatial variability of evaporation and moisture storage in the swamps of the upper Nile studied by remote sensing techniques. Journal of Hydrology, 289 (1-4): 145~164

Perry C J. 1999. The IWMI water resources paradigm-definitions and implications. Agricultural water management, 40(1): 45~50

Phillips D L, Dolph J, Marks D. 1992. A comparison of geostatistical procedures for spatial analysis of precipitation in mountainous terrain. Agric for Meteorol 58, 119~141

Rockström J. 2003. Water for food and nature in drought-prone tropics: vapour shift in rain-fed agriculture. Philos Trans R Soc Lond B 358, 1997~2009. doi:10. 1098/rstb. 2003. 1400

Rost S, Gerten D, Hoff H, Lucht W, Falkenmark M, Rockstrom J. 2009. Global potential to increase crop production through water management in rainfed agriculture. Environ Res Lett, 4 (4): 044002

Su Z B. 2002. A Surface Energy Balance System (SEBS) for estimation of turbulent heat fluxes from point to continental scale. Spectra Workshop, 474:23

Sun Z G, Wang Q X, Ouyang Z, Watanabe M, Matsushita B, Fukushima T. 2007. Evaluation of MOD16 algorithm using MODIS and ground observational data in winter wheat field in North China Plain. Hydrological Processes, 21(9): 1196~1206

Tao F, et al. 2005. Remote sensing of crop production in China by production efficiency models: models comparisons, estimates and uncertainties. Ecological Modelling, 183(4):385~396

Thomson A M, Brown R A, Ghan S J, Izaurralde R C, Rosenberg N J, Leung L R. 2002. Elevation dependence of winter wheat production in Eastern Washington State with climate change: a methodological study. Climatic Change, 54(1):141~164

Unkovich M J, Baldock J, Forbes M. 2010. Variability in Harvest Index of Grain Crops and Potential Significance for Carbon Accounting:Examples from Australian Agriculture. Burlington: Academic Press

Vandiepen C A, Wolf J, Vankeulen H, Rappoldt C. 1989. WOFOST-A simulation model of crop production. Soil Use Management, 5(1): 16~24

Wang H, Wu B, Li X. 2011a. Extraction of impervious surface in Hai Basin using remote sensing. Journal of Remote Sensing, 15(2): 388~400

Wang H, Wu B, Lu S. 2011b. Water resources estimation model based on remote sensing evapotranspiration. 2011 International Symposium on Water Resources and Environmental Protection, ISWREP, 936~939

Wardlow B D, Egbert S L, Kastens J H. 2007. Analysis of time-series MODIS 250 m vegetation index data for crop classification in the US Central Great Plains. Remote Sensing of Environment, vol 108, 290~310

Xie P P, Yatagai A, Chen M Y, et al. 2007. A Gauge-based analysis of daily precipitation over East Asia. Journal of Hydrometeorology, 8(3): 607~626

Zuo L J, Zhang Z X, Dong T T, Wang X. 2008. Application of MODIS/NDVI and MODIS EVI to extracting the information of cultivated land and comparison analysis. Transactions of the Chinese Society of Agricultural Engineering. 24(3):167~172 (In Chinese)

Zwart S J, Bastiaanssen W G M. 2004. Review of measured crop water productivity values for irrigated wheat, rice, cotton and maize. Agricultural Water Management, 69(2):115~133

Zwart S J, Bastiaanssen W G M. 2007. SEBAL for detecting spatial variation of water productivity and scope for improvement in eight irrigated wheat systems. Agricultural water management, 89(3):287~296

Zwart S J, et al. 2010. WATPRO: A remote sensing based model for mapping water productivity of wheat. Agricultural Water Management, 97(10):1628~1636

第六章 流域耗水管理措施

对流域耗水进行有效管理,除在方法上要有所突破之外,还需要将方法集成,发展相应的管理工具,以达到水资源有效管理的目的。

第一节 水资源模型

水资源管理工作是一项涉及范围广、内容多、非常复杂的工作。水资源管理主要是就有限的可用水资源进行合理配置、实现水资源高效开发利用,从而改善日益紧缺的水资源的状况。水资源的合理配置是在一定的约束条件下,构建配置的优化模型(或工具),通过模型分析求解可得到水资源系统的最优运行策略,指导水资源开发利用实践,如图 6.1 所示。

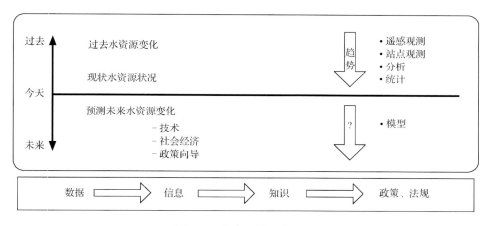

图 6.1 水资源模型作用图

一、水资源配置模型的功能与作用

在流域局部地区,强烈的人类活动改变了流域下垫面产、汇流机制,如城市的不断发展,导致城市不透水面扩大,从而增加了径流系数;农业灌溉超采地下水,而地表水与地下水是一个耦合系统,地下水的超采势必对地表水的产流机制造成影响。因此,现代水资源配置模型需要对自然与人工水循环进行耦合模拟,从而为水资源管理行政部门合理规划、调度与配置水资源提供科学依据。

自然水循环是指地球上的水在太阳辐射和重力的作用下,以蒸发、降水和径流等方式进行周而复始的运动过程[图 6.2(a)]。自然界的水循环是连接大气圈、水圈、岩石圈和生物圈的纽带,是自然环境中发展演变最活跃的因素,并使地球获得淡水资源。全球水循环时刻都在进行着,它发生的领域有海洋与陆地之间、陆地与陆地上空之间、海洋与海洋上空之间。人工水循环是指人类在经济社会活动中"取水—用水—排水—回水"构成的人工水循环过程[图 6.2(b)]。水的自然循环和社会循环是交织在一起的,水的社会循环依赖于自然循环而存在,同时又严重干扰自然界的水循环。

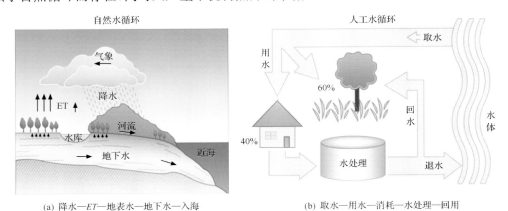

(a) 降水—ET—地表水—地下水—入海　　　　　　(b) 取水—用水—消耗—水处理—回用

图 6.2　自然水循环、社会水循环形成过程示意图

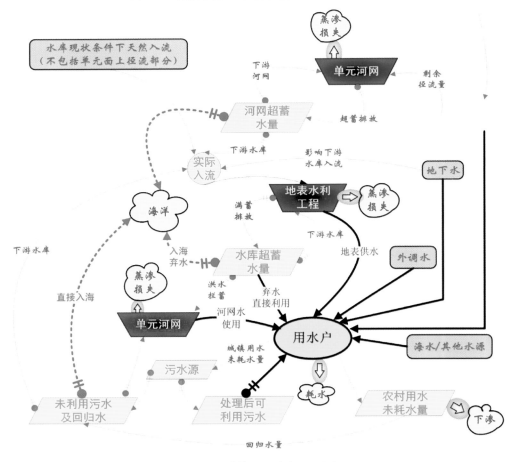

图 6.3　水资源调度与配置图

水资源行政与制度管理是指国家、区域与地方的水资源行政管理机构（包括用水户）和涉及水权、水资源分配、水质控制和水资源管理财务方面的现行法律法规。主要内容涉及水资源的规划、决策、调度与配置，如图 6.3 所示。

二、现有的水资源配置模型

全球气候变化、人类活动对下垫面条件的改变导致的地表产、汇流机制的改变对水资源的配置提出了新的挑战。人类活动对自然状态下的流域水循环的扰动并没有中断水循环的过程，只是增加了水循环的复杂程度，因此，只有对变化环境下的水循环的整个过程进行模拟才能应对人类活动对水资源配置提出的挑战。于是，从 20 世纪 60 年代起，人类就提出了各种水文模型对水循环进行模拟。

水文模型是对复杂水循环过程的近似描述，是水文水资源学研究的重要工具。按是否考虑水文过程的随机性问题，流域水文模型分为确定型、随机型及混合型模型。按对水循环要素过程描述方法的不同，确定型模型又可近一步分为经验性模型、概念性模型与物理性模型。按照空间尺度分，流域水文模型又可分为集总式水文模型与分布式水文模型。集总模型与经验性模型相对应，其把全流域作为一个整体，不考虑影响水文过程的气候和下垫面条件空间差异，流域参数取其平均值，只代表了流域的平均自然状况，没有考虑流域内部差异，因此，集总式水文模型在模拟空间尺度较大和时间序列较长的水文过程时精度不够（贾仰文等，2005；徐宗学等，2009）。

分布式模型按流域各处地形、土壤、植被、土地利用和降水等的不同，将流域划分为多个面积相等的网格单元或面积不等的多个子流域，在每一个单元或者子流域上用一组参数反映该部分的流域特性。相比较集中式水文模型，分布式水文模型的参数具有明确的物理意义，可以更准确的描述水文过程。

（一）代表性的分布式水文模型

1969 年，Freeze 与 Harlan（1969）提出了基于水动力学偏微分物理方程的分布式水文模型"蓝本"。经过几十年的发展，伴随着计算机模拟技术的进步，遥感与 GIS 的发展，分布式水文模型得到蓬勃发展，目前，国内外比较有代表性的分布式水文模型包括 SHE（Systeme Hydrologique European）、SWAT（Soil and Water Assessment Tool）、TOP-MODEL（TOPography based hydrological MODEL）、二元模型等。

1. MIKE SHE 模型

SHE 模型是最早和最具有代表性的分布式物理水文模型（Abbott，1986a，1986b）。其由英国水文研究所、法国 SOC-REAH 咨询公司和丹麦水力学研究所联合研制开发的（Singh，1995）。

SHE 模型主要的水文物理过程均采用质量、能量或者动量守恒的偏微分方程差分形式来描述。SHE 模型考虑了蒸散发、植物截流、坡面和河网汇流、土壤非饱和与饱和流、融雪径流以及地表水与地下水交换等水文过程。模型参数都具有一定的物理意义，可以通过观测资料或从资料分析中得到。流域特征、降水和流域响应的空间分布信息在垂直方向上用层来表示，水平方向则采用正交的长方形网格来表示。从 SHE 模型发表至今，其出现了不同的版本,如 MIKE SHE、SHETRAN 等。MIKE SHE 模型由丹麦水力学研究所在 20 世纪 90 年代初期在 SHE 的基础上进一步发展起来的模型,可以用于模拟陆地水循环中几乎所有主要的水文过程。其主要包含如下模块。

植被截流/蒸发:MIKE SHE 模型采用 Rutter 方程(Rutter *et al.*,1972)、Penman-Monith 方程(Monteith,1981)和 Kristenson-Jenson 方程(Kristensen,1975)计算截留量与蒸发量。Rutter 模型可以计算冠层实际蓄水量和达到地面的净雨量,实际蒸散发量采用引入冠层阻力后的 Penman-Monith 公式计算,而潜在蒸散发量则直接采用气候和植被资料计算。而 Kristensen-Jensen 模型,冠层截留量根据叶面积和截流蓄水容量计算得到。达到地面的净雨量则采用简单的水量平衡法计算。实际的腾发量考虑土壤水分状态,利用 Kristensen-Jensen 法由潜在腾发量计算。

坡面漫流和河道汇流:坡面漫流是降雨或者融雪在重力作用下沿坡面运动的水流,是在降雨量超过土壤入渗或地面洼地蓄水能力之后发生的流动,采用二维圣维南方程求解,而河道汇流采用一维圣维南方程求解。

非饱和带水流:采用 Richards 方程和重力流模拟两种方法进行非饱和带水分的模拟。

饱和带:采用改进的 Guass-Seidel 和先决共轭梯度两种方法进行地下水流动模拟。

含水层和河道的水量交换:采用达西公式计算河道底部的水头损失,来计算含水层与河道的水量交换。

融雪:采用能量平衡方法或简单度-日因子法计算雪盖的变化。能量平衡法可以考虑能量和质量通量及积雪层结构的变化,但是需要用到积雪层和植被层的相关参数及气象资料。当资料获取受限制时,则采用简单的经验性方法度-日法。

MIKE SHE 广泛应用于水文、环境、生态与气象等领域,在世界各地不同气候和水文条件下,模型得到了测试和验证。

2. SWAT 模型

SWAT (Soil and Water Assessment Tool)是由美国农业部(USDA)的农业研究中心(ARS)Jeff Amold 博士开发的(Arnold,1995)。SWAT 模型利用 GIS 强大的可视化功能,为用户提供了一个界面友好,操作方面与功能强大的可视分析工具。SWAT 模型根据流域的土壤类型、土地利用和管理措施等将研究区划分成各个水文响应单元,即模型中最基本的计算单位。

SHE 模型应用数值分析来建立相邻网格单元的时空关系,而 SWAT 模型在每一个网格单元上应用概念性模型推求净雨量,再进行汇流演算,最后求得出口断面流量。SWAT 模型对水文过程的模拟分为两部分,一个是确定流向主河道的水量、泥沙量、营养成分及化学性质(杀虫剂负荷量)多少的各水分循环过程;另一个是和汇流相关的各水文循环过程,即水分、泥沙等物质在河网中向流域出口的输移运动。除水量之外,SWAT 模型还可以对河流以及河床中化学物质的迁移转化进行模拟。

在 SWAT 中,其按照子流域/水文响应单元计算指令进行分布式产流计算(图 6.4)。其产流部分模拟的径流成分包括坡面地表径流、壤中流、浅层地下径流和深层地下径流部分。SWAT 对水循环的模拟计算基于如下水量平衡方程:

$$SW_t = SW_0 + \sum_{i=1}^{t}(R_{day} - Q_{surf} - E_a - w_{seep} - Q_{gw}) \tag{6.1}$$

式中，SW_t 和 SW_0 分别为土壤最终含水量和土壤前期含水量；t 为时间步长；R_{day} 为第 i 天降水量；Q_{surf} 为第 i 天的地表径流；E_a 为第 i 天的蒸发量；w_{seep} 为第 i 天存在于土壤剖面底层的渗透量和侧流量；Q_{gw} 为第 i 天地下水出流量。

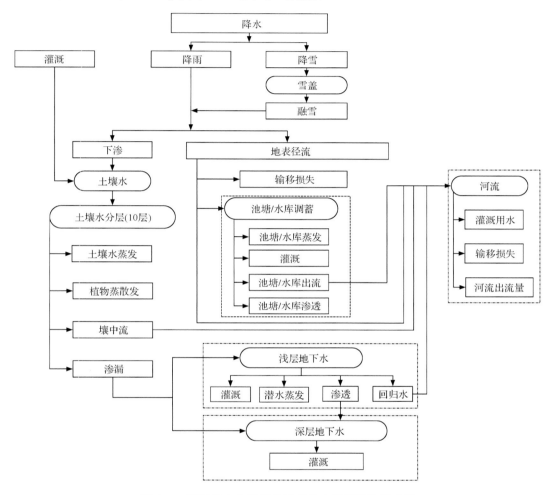

图 6.4　SWAT 水文循环单元系统水循环结构示意图

3. TOPMODEL 模型

TOPMODEL 是一个以地形和土壤为基础的半分布式流域水文模型，由 Beven 与 Kirbby 于 1979 年提出（Beven and Kirbby，1979）。其主要特征是用地形指数 $\ln(\alpha/\tan\beta)$ 或土壤－地形指数 $\ln[\alpha/(T\tan\beta)]$ 来反映流域水文现象。模型结构简单、优选参数较少，充分利用了容易获取的地形资料，而且与观测的物理水文过程有密切联系。模型已被应用到各个研究方面，并不断发展、改进，反映了降水径流模拟的最新思想。

TOPMODEL 的理论基础是变动产流面积的概念。透水面积上总径流是饱和坡面流与壤中流之和。降水通过下渗进入土壤非饱和层,贮存在这层土壤中以一定速度蒸发,只有一部分水通过大空隙进入到饱和地下水带。当非饱和层的含水量达到饱和含水量时,土壤中的水都变成自由水完全在重力的作用下流动。由于垂直排水及流域内的侧向水分运动,一部分流域面积地下水水位抬升至地表面成为饱和面。产流主要形成于这种饱和地表面积或者叫做源面积上,所有落在饱和源面积上的雨水都将直接形成径流,而且集中在地下水埋深较浅的地方。在整个降水过程中,源面积是不断变化的,其位置受流域地形和土壤水利特征两个因素的影响。

很明显,源面积的大小和位置由土壤含水量决定。而含水量计算方程的推导应用了连续方程和达西定律。根据一个变宽度的水流带的连续方程,推导出水流带通用连续性方程式。为求解方程式,作了三个假定:①假定饱和面积上的水力梯度近似于表面地形坡度,$\tan\beta$;②假定土壤的饱和水力传导度是缺水量的衰减函数;③假定产流(即单位面积上的流量)在空间上均等。通过以上假设,从而得到流域内任何点的饱和缺水量函数:

$$S_x = \bar{S} + m\left[\lambda - \ln\left(\frac{\alpha}{\tan\beta}\right)_x\right] \tag{6.2}$$

式中,S_x 为 x 处的饱和缺水量;$\bar{S}$ 为流域平均饱和缺水量;λ 为流域平均地形指数;$\ln\left(\frac{\alpha}{\tan\beta}\right)_x$ 为 x 出的地形指数。式(6.2)为 TOPMODEL 的基本方程。在山坡上 $S_x \leqslant 0$ 的点为饱和点,最可能形成饱和流。$S_x < 0$ 时,形成回归流,因此,只需要确定流域内每一点的 S_x,就可以确定源面积,从而可以计算饱和流与回归流。

4. 二元模型

由中国水利水电科学研究院水资源研究所开发的流域二元水循环模型(王浩,2006)充分考虑了人工侧支水循环的过程,即"取水、输水、配水、用水、耗水和排水"过程,融入了部分耗水管理理念。二元水资源水环境管理模型由分布式流域水循环与水环境模型WEP(Water and Energy Transfer Processes Model)、水资源配置模型 ROWAS(Water Resources Rational Allocation Model)耦合与多目标决策分析模型 DAMOS(Multi-Objective Decision Model)集成而成(图 6.5)。

二元模型采用两层耦合的方式,即首先进行 DAMOS 和 ROWAS 之间的耦合,然后再与 WEP 进行耦合。

第一层耦合,由 DAMOS 得到各省在"经济-环境-生态"等多目标优化条件下的发展模式、供水工程方案组合、用水水平和过程以及污染物排放水平,由 ROWAS 在各规划管理单元(地市套水资源三级区等)进行逐月水资源供用水模拟,从而得出在不同来水条件下各规划管理单元的缺水程度和供用水平衡结果,并对 DAMOS 的省市区多目标优化结果进行合理性检验和目标调整。

第二层耦合,在应用 WEP 重点分析自然水循环过程的基础上,采用 ROWAS 型处理水资源配置和水库调度,并对两个模型耦合。根据两个模型的计算过程和数据要求,模型耦合的核心可以归结为:WEP 为 ROWAS 提供各节点及规划单元的地表水资源量和地下水补排状况(补给量和排泄量);而 ROWAS 的输出结果在时间和空间尺度上合理展布后,提供给 WEP 并作为指导 WEP 水库调度和水量供给分配的依据。通过 WEP 精

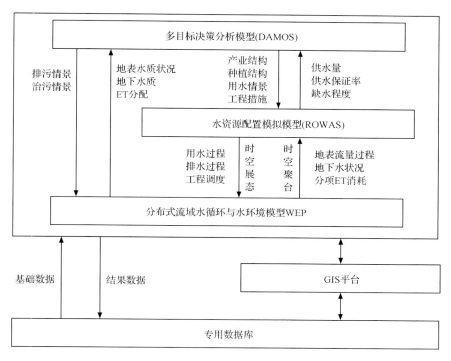

图 6.5 二元模型总体结构图

细的分布式模拟,得到不同来水条件和用水水平下的水循环和水环境各要素的模拟结果,用于水资源规划情景方案的分析评价等。

(二)分布式水文模型的特征与不足

尽管现有的分布式物理水文模型在很大程度上揭示了水循环过程的内在机理,但是,在气候变化与人类活动不断加剧的大背景下,其还存在某些不足。

(1)尺度问题:目前的分布式水文模型很少考虑尺度对参数有效性的影响,更没有明确指出在大尺度上如何确定参数。通常是将小尺度上建立的具有物理基础的水文模型,随意应用到大的空间尺度,并假定模型参数在几十米到几公里的空间变化中保持着有效性(王中根等,2003a,2003b)。

(2)不确定性:由于水文现象的复杂性,受测量技术的限制,一些水文过程并不确知,因此,水文变量和模型参数具有很大的随机性。而目前大部分分布式水文模型都是确定性模型。此外,分布式模型均有许多假设条件与近似处理,不同模型或同一模型在不同空间和时间分辨率下使用同样的参数可能会得出有较大差别的计算结果。即使是分布式物理模型,仍然需要通过与实测对比分析进行模型检验以及进行模型参数的敏感性分析(贾仰文等,2005;吴炳方等,2011)。

(3)变化环境对模型的影响:由于人类活动的加剧,目前的水文循环已经不再是单纯的天然水循环,而是打上了深深的人类烙印。以海河流域为例,1950年以来已经建有大中小水库共计1967座(海河志编纂委员会,1998),河流堤坝、橡胶坝和河流大大小小的控制闸等,都将影响水循环的动力学过程;退耕还林还草,坡改梯等一系列的水土保持治理工程以及城市化的发展等使得下垫面发生改变,水文参量与参数的空间变异性大大增强(吴炳方等,2011)。目前大多数分布式水文模型仅研究天然循环过程,即使是部分模型适当考虑了人类活动的影响,也仅仅是在产流计算中被动体现给定取用水条件,没有考虑流域水循环与水资源调配管理之间的交互影响。

(4) 数据不足:分布式物理水文模型结构复杂,输入参数众多,需要大量长时间序列的基础数据的支持,包括水文要素观测数据以及详细的地表覆盖和土壤结构信息等,中国在气象、水文和土壤监测数据上的共享机制环节的薄弱限制了水文模型的应用(吴炳方等,2011)。

(5) 参数估计与模型校验:由于尺度的问题,分布式水文模型的参数在每个计算单元内仍具有空间变异性,如何合理设定其单元内"有效参数"仍然是一个难题。此外,由于分布式水文模型设计大量参数且计算量大,很难采取自动优化法进行模型校验。由于受观测资料的限制,很难有模型能够得到充分验证(贾仰文等,2005)。

(6) 流域水循环全要素过程的动态耦合模拟:流域水循环的各要素过程相互关联和影响,降水、土壤水、地下水和地表水的转化问题在水资源评价中具有重要意义。大多数分布式水文模型对地下水与河水之间的水量交换以及非饱和带土壤水与地下水之间的频繁转换并没有进行动态耦合模拟(贾仰文等,2005)。

由于目前的分布式水文模型具有这样或那样的缺陷,单纯地依靠现有的模型进行水资源配置将具有很大的不确定性,尤其在人类活动强烈的区域,地表产汇流的条件发生了极大的改变,这种问题将更为突出。因此,需要在现有的分布式水文模型的基础上,对其不断进行完善,使其适应变化环境对水资源配置的需求。现在的分布式水文模型都是通过大量的参数输入得到的,而由于遥感技术的不断发展,为变化环境下大范围的监测提供了精度有保证的技术支持,即在输入未知的情景下得到精确输出,因此,发展基于耗水的水资源配置模型是对传统的水资源配置的有益补充。

第二节　耗水管理模型

耗水管理模型是以基于水平衡的流域耗水平衡为理论依据,以水资源可持续消耗为导向,以总量控制与定额管理为手段,为水资源短缺地区实现真实节水、提高水资源管理的能力和水平服务,为区域种植结构调整、水土资源管理等提供科学的决策依据。

一、模型功能与作用

耗水管理模型是对水资源消耗进行有效模拟与控制的重要工具,其应当具备 ET 计算、ET 预测、水资源管理与配置决策支持功能。

ET 计算:蒸散发是水循环中的重要环节,蒸散发不仅通过改变土壤的前期含水率直接影响产流,也是生态用水和农业节水等应用研究的重要着眼点,蒸散发的准确计算对于流域水资源管理决策分析至关重要。对于耗水管理模型而言,耗水量的计算应该包括:①人类可持续耗水量计算:人类可持续耗水量即在不损害环境和生态可持续发展前提下人类可消耗的一切水资源,根据第五章人类可持续耗水量的计算方法,耗水管理模型需要具备降水量、环境不可控 ET、人工环境不可控 ET 与环境流的计算能力。②人类实际耗水量计算:人类实际消耗 ET 的计算,主要是针对人类可控 ET 的计算,这是实现水资源节约的潜力所在,是节水措施制定有的放矢的根本。如第五章所言,人类可控 ET 包括矿物能水消耗、生物能水消耗、居工地总可控 ET 以及耕地可控 ET。因此,耗水模型必须具备计算人类实际耗水量的能力。③目标 ET 的计算:目标 ET 是区域为实现可持续水资源消耗所制定的规划年 ET,目标 ET 计算的关键是为实现水资源可持续发展所允许的蓄变量计算。

ET 预测:依据历史与现状数据预测未来的变化,是所有模型因该具备的功能,对耗水模型也不例外。即在现状年 ET 消耗的基础上根据工业、农业与生活水资源消耗的变化趋势,不同的节水措施,如种植结构调整、休耕、地膜覆盖等的节水效果预测 ET 消耗量,以实现目标 ET 与实际 ET 的平衡。ET 预测是耗水管理模型的基础,只有实现了 ET 预测功能,才能够开展多情景耗水分析,从而为优化的节水措施的制定提供科学依据,在下一节将会做详细介绍。

决策支持功能:从水资源管理的角度,耗水模型需要在规划和管理两个层面为 ET 总量控制、定额管理提供技术支撑和工具平台。①对水平衡分析的支撑:保持水文循环系统的水量平衡和长期的稳定是地表水和地下水系统良性循环的基础,也是维持水资源可再生的必要和充分条件,模型需要便捷地获得不同尺度的水平衡分析结果,以便进行总量控制,同时为规划需要,进行不同水平年的水平衡分析。②对用水管理指标评价的支撑:农业用水是流域的用水大户,而 ET 是农业用水最主要的消耗量,因而对农田进行 ET 管理是实现真实节水的手段。在灌区输、用、排水过程中存在着输水蒸发、用水蒸发和排水蒸发。通过采用科学的管理方法,可以有效控制蒸发结构,降低低效 ET 的比例,提高流域的用水效率和节水水平。

二、耗水模型的内容

耗水模型由耗水量转取水量模型、基于 ET 的农业配水方案模型、水资源控制红线模型、水权配置与补偿机制模块以及为实现上述功能服务的信息支持模块构成。

(一)耗水量转取水量模型

耗水量转取水量模型是耗水管理工具的关键所在,该模型不仅包含农田尺度上多个灌溉情景下的耗水量到取水量的转化,还需包含生活和工业耗水量向取水量的转化。在分布式水文模型中,ET 与径流量是模型主要输出项,其具有强大的情景分析功能,但是,由于人工侧支水循环的影响,模型输出结果是否符合实际很难得到有效验证。目前,基于遥感的 ET 监测系统可以得到精度较高的 ET 监测,如 ETWatch,因此,需要发展基于遥感 ET 监测与分布式水文模型耦合的方法。

(1)可以以遥感监测的 ET 为真值对分布式水文模型的参数进行率定,进而实现耗水量到取水量的转变。徐宗学等(2009)在漳卫南运河流域利用 ETWatch 监测的分辨率为 1km 的 ET 结果对 SWAT 模型模拟的 ET 精度进行验证,通过参数率定之后,ET 模拟的 Nash-Sutcliffe 效率系数为 0.77,确定性系数 R^2 为 0.83,并采用率定之后的模型进行情景分析,探讨了漳卫南运河流域农业结果的潜力。

(2)正如第一节所述,分布式水文模型一个很大的弊端是需要大量的基础数据支持,而这些数据由于共享机制的问题,很难收集齐全,此外,精度验证也是困扰分布式水文模型的难题。而遥感监测 ET 则可以克服以上缺陷,因此除率定分布式水文模型外,如果能将遥感监测 ET 作为分布式水文模型的输入项目,不仅可以将耗水量转化成取水量,还可以大大简化数据收集过程。

(二)基于 ET 的农业配水方案模型

农业是水资源最主要的消耗部门,是实现流域目标 ET 的关键。基于 ET 的农业配水方案要在农业目标 ET 的约束下制定,即制定规划年农业配水方案之后,规划年作物 ET 消耗量要低于目标 ET。此外,配水方案需要充分考虑农民用水者协会,农户的经济利益,在实现目标 ET 的同时还要提高农民收入。地表水与地下水是农业可控的水资源量,而干旱缺水地区面临的最严重问题是由于地下水超采所引发的一系列生态、环境灾难,因此,在制定农业配水方案时要优先使用地表水,对地下水的使用量要加以限制。地表水主要来自降水,降水量多的年份可分配的地表水量多,而降水量少的年份可分配的地表水量少,因此,规划年配水方案的制订需要充分考虑不同降水频率对可分配地表水量的影响。从长远规划的角度看,气候变化会导致降水的变化,从而对可分配的地表水量造成影响,因此,配水方案的制订还需要考虑气候变化的影响。

综上所述,基于 ET 的农业配水方案模型需要包含如下内容:①不同气候条件、不同降水频率下,地表水与地下水可利用量的情景预测;②实施配水方案之后,农业目标 ET 实现度自我评价;③实现目标 ET 时,农户经济收入预测能力。

(三)水资源控制红线模型

实现地下水多年采补平衡,促进流域水资源的可持续发展是水资源控制红线模型的主要功能。基于流域耗水平衡方法,可得到流域的基于 ET 的控制红线。实现地下水采补平衡是一个长期的过程,短期不易实现,因此模型可根据国家水资源规划方案(10 年、15 年、20 年后的允许地下水超采量),来计算目标 ET 和控制红线。模型还应具备不同空间和时间变化情景下的控制红线计算能力,如计算丰、枯、平水年情景下的控制红线。若气候变化对耗水平衡中的因子,如来水(冰川融水)有影响,还需考虑气候变化。

水资源控制红线模型计算可耗水量控制线不是经传统的水资源供需平衡方法得到的可用水量控制线,而是通过确定流域可控和不可控 ET 计算可耗水量控制线。偏远农村地区的水资源并不一定能被人类所利用,因此,基于可耗水量反推的可用水量很有可能小于供需平衡方法得到的结果。

水资源控制红线模型除具备可耗水量控制线计算功能之外,还应该具备新的以耗水为基础的高效节水水资源红线控制指标和方法,如不同行业的用水效率红线,用水效率低的工农业产业需要得到控制。

（四）水权配置与补偿机制

根据规划年的目标 ET，结合当年的可耗水量，可确定不同行业、不同用水户的水权。在可耗水量范围内，当用水户采取有效措施减少可耗水量时，需要对其进行补偿，以调动积极性，即确定有效的补偿机制。由于市政、工业等用水部分水的经济价值远高于农业，因此，农业用水量往往被鼓励得到限制，即实行退耕还水机制。因此，水权配置与补偿机制应该首先面向基本农田的农民，充分补偿他们的损失，以避免权力受到损害。补偿机制的内容包括损失方损失评估、受益评估、补偿监督三方面内容。

损失评估：损失评估包含定损与补偿标准制定两方面内容。定损首先要解决的问题是如何界定损失，即损失了什么、价值是多少。损失包括直接和附属损失，还有可能产生的间接损失，如当地下水超采时，基本农田的取水成本会增加。在确定损失之后，需要制定合理的损失补偿标准。补偿标准依赖于所种作物（或其他因素），不同作物其经济价值不一样，因此，退耕还水或少用水的农户的补偿标准会存在巨大差异。此外，退耕还水还有空间特点，不同地方退出来的水的价值是不同的。因此，耗水模型退水补偿机制需要充分考虑这些差异。

受益评估：对于一个区域而言，可耗水量是固定的，当一个行业耗水量减少时，意味着其他行业可耗水量的增加，如生态环境、工业和市政，而耗水的增加是以耗水量减少的行业的损失为代价的，受益方需要从其受益中拿出合理部分对损失方进行补偿，因此需要对耗水增加的行业获得的利益进行准确的评价。政府需要通过税收调整的政策对水转移所造成的农业损失进行补偿，如工业与市政部门对农业的补偿。补偿的方式包括经济补偿、实体补偿等多元补偿机制。由于工业和市政行业水的经济效益要远高于农业，因此，通过税收转移支付手段补偿农民，这也有助于提高农民退耕的积极性，缓和不同利益体的矛盾。

补偿监督：退耕还水户得到补偿之后，需要建立有效的监督机制对其是否履行承诺进行监督。

（五）信息支持

构建流域耗水管理模型需要有丰富的信息与强大的信息管理系统支撑。对流域耗水管理模型而言，最重要的是耗水数据的支持。如第五章所述，根据 ET 驱动力来源的差异，可将其分为太阳能 ET、矿物能 ET 与生物能 ET。根据行业，可以将 ET 分为农业 ET、工业 ET、生活 ET 与生态环境 ET 消耗等。流域耗水管理要实现 ET 的可持续消耗，具体而言，通过控制可控 ET，满足目标 ET 对实际 ET 的约束。其包括目标 ET 的预测、可用水量的计算、实际 ET 的监控与划分等方面。所需要的数据包括区域来水、城市发展情况、现状的农业种植/灌溉情况和土地利用数据、历史与现状 ET 数据的支撑，此外，还需要地面观测数据、水质数据、农经数据、非农业耗水数据的支撑。

除具备丰富的信息外，要保证耗水管理的有效性，还需要智能化信息管理系统（KM）的支持。KM 系统的一个主要功能能够显示分区、分 WUA 和分农户的耗水量、取水量及其变化量，找到需要改进的地方（地块，户主）。能够显示不同位置和区域的实际 ET、目

标 ET 以及二者的差值,以便减少这种差距。能够显示地块上耗水量增加的区域及对应的水分生产率变化、节水灌溉措施实施方案等。能够显示耗水平衡及其各个子项、耗水量增加引起的超采情况、耗水结构调整方法等。KM 系统要能在水分配方案分析的基础上显示,如农业和工业分别应分配多少?对树木、湖泊、地下水有何影响?农业退耕退哪些?农业、工业分别通过哪些机井供水?根据节水规划,可减少农业耗水量,相应地下水的变化及影响,能够显示不同类型的用地及其水权和优先权。

KM 系统不仅能够提供数据,还要面向决策者关心的问题,提供信息和分析结果供其决策。如在湿润年,更多的水可以利用,在渠道系统或用水协会之间分配水就会产生问题,不同行业间也会受到供水的影响。因此,KM 系统可以把其他研究的模型和方法集成进来用于决策支持,模拟不同情景下变量变化可能产生的影响。在 ET 分配中,可以根据多个水源、土地类型和不同的分配方案组合,分析可能产生的结果。增加供水的边际效应分析和减少农业、增加工业的效应分析。

三、代表性的耗水管理模型雏形

由于耗水管理是水资源管理新的发展趋势,目前还没有一个完全的耗水模型。但是在国际上某些模型已经融合了部分耗水管理理念,如 SVATS(Soil-Vegetation-Atmosphere Transfer Scheme),即土壤-植被-大气交换模式,FMP(Farm Process)模型。

(一)SVATS 模式

SVATS 模式将研究着重放在"土壤-植被-大气间"的水热通量交换上,其对蒸散发的计算,尤其是植物耗水过程与生态需水研究具有重要的参考意义。

SVATS 是陆面模型发展的第二、三代。其中最新的 SVATS,即陆面模型的第三代充分考虑了植物生化过程,即融入了植物光合作用机理、植被耗水机理、植物碳交换过程、营养物循环和生物地理等理论,如 SiB2(Sellers *et al.*,1996)与 BATS2(Dickinson *et al.*,1998)。

SVATS 模型可从机理上对植物的耗水过程进行监测,而耗水模型需要对 ET 进行精确的计算,因此,其对耗水模型的开发具有借鉴意义。

(二)FMP 模型

FMP 模型是美国亚利桑那大学的 Wolfgang 博士主持开发的。该模型依据"供-耗"平衡原理,以农场(包括城市的景观用地)为研究对象,可以对历史与未来的农业灌溉用水状况、水权分配、水资源决策、干旱与非干旱的情景进行模拟。其最大的特点是基于灌区现有的灌溉结构特征,高程、土壤、植被等属性,与地下水文模型 MODFLOW 进行深度耦合,充分发挥了 MODFLOW 强大的地下水模拟功能,对灌区供水量中地表水、地下水的量进行区分,对各耗水量进行估计。Farm Process 完善了 MODFLOW 模型的功能,将其从一个纯粹的地下水水文模型升级为一个完整的水文模型(Schmid *et al.*,2006)。迄今为止,Farm Process 已经更新为第二个版本。

1. FMP"供-耗"平衡

FMP 模型基于田间"供-耗"平衡原理模拟入流与出流（Schmid *et al.*，2009）。对于一个 Farm 而言，其供水量包括降水（Q_p^{in}）、地表水（Q_{sw}^{in}）、地下水（Q_{gw}^{in}）以及井水（Q_{ext}^{in}）供给，而耗水量包含蒸散发（Q_{et}^{out}）、无效损失（Q_{ineff}^{out}）、地表水（Q_{sw}^{out}）与地下水（Q_{gw}^{out}）出流，其公式如下。

$$Q_p^{in} + Q_{sw}^{in} + Q_{gw}^{in} + Q_{ext}^{in} = Q_{et}^{out} + Q_{ineff}^{out} + Q_{sw}^{out} + Q_{gw}^{out} \tag{6.3}$$

FMP 的地表水（Q_{sw}^{in}）供给不仅仅包含渠系配送水（Q_{rd}^{in}），还充分考虑相邻 Farm 或不同研究区的灌溉供水量流入的情景，即从相邻 Farm 流入的半渠系输送水（Q_{srd}^{in}）、从研究区之外流入的非渠系输送水（Q_{nrd}^{in}）。地下水的供给据其来源可细分为蒸腾流入量（Q_{tgw}^{in}）与蒸发流入量（Q_{egw}^{in}），其主要发生在地下水埋藏较浅的地区。水的消耗也十分复杂，主要包括蒸发、蒸腾、深层渗漏与灌溉水回流，蒸发由灌溉水的蒸发（Q_{ei}^{out}）、降水蒸发（Q_{ep}^{out}）、地下水蒸发（Q_{egw}^{out}），灌溉水蒸腾（Q_{ti}^{out}）由降水蒸腾（Q_{tp}^{out}）、地下水蒸腾（Q_{tgw}^{out}）、地表径流流出量（Q_{run}^{out}）、深层渗漏（Q_{dp}^{out}）、渠系（Q_{nrd}^{out}）、半渠系（Q_{srd}^{out}）、非渠系（Q_{nrd}^{out}）、灌溉井供水（Q_{wells}^{out}）的回流。"供-耗"平衡的细致过程见下式。

$$Q_p^{in} + Q_{nrd}^{in} + Q_{srd}^{in} + Q_{rd}^{in} + Q_{wells}^{in} + Q_{egw}^{in} + Q_{tgw}^{in} + Q_{ext}^{in}$$
$$= Q_{ei}^{out} + Q_{ep}^{out} + Q_{egw}^{out} + Q_{ti}^{out} + Q_{tp}^{out} + Q_{tgw}^{out} + Q_{run}^{out} + Q_{dp}^{out} + Q_{nrd}^{out} + Q_{srd}^{out} + Q_{rd}^{out} + Q_{wells}^{out}$$
$$\tag{6.4}$$

在大量参考已有作物观测数据的基础上，Farm Process 模型实现了式（6.4）中 E 与 T 分量的剥离。

2. FMP 的模拟过程

Wolfgang 在 FMP 版本 1 对模拟过程进行了详细介绍（Schmid *et al.*，2006）：①依据灌区降水、蒸发的变化以及地下水蓄水高度的变化，FMP 通过估算灌区作物不同生长阶段的灌溉需水量，结合不同阶段的田间灌溉效率，动态估算灌区总的灌溉需水量；②FMP 依据灌区现有的渠系状况动态估计地表水实际可供水量；③计算灌溉需水量与地表水实际可供水量的差值，如果地表水实际可供水量小于灌溉需水量，差值需要抽取地下水来弥补，但是水井可抽取水量受其实际最大供水能力的限制；④地下水的补给量为过量的地下水与灌溉用水之和减去流出的地表径流与地下水的蒸腾与蒸发的消耗量；⑤如果实际可供的地表水与地下水量小于灌溉总需水量时，决策者可以制定干旱响应机制优化灌溉供水的配置。循环往复，直到模拟结束，具体过程见图 6.6。

3. FMP 模型模拟实例

FMP 模型自己带的例子（Wolfgang，2009）对其"供-耗"过程进行了直观分析。模型自带的例子中实验区地势西高东低，地下水自西向东流动。研究区由八个农场构成，包括五个灌溉农业区；一个是城市灌溉区，主要灌溉城市的花、草等景观植物；一个是雨养农业区；一个是地下水水位过高的河岸湿地植被（由于地下水埋藏水位较浅，植物可以通过蒸腾作用吸收地下水）。研究区的供水由一条河道、两条渠道、两条支渠以及 16 口井构成。研究区的土壤包括沙、沙壤土、砂黏土三中土壤，土壤质地的差异直接影响土壤的含水量、水力传导系数，FMP 模型采用 Brooks-Corey 公式计算水力传导系数等参数（Brooks and

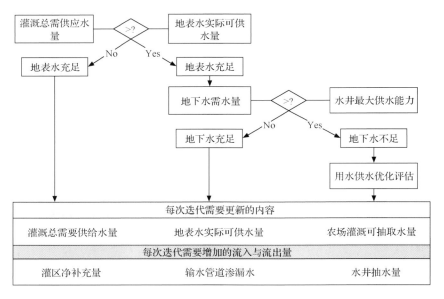

图 6.6　Farm Process 模型供需模拟过程示意图(源:Schmid *et al*.,2006)

Corey,1964)。该实验模型了八个农场两年的供水与耗水过程,每年共由 24 个水分胁迫期组成,一个水分胁迫期的时间长度为 15 天,其中第一年为充分灌溉,第二年为非充分灌溉。如一个灌溉农场的逐日的出流与入流过程曲线如图 6.7、图 6.8 所示。

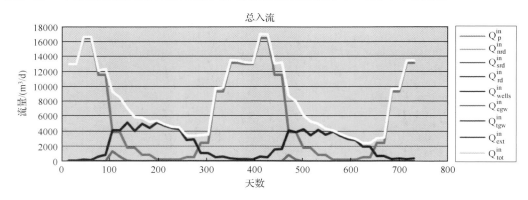

图 6.7　农场 1 逐日的入流过程曲线图

　　除能够模拟每天流入与流出的水量之外,FMP 还可以模拟作物每个需水阶段的供水与消耗量。如第一个农场,第一年的第七个需水期各供水与需水的比例为图 6.9 所示。

　　除对作物的需水过程进行模拟之外,FMP 还可以根据充分灌溉与非充分灌溉进行模拟,并计算两种场景相应的田间灌水效率,如图 6.10、图 6.11 所示。

　　4. FMP 模型对构建耗水模型的启示

　　FMP 模型充分考虑了自然状态下灌区供水与耗水的真实过程,如通过土壤渗透的非渠系供水、灌溉用水的回流作用等,此外,在灌溉的消耗阶段,FMP 依据作物系数法考虑了不同的作物、不同阶段的作物系数,依据参考蒸散发计算了作物总的耗水量,并对 E 与

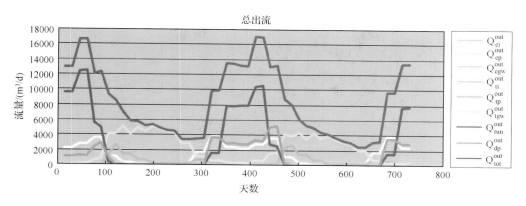

图 6.8　农场 1 逐日的出流过程曲线图

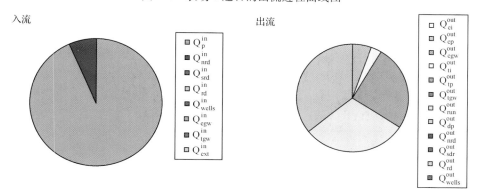

图 6.9 第一个农场第一年第七个需水期入流与出流的变化

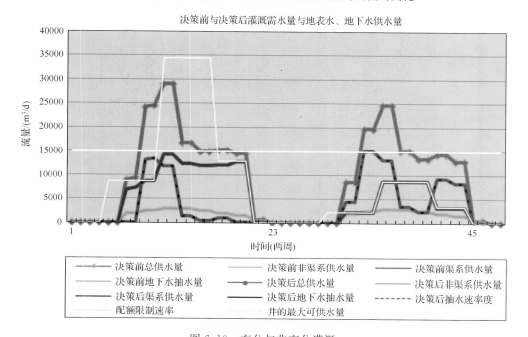

图 6.10　充分与非充分灌溉

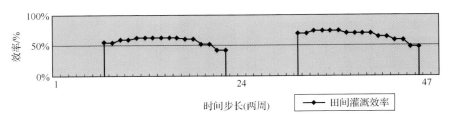

图 6.11　非充分灌溉与充分灌溉的田间灌溉效率的变化

T 进行了细致划分,其特征对于耗水模型的开发具有重要的启示作用。

(1) 如何将 ET 进行区分:对于耗水模型而言,减少耗水主要是减少蒸散与蒸腾中 E 的量,但是如何将 E 与 T 从 ET 中剥离开来,如何区分作物与植被蒸散发过程中不同来水量消耗中 E 与 T 的比例面临很大挑战,而 FMP 模型做到了 E 与 T 的分离,这对于耗水模型开发具有很强借鉴意义。

(2) 如何将耗水量转化成取水量:要对耗水进行有效管理,最终还是要落实到可取水量,而 FMP 依据"供-耗"平衡原理实现了这一过程,这对耗水模型的开发亦有启示作用。

(3) 如何面对水资源匮乏问题:当供水量无法满足需水量时,如干旱年份,如何制定应对措施应对水资源匮乏的局面,FMP 亦提供了很好的解决方案,这对于干旱区水资源的分配,水权管理具有积极的借鉴意义。

对于 FMP 而言,如何精准的计算 ET 是其面对的重大挑战,而基于遥感 ET 发展的耗水管理模型在 ET 高精度监控方面具有很大优势,这为二者的耦合提供了基础。

第三节　耗水量预测

目前,水资源管理处在供水管理与需水管理阶段,因此,水资源量预测模型大都是基于供需平衡进行供水与需要预测,而针对于耗水量预测的模型较少。对于构建耗水管理模型而言,耗水量预测是其基础,因此,进行耗水量预测是建立耗水管理模型的必要手段。

一、灌溉农业耗水量预测

农业是水资源的用水大户,同时也是水资源的主要消耗部门。灌溉农业对全球产量的贡献率 25%～50%,在我国的海河流域也是如此。高耗水的冬小麦-夏玉米轮作体系是海河流域平原上主要的种植方式。海河流域冬小麦整个生长期平均耗水量为 350～400mm,而流域多年平均降水量只有 100～350mm,如不灌溉,则难以保证产量(刘昌明,2005),就以降水相对较多的海河徒骇马颊河流域而言,冬小麦生育期降水量也仅能满足同期作物耗水量(400～500mm)的 30%～40%,远远不能满足作物的耗水需求,补充灌溉是十分必要的。夏玉米生育期耗水量大致为 300～370mm,同期降水量能满足作物耗水量的 80% 左右,丰水年和平水年降水基本能满足作物耗水量的需求,枯水年和特枯水年则需要补充灌溉(任鸿瑞、罗毅,2004)。因此,冬小麦的耗水量预测是灌溉农业耗水量预测的关键。

在冬小麦的生育期内,开展基于遥感的耗水量、产量和作物水分生产率的监测,研究耗水量、产量和作物水分生产率的关系,是开展冬小麦耗水量预测的基础。闫娜娜和吴炳方等(2011)分析了流域尺度遥感估算的 ET、产量和水分生产率的关系。结果表明在流域尺度,当冬小麦 ET 小于某一临界值(观测实验为 460mm)时,ET 与产量存在显著的线性相关。根据地面观测实验,当 ET 大于 460mm 时,ET 的增加并不一定能带来较大的产量增加,单方水的产出边际效益降低。依据这一主要结论,建立流域冬小麦耗水量预测模型。

$$Y = 6.8398 * ET_w + 892.49 \tag{6.5}$$

$$Q = (Y - 892.49)/(6.398 * A) \tag{6.6}$$

式中,Y 为冬小麦产量,kg・ha^{-1};ET_w 为冬小麦生育期耗水量,mm;Q 为冬小麦耗水量,$10^3 m^3$;A 为冬小麦种植面积,km^2,可以利用多期遥感影像数据采用作物识别算法实现冬小麦种植面积的提取。

基于上述简化模型,根据流域农业种植规划和粮食安全规划,设定粮食产量和种植面积,就可以预测流域主要灌溉作物——冬小麦的耗水量。

耗水量预测模型可以有效的估算冬小麦生育期的合理的耗水总量,耗水量的预测结合冬小麦的灌溉需水过程以及田间灌溉水利用系数,就可以有效地指导冬小麦灌溉节水,即在总的耗水量的约束下,结合冬小麦灌溉需水过程,指导农户在合适的时候合理灌溉,实现冬小麦的降耗增收,从而为海河流域冬小麦的真实节水提供技术支撑。海河流域的部分灌溉试验结果表明,冬小麦最敏感的生育阶段是拔节-抽穗期,其次是返青-拔节期和抽穗-灌浆期,越冬期并不是敏感生育时期,但是在传统灌溉中,往往采用灌足越冬水的方法实施灌溉,其不仅不能有效促进作物生长,反而会加大蒸散量,加剧了水资源的浪费。另外,当前冬小麦过大的次灌溉水量,加强了冬小麦的棵间蒸发,加剧了水资源的浪费。因此,在作物总的耗水量预测的前提下,结合作物的不同生育期的需水量,可以有效地减少冬小麦灌溉水量的浪费。

夏玉米生育期间的降水较为充沛,灌溉需水量相对较小,其同样可以通过基于遥感的耗水量、产量与水分生产率三者关系的研究构建合理的耗水量预测模型、预测玉米总的耗水量,并结合当前海河流域夏玉米的需水过程研究(白清俊,2005;肖俊夫,2008),指导节水。

二、工业耗水量的预测

工业耗水量指的是工业产品消耗掉的不能回到地表与地下的水量。随着工业化进程的加速,工业耗水量所占的比例越来越大,对紧张的水资源构成了压力。对于耗水模型而言,其需具备预测工业耗水量的能力。孙爱军提出了引入工业用水技术效率的工业耗水量误差修正模型,对我国 1953～2004 年间工业耗水量进行预测,取得了较好的效果(孙爱军等,2007)。

1. 工业用水技术效率测算

从生产函数角度,运用随机前沿分析(SFA)效率测量方法(Coeli *et al.*,1998;Kumbhakar and Loveli,2000),研究中国工业的水资源利用的综合技术效率,具体的分析模型如下:

$$\ln y_t = \beta_0 + \sum_{i=1}^{4} \beta_i \ln x_{it} + \sum_{i=1}^{4} \sum_{j=1}^{4} \beta_{ij} \ln x_{it} \ln x_{jt} + v_t - u_t \quad t = 1, 2, \cdots, 44 \quad (6.7)$$

式中,左边是产出变量,右边是投入变量以及影响产出的各种因素;y_t 表示 GDP 的工业产值;t 代表年份编号,$T=44$;β 是待估计参数;v_t 表示经典的随机误差;u_t 表示技术非效率,与 v_t 相互独立,计算如下。

$$u_t = u\exp[-\eta(t-T)] \quad (6.8)$$

u_t 的分布服从非负断尾正态分布,第 t 年的工业用水技术效率定义为 $TE_t = \exp(-u_t)$,TE_t 介于 0 和 1 之间,该值越大表示工业用水技术效率越高。

2. 耗水量预测模型

由于工业生产变化缓慢,耗水量相对稳定,误差修正模型适用于耗水量预测,其基本形式由 Hendry 和 Yeo 于 1978 年提出(李子奈、叶阿忠,2000)。

$$w_t = \beta_0 + \beta_1 TE_t + \beta_2 w_{t-1} + \beta_3 TE_{t-1} + \varepsilon_t \quad (6.9)$$

式中,w_t 为耗水量;TE_t 为水资源利用效率。对式(6.9)移项后,整理得

$$\nabla w_t = \beta_0 + \beta_1 \nabla TE_t + (\beta_2 - 1) \times \left(w - \frac{\beta_1 + \beta_3}{1 - \beta_2} TE \right)_{t-1} + \varepsilon_t \quad (6.10)$$

式(6.10)即为误差修正模型,其中 $w - \dfrac{\beta_1 + \beta_3}{1 - \beta_2} TE$ 为误差修正项。

3. 结果

以 1953~2004 年逐年的工业 GDP 为因变量,资本、工业从业人数与工业耗水量为自变量,通过假设检验表明公式较好地拟合了样本数据,通过检验,模型拟合的参数见下式。模型调整后的 R^2(adjusted r squared)为 0.9934;F 检验统计量(F-statistic)为 1470.975;其伴随概率 P(probability)为 0,总之,式(6.7)的 F 检验、t 检验等参数检验皆通过,模型成立。

$$\ln y_t = \beta_0 + \beta_0 \ln k + \beta_0 \ln l + \beta_0 \ln w + \beta_0 \ln l \ln w + v_t - u_t \quad (6.11)$$

$$\ln y = -21.5997 + 1.14787\ln k + 2.3868\ln l + 2.0319\ln w - 0.2350\ln l\ln w \quad (6.12)$$

通过引入工业用水技术效率,构建工业耗水量、GDP 与工业用水技术效率模型进行工业耗水量预测。

$$\ln w = 23.6727 + 0.9152\ln w(-l) + 0.4268\ln y - 0.3926\ln y(-l) - 23.3704TE \quad (6.13)$$

模型的拟合优度 R^2(adjusted r squared)为 0.9845;F 检验统计量(F-statistic)为 667.2790;其伴随概率 P(probability)为 0,并且模型通过了 F 检验、t 检验。以 2005 年为目标年,以 2005 年为目标年份,用式(6.13)预测,其中工业用水效率 TE_t 取 44 年的平均值,计算得到的耗水量误差为 4.96%。与之相比,用线性回归模型得到的预测误差超过 80%,前者的准确程度明显高于后者。

三、生活耗水量预测

由第二章所言,由于人口的持续增长,尤其城市人口的增加,人们对水资源的消耗逐

渐增大。由第五章而言,人类生活耗水主要包括机会 ET 和生物能 ET 两部分,式(5.8)与式(5.15)阐述了生活用水机会 ET 与生物能 ET 的计算方法,机会 ET 由人口数量、人均用水量,机会 ET 系数的乘积计算而来,由于机会 ET 系数受用水方式、管网回收利用与污水处理的影响,难以确定,因此,计算困难。而生物能 ET 则有人口数量与排汗系数构成。排汗系数相对来说比较稳定,因此,构建人口增长预测模型即可以预测生物能 ET。

目前,有关人口增长预测的方法与模型多种多样,概括起来包括:马尔萨斯模型(刘义亭,1989)、指数模型、Logistic 模型(刘华中,1998)、灰色预测模型(邓聚龙,1987)、BP 神经网络模型(尹春华、陈雷,2005)等。在不同的条件下,各模型都具有相对的适用性,这其中又以 Logistic 模型应用最为普遍,不少学者在 Logistic 模型的基础之上又做了一些改进,Logistic 模型如下。

$$P_t = P_m/(1 + e^{a+bt}) \tag{6.14}$$

式中,P_t 为第 t 年的人口规模;P_m 为人口的极限规模;a,b 都为计算系数。根据人口历史数据,可以利用统计分析软件或编制程序得到人口增加 Logistic 模型。进而依据第五章生物能 ET 计算方法,预测生物能 ET 消耗量。

四、畜牧业耗水量预测

2006 年末,联合国粮农组织 FAO 在题为"Livestock's Long Shadow—Environmental Issues and Options"的文件中指出畜牧业是水资源的一个非常重要的消耗者,占了全球人类水消耗量的 8% 多,而畜牧业耗水中有 90% 用于饲料作物的灌溉,占全球灌溉农业蒸发量的 15%(FAO,2006)。由于畜牧业耗水的复杂性,目前鲜见有关其耗水预测的方法。

除用于饲料作物灌溉耗水之外,牲畜的生物能 ET 是畜牧业耗水的一部分。不论是灌溉耗水,还是生物能 ET 消耗,都与牲畜的种类、数量有关。不同牲畜种类、数量未来变化的结果,其可以根据牲畜的种类和历史统计数据选择合适的模型,分类进行牲畜头数的预测。对于灌溉耗水预测而言,可以构建灌溉面积与不同牲畜种类、数量的多元回归模型,进而根据不同牲畜种类数量预测的结果、预测灌溉面积,最后结合 ET 与灌溉面积的关系得到灌溉耗水量。生物能 ET 预测则根据各类牲畜的排汗系数与未来某年牲畜种类数量预测的结果的乘积和得到。

第四节　GEF 海河项目耗水管理工具

正如第二章所言,海河流域面临着严重的水资源与水环境危机,为改变这一现状,世界银行管理的 GEF 海河流域水资源与水环境综合管理项目,在北京市、天津市和河北省的 16 个县(区、县级市)开展了水资源综合管理试点工作,以减少 ET 为主要控制目标,在水资源管理上进行了尝试,开发了县域耗水管理工具与农田耗水管理工具。

一、县域耗水资源管理工具

基于 ET 的县域水资源管理工具是以实现县域水资源可持续利用为前提,分析作物生长、产量、耗水之间的关系,采取相应的节水措施(工业与城镇节水、农业节水),制定县域水资源年度管理方案,从而最大限度地控制 ET 消耗,实现县域水资源可持续利用。

（一）工具组成

基于 ET 的县域水资源管理工具的主要工作是收集整理县域内重要的基础信息和监测信息,并建立相应的数据库,通过对数据的分类统计分析和整合,服务于信息管理、业务应用管理和行政许可管理。工具的组成见图 6.12。

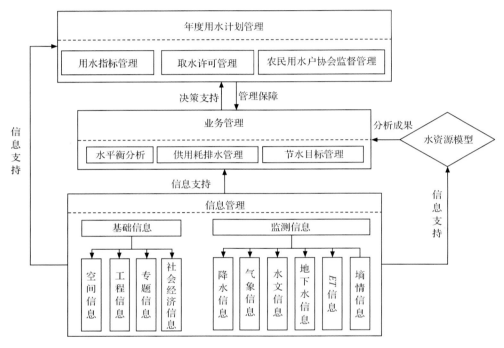

图 6.12　基于 ET 的县域水资源管理工具结构组成图

信息管理提供水资源管理相关数据的采集、查询与统计服务,它在为管理人员提供基础信息服务的同时,也为业务管理和行政许可管理提供基础数据支持;业务管理基于基础数据和水资源模型的情景分析结果,对县域内的水资源现状和变化趋势进行分析评价,为管理人员提供业务决策依据;行政许可管理向行政审批人员提供业务管理产出的、基于 ET 管理的行政许可审批中所需要的决策数据,同时,为行政许可效用及执行情况的评价工作,提供行政许可多项信息的统计及与实际情况的对比分析,为中高层管理人员在解决行政许可管理中遇到的决策性问题提供辅助支持,达到县域水资源的宏观控制和合理配置的目的。

（二）信息管理

信息是水资源管理工作的基础,全面、科学、直观的信息管理可为管理人员制定决策和最佳的管理措施提供强有力的分析平台。基于 ET 的县域水资源管理信息包括基础信息和监测信息,如表 6.1 所示。基础信息包括空间信息、工程信息、专题信息和社会经济信息;监测信息包括降水信息、气象信息、水文信息、地下水信息、ET 信息和墒情信息等。

表 6.1　基于 ET 的县域水资源管理信息需求

信息类别	详细类别	特征描述
基础信息	空间信息	基础地理:行政区划图、水功能区划图、不同比例尺的 DEM 图等; 水利工程:河流、渠道、湖泊、湿地、水库、灌区、水闸、引水工程等水利工程的空间分布图; 监测站网:雨量站、气象站、水文站、水质监测站、地下水开采井等测站的空间分布信息
	工程信息	包括水库、湿地、水闸、灌区、引水工程、渠系等水利工程信息
	专题信息	包括土壤、土地利用、地貌、水文地质条件等专题信息
	社会经济信息	包括总人口(城镇常住、流动人口,农村人口)、国民经济总产值(工业、农业产值)、人均生活用水量、农田灌溉用水量、农田灌溉亩均用水量、工业用水量等与水相关的社会经济信息
监测信息	降水信息	不同频次的降水量监测信息
	气象信息	不同频次的降水、气温、水汽压、日照时数、风速五大气象监测信息
	水文信息	水文站径流量信息
	地下水信息	地下水观测井的地表高程、埋深、开采量及地下水水质等信息
	ET 信息	不同时段的遥感监测 ET 成果(ET、土壤含水量、生物量时空分布、土地利用/作物结构图)及其统计数据
	墒情信息	不同深度土壤水分、土壤温度等信息

(三)业务管理

1. 水平衡分析

水平衡分析反映了一段时间内区域水资源的水循环过程(图 6.13)和人类开发利用状况。

按照全县和乡镇不同的统计范围进行水平衡分析,有利于管理人员在掌握县域内水资源总量、可供水量、实际开采量和耗水量状况的基础上,确定县域内水资源短缺状况,并从节水目标管理角度出发,科学的制定下一年度用水计划指标,作为取水许可发放的审批依据。

水平衡分析计算公式:

$$P + I + CS = ET + O \tag{6.15}$$

式中,P 为降水量;I 为入流量;CS 为储变量;ET 为蒸腾蒸发量;O 为出流量。具体计算项目见表 6.2。

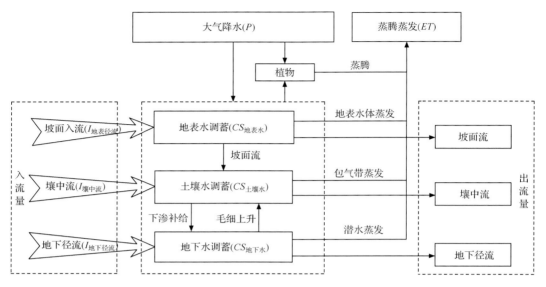

图 6.13 区域水循环示意图

表 6.2 水平衡分析计算公式与计算项目表

计算公式		$P+I+CS=ET+O$
分析项目	P	降水量
	I	入流量:$I_{综}=I_{地表径流}+I_{壤中流}+I_{地下径流}$
	CS	储变量:$CS_{综}=CS_{地表水}+CS_{土壤水}+CS_{地下水}$
	ET	蒸腾蒸发量:$ET_{综}=ET_{植物}+ET_{地表水}+ET_{土壤水}+ET_{地下水}+ET_{其他}$
	O	出流量:$O_{综}=O_{地表径流}+O_{壤中流}+O_{地下径流}$

2. 供用耗排水管理

水循环过程分为天然水循环过程和社会水循环过程(图 6.14),其中由"供水-用水-耗水-排水"等环节组成的社会水循环是节水目标管理的重点管理对象。

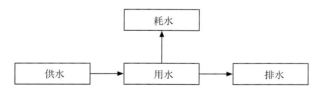

图 6.14 社会水循环过程示意图

供用耗排水管理通过对各用水户的供水、用水、耗水和排水信息的管理,全面掌握县域内的行业用水分配、行业水资源利用效率及行业节水潜力,为优化产业结构、实现水资源的优化配置、高效利用和科学保护提供技术支撑。

基于 ET 的县级水资源管理工具为供用耗排水管理提供不同分类方式、不同统计范围内的供水、用水、耗水和排水信息的查询和统计。

（1）供水信息。

按照年份和供水方式（地表水供给，包括蓄水工程、引水工程、提水工程和调水工程；地下水供给；其他水源，包括污水处理再利用、海水利用等）分类，统计供水量信息，包括供水水量、供水水量指标历史趋势变化等。

（2）用水信息。

按照年份和行业（农田灌溉、林牧渔、工业、城镇生活、农村生活等）分类，统计各行业的用水量信息，包括用水水量、用水水量指标历史趋势变化等。

（3）耗水信息。

按照年份和行业（农田灌溉、林牧渔、工业、城镇生活、农村生活等）分类，统计各行业的耗水量信息，包括耗水水量、耗水水量指标历史趋势变化等。

（4）排水信息。

按照年份和行业（农田灌溉、林牧渔、工业、城镇生活、农村生活等）分类，统计各行业的排水量信息，包括排水水量、排水水量指标历史趋势变化等。

3. 节水目标管理

节水目标管理是指通过结合县域水行政主管部门水资源管理的主要内容，逐步达到控制地下水开采、减少 ET、提高灌溉水分生产率的节水目标，目的是控制不同乡镇的耗水量，制定各行政区、各行业相应的节水措施和方案，与当地不同阶段的可利用水资源量相平衡。

节水目标管理包括工业和城镇生活节水管理、农业节水管理两部分。

（1）目标指标体系。

■ 灌溉面积。

灌溉面积的多少很大程度上影响了灌溉水量的消耗，因此该指标是节水的一个重要指标。

■ 耗水量。

"真实节水"的评价标准就是耗水量的降低，根据节水项目区所辖范围，对 ET 数据进行统计，得到节水前后该区域耗水量均值、最大值和最小值。ET 数据来自于遥感监测结果。

■ 灌溉效率。

灌溉效率表示为渠系水利用系数与田间水利用系数乘积。该指标的含义为所取水量用于作物生长实际耗水量（田间作物蒸发蒸腾）的比例，它表征的为灌溉工程效益。

■ 水分生产率。

水分生产率有灌溉水分生产率和耗水水分生产率，前者是灌溉用水引起的产值或产量与灌溉用水的比值，后者是产量或产值与耗水量的比值。灌溉用水量通过监测和统计获得，耗水量通过遥感反演获得，产量由遥感生物量和收获指数的乘积计算获得，产值则需结合当年的实际市场价格确定。水分生产率是评价节水农业的主要指标，是对灌溉水利用效率的延伸。通过统计节水前后水分生产率的变化来确定节水的效果。

■ 灌溉农业水生产能力（PO-5）。

灌溉农业水生产能力为项目灌区农业产值与总耗水量的比值。它表示单方水所产出的经济价值。通过主要作物产值信息资料的搜集整理,利用作物种植面积、产值、耗水量和地块地籍信息,建立多作物组合的农业水生产能力模型,核算种植作物的单方水经济价值,如下。

$$WCV = 0.1 * \frac{Ac_1 * Yc_1 * Vc_1 + Ac_2 * Yc_2 * Vc_2 + \cdots + Ac_n * Yc_n * Vc_n}{ETc_1 * Ac_1 + ETc_2 * Ac_2 + \cdots + ETc_n * Ac_n} \quad (6.16)$$

式中,WCV 为节水项目区灌溉农业水生产能力,元/m³;Ac_n 为第 n 种作物的种植面积,ha;Yc_n 为第 n 种作物的平均单产,kg/ha;Vc_n 为第 n 种作物的市场价值,元/kg;ETc_n 为第 n 种作物的平均耗水量,mm。

■ 农民人均收入。

农民人均收入提高是节水效果的最终目标,切实保证农民利益。农民收入计算公式如下:

$$WCI_i = \frac{Ac_1 * Yc_1 * Vc_1 + Ac_2 * Yc_2 * Vc_2 + \cdots + Ac_n * Yc_n * Vc_n}{Pop_i} \quad (6.17)$$

式中,WCI_i 为节水项目区第 i 个用水协会(WUA)农户人均收入值,元;Ac_n 为第 n 种作物的种植面积,ha;Yc_n 为第 n 种作物的平均单产,kg/ha;Vc_n 为第 n 种作物的市场价值,元/kg;Pop_i 为节水项目区第 i 个 WUA 的总人口数。

■ 地下水水位。

地下水水位的变化直接反映了节水对于水资源量的影响效果。在有地下水水位监测的地区,通过不同年间地下水水位的变化了解节水的效果。如果无地下水水位监测网,水位可通过地下水实际变幅理论来确定。

地下水实际变幅可以表示成降水量、蒸散量、地表水资源量的函数(Gu et al.,2009),其计算式可以表示为

$$\Delta H_p = \{[P_i(1-\alpha) + W_i] - ET\}/\mu \quad (6.18)$$

式中,ΔH_p 表示地下水实际变幅,m;ET 表示区域蒸散量,mm;P_i 表示降水量,mm;α 表示径流系数;W_i 表示当年地表水资源量,mm;μ 是给水度,m³/m。

(2)工业与城镇生活节水管理

提出产业结构和工业布局的优化调整方案,推广应用先进的节水型用水器具、用水设备和先进的节水工艺,加强用水管理以减少无效用水和浪费用水,建立节水型工业和节水型城市,详细分类见表6.3。

(3)农业节水管理

提出不同农业节水技术措施方案,供不同乡镇根据现状情况进行选择。主要措施包括工程、农业、管理等三大措施,详细分类见表6.4。

(4)节水效果评价

在各个指标获取的基础上,分析节水前后各个节水指标的变化。如灌区内各渠道控制区域内的水利用系数的变化,分析节水措施对不同作物水分生产率变化的影响;分析不同作物耗水量的变化;分析作物种植结构对灌溉面积的影响;分析灌溉农业水生产能力的变化。计算利用节水项目区节水措施实施前后农民收入变化,分析各个单指标参量变化值与农民收入变化的关系,评价各个指标对节水效果的贡献率。若农户人均收入不增反

降,要从多个因子中分析原因。分析节水前后地下水水位的变化以及变化的速率。

表 6.3　工业与城镇节水措施分类表

措施类别	具体措施	节水效率
工业节水措施	产业结构调整	
	用水定额	
	水平衡测试	
	建设污水处理厂	
	节水型用水设备	
	节水工艺和水处理技术	
	完善计量体系	
生活节水措施	管网改造	
	城镇再生水利用	
	流量控制淋浴器	
	节水便器	
	节水型水龙头	
	小水量两挡冲洗水箱	
	节水型洗衣机	
	建设节水示范小区	

表 6.4　农业节水措施分类表

措施类别		具体措施	节水效率
工程节水措施	水源工程建设	污水再生利用工程	
		集雨工程	
		蓄水塘坝工程	
		机井联合调度工程	
	输配水工程建设	渠道衬砌工程	
		低压管道输水工程	
		喷灌工程	
		微滴灌工程	
	田间灌水技术	畦田节水灌溉技术	
		沟灌技术	
		波涌灌技术	
农业节水措施		平整土地、土地深耕、土地深松	
		平衡施肥、秸秆还田、地膜覆盖	
		抗旱保水剂、坐水种、良种推广	
		稻田节水灌溉技术	

续表

措施类别	具体措施	节水效率
管理节水措施	土壤墒情预报及科学灌溉管理	
	用水计划审批管理	
	种植结构调整	
	节水激励机制管理	
	灌溉工程设施高效运行维护管理	
	农民用水者协会(WUA)参与式管理	
	水费征收及水价调节管理	
	节水灌溉技术推广与培训	

(四) 年度用水计划管理

年度用水计划管理(包括用水指标管理和取水许可审批管理)是实现基于 ET 的用水总量控制的行政法律手段。行政许可审批主管人员,可借助基于 ET 的水资源管理工具提供的用水总量控制的分析评价结果及以此制定的各乡镇的分水计划,进行科学的决策,同时可对已批准的行政许可项目进行回顾分析对比。农民用水户协会管理是推动基于 ET 的用水总量控制的有效管理方式之一。通过农民用水户协会管理,广大农民可在水权所分配水量的节余水量内进行水权交易,从而提高农民的节水积极性,有利于节水工作的开展。

1. 用水指标管理

用水指标管理是指通过制定各乡镇、各行业的用水指标,实现对水资源的总量控制和定额管理,从而促进水资源的节约利用,推动水资源的可持续发展。

合理、科学的用水指标是实现节水管理目标的基础,这就要求在信息管理和业务应用管理分析县域内的水资源状况基础上,充分分析各乡镇的产业结构、历史年度的用水指标分配与使用情况,科学制定本区域内不同乡镇、不同行业的用水指标分配方案。

基于 ET 的县级水资源管理工具即为用水指标管理提供各乡镇产业结构基本信息的查询和历史数据的统计分析功能,具体为:

(1) 基本信息。

包括历史年度各乡镇内的土地利用类型、土地利用面积、土地利用调整比例、第一产业数量、第二产业数量、第三产业数量、行业需水量、行业用水定额等。

(2) 统计分析。

包括历史年度上各乡镇、各行业制定的用水指标、实际用水情况以及制定指标完成的百分比等信息。

2. 取水许可管理

取水许可管理是水资源可持续开发利用的基础政策保障,是依法管理水资源的前提条件。为提高取水许可审批决策的科学性,达到预先制定的总量控制和节水管理目标,就需要在信息管理和业务应用管理分析县域内的水资源状况、行业用水分配、节水管理目标的基础上,掌握取水许可申请的基本信息,并对比统计已发放取水许可的执行效果,制定合理的年度取水许可审批计划。

取水许可管理包括取用地表水的取水许可管理和取用地下水的取水许可管理(即打井许可管理)两部分(图 6.15)。

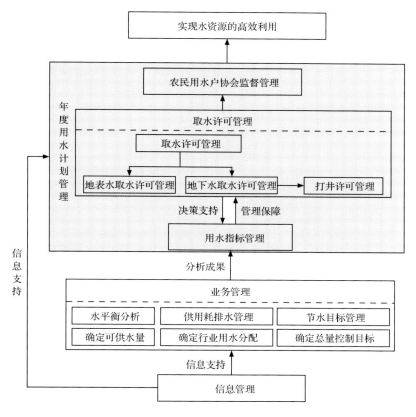

图 6.15　行政许可管理流程图

(1)地表水取水许可管理。

基于 ET 的县级水资源管理工具即为地表水取水许可管理提供取水许可申请基本信息的查询和历史数据的统计分析功能,具体为:

■ 基本信息。

水资源论证报告、审查批复文件、建设项目建议书、取水许可申请书、可行性研究报告、工程验收申请书及批复意见等文档资料,以及申请许可的取水单位、取水地点、取水方式、取水量等基本信息。

■ 统计信息。

包括当年和历史年份已发放的保有取水许可证数量、许可取水量、取水登记信息、实际取水量、取水指标的变更信息等。

(2)打井许可管理

基于 ET 的县级水资源管理工具即为打井许可管理提供打井许可申请基本信息和对

已发放打井许可影响效果的统计分析功能,具体为:

■ 基本信息。

《打井申请表》、《打井申请审批表》、《机井竣工验收表》、《机井竣工报告表》、《电测曲线表》、《成井结构与地层情况》、《水质分析报告》等文档资料以及申请机井的位置、类型、取水量、最大取水能力等基本信息。

■ 统计信息。

包括年度新审批的打井许可数量,其中已完成和已审批但还未施工的数量,未被审批通过的打井许可数量及原因;机井总数,各年度新增加或减少的机井的数据对比情况;各年度地下水开采量信息等。

(3) 农民用水户协会监督管理。

农民用水户协会是以受益区域为范围,由农民自愿组织起来的自我管理、自我服务,实行自主经营、独立核算、不以营利为目的的民间社会团体组织。其管理职能为按照当地的水权分配方案,对工业、农业、生活和其他用水进行水权定额分配管理,对于在水权分配水量内有节余水量的农户可与超用水量的农户进行水量交易。农民用水户的建设使农民在参与实践中亲自体会到地下水超采引起的地下水水位的下降、井泵更新、灌溉成本提高等一系列问题,从而改变管理理念,自主推行各种农业节水管理措施,实现真实节水。

为充分了解发挥农民用水户协会的积极作用,就需要掌握用水户协会的基本信息和历史年份上已经完成的水权交易情况,为下一年度水权交易提供方案借鉴。县级水资源管理工具即为农民用水户协会管理提供协会基本信息的查询和历史水权交易数据的统计分析功能,具体包括:①协会基本信息:协会名称、所属区域、成立日期、协会类型、协会建设指标、投资情况、灌溉系统情况、运行情况、培训情况等;②年度统计信息:水权分配方案、用水单位、用水量、水价、交易水量、交易水价等。

(五) 案例分析

在 GEF 海河项目中,利用 SWAT 水资源管理模型,开发了县级水资源管理工具,下面以河北省馆陶县为例。

馆陶县地处河北省南部、海河流域漳卫南上游。其多年平均地表水水资源可利用量为 987.3 万 m^3(其中包括:区域自产地表径流 254 万 m^3;灌溉引用卫运河水 733.3 万 m^3),多年平均地下水水资源可开采量为 5692.1 万 m^3,多年平均水资源可利用总量为 6679.4 万 m^3。而馆陶县多年平均用水量,据《馆陶县水利年报》、2004 年《河北省馆陶县国民经济统计资料》及实际统计数据,为 8496.3 万 m^3,远远高于馆陶县的可利用水量。

多年来,为了满足工业、农业和生活用水的需求,馆陶县被迫大量超采地下水,致使地下水水位连年下降。地下水水位埋深从 1994 年 14.9m 下降到 2004 年的 22.0m,11 年共下降 7.1m。地下水水位下降带来了诸如地面沉降、机井报废、有咸水区的深层地下水受到污染等众多环境地质问题。同时由于工业废水处理不达标、生活污水未经处理直接排入排灌渠道,污染了灌溉用水,进而污染了土壤和地下水,严重影响了馆陶县的生产、生活。

由于存在以上问题,缓解水资源短缺、改善生态环境成为馆陶县广大群众的迫切愿望。为此,馆陶县基于ET管理的先进理念,开发县级水资源管理工具,开展农业节水措施的情景分析预测,并制定了水资源与水环境综合管理规划。

1. 水资源管理工具

该系统的总体结构为B/S结构,用户通过浏览器访问数据库(见图6.16～图6.24)主界面如图6.16所示。

图6.16 县级KM管理工具主界面图

图6.17 地下水采补平衡分析

图 6.18　水资源平衡多年统计分析

图 6.19　取水许可管理

图 6.20 用水户协会管理

图 6.21 模拟工具主界面

图 6.22 数据输入

1）水资源管理界面

2）节水情景模拟界面

2. 节水情景分析

（1）作物种植结构调整分析。

作物结构调整情景涉及粮食安全以及项目县经济等复杂问题，因此本次馆陶县作物结构调整情景模拟只是简单地设置了一种情景进行模拟，并将模拟结果和现状情况进行了对比。情景设置为：将馆陶县 50% 玉米轮作地改为棉花；将薯类地改为棉花地。作物结构调整后，馆陶县 ET 值各年份均有所降低，如图 6.25 所示；馆陶县各乡镇及全县相对现状作物结构 ET 的降低量，参见表 6.5。

图 6.23　作物结构调整

图 6.24　改变灌溉方式

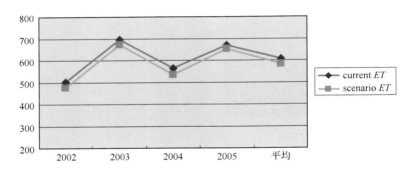

图 6.25　作物结构调整后全县 *ET* 与现状全县 *ET* 对比（单位：mm）

表 6.5　作物结构调整后馆陶县各乡镇及全县 *ET* 的降低量　　　（单位：mm）

项目	馆陶	徐村	魏僧寨	路桥	柴堡	寿山寺	房寨	王桥	全县 *ET*
2002 年	23.79	21.43	26.6	35.11	37.44	29.06	20.11	17.95	26.43
2003 年	8.12	11.71	17.83	28.38	41.62	20.93	23.81	10.55	20.37
2004 年	24.48	13.89	32.25	36.69	54.9	38.5	33.02	20.29	31.75
2005 年	14.87	3.56	10.04	19.73	35.39	19.96	30.66	4.99	16.5
平均	17.82	10.87	21.68	29.98	42.33	27.11	26.9	13.45	23.76

（2）灌溉水量优化分析。

灌溉水量对作物生长和 *ET* 消耗有非常大的影响,在馆陶县的玉米-小麦轮作地进行了三种情景分析，即现状灌溉措施（current）、灌溉次数减半（scenario1）和不灌溉情景（scenario2），如表 6.6 所示。

表 6.6　玉米-小麦轮作地灌溉情景设置表

现状 current	小麦 4 水，玉米 2 水
情景 1　Scenario 1	小麦 2 水，玉米 1 水
情景 2　Scenario 2	无灌溉

经计算分析得出，在馆陶县玉米-小麦轮作地，随着灌溉次数的减少，作物 ET 和作物生物量明显减少，如图 6.26、图 6.27 所示。

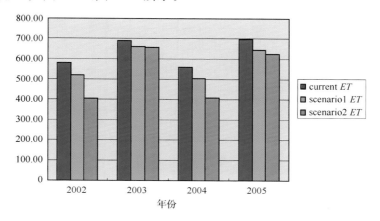

图 6.26　不同灌溉情景方案 ET 对比

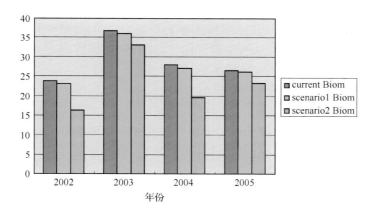

图 6.27　不同灌溉情景下总生物量对比图

（3）综合农艺措施分析。

在日常农艺管理中，通常会同时采取多种措施（包括调整作物种植结构、优化灌溉水量、改变施肥量等），以达到最佳的农艺管理效果。

馆陶县在规划管理中制定了两个综合方案来分析不同情景产出情况。

方案 1：71％灌溉水量＋15％小麦改为棉花＋60％施肥量；

方案 2：71% 灌溉水量＋15% 小麦改为棉花＋80% 施肥量。

从模型计算成果（图 6.28）来看，减少 40% 施肥量尽管使非点源产出减少很多，但产量下降严重，不符合规划的要求。我们最终选择减少 20% 施肥量作为最优方案。这样最后的方案为：小麦、玉米和棉花灌水量减少 29%，玉米、小麦耕地面积减少 15% 改种棉花，施肥量减少 20%。

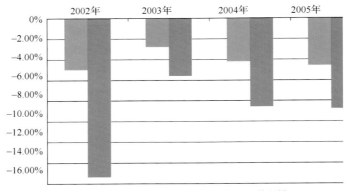

图 6.28　棉花产量变化图

馆陶县可以通过各种节水措施，逐渐降低作物耗水，实现地下水采补平衡，使得地下水位逐渐获得回升，有利于馆陶县水资源短缺的缓解和生态环境的修复。

二、农田耗水管理工具

基于 ET 的农田灌溉水管理：是以保证作物产量为前提，分析作物生长、产量、耗水、土壤墒情之间的关系，根据气象预报资料预测土壤墒情，选择灌溉方式，从而最大限度地控制 ET 消耗，减少农业用水的无效损失。

（一）工具组成

农田灌溉水管理工具的主要工作是收集整理灌区内重要基础信息和监测信息，并建立相应的数据库，通过对数据的分类统计分析和整合，服务于信息管理、业务应用管理和灌溉用水日常管理，工具的组成见图 6.29。

信息管理提供灌区水管理相关数据的采集、查询与统计服务，在为管理人员提供基础信息服务的同时，也为业务管理和灌溉用水日常管理提供基础数据支持；业务管理基于基础数据和作物耗水模型、土壤墒情预测模型等的计算结果，对灌区内的作物生长耗水、作物耗水与土壤墒情相关关系、土壤墒情与降水灌溉相关关系、灌水定额与灌水时间等的分析评价，为管理人员提供业务决策依据；灌溉用水日常管理为用水户提供灌溉水量和灌水时间等数据，以达到灌区水管理的目的。

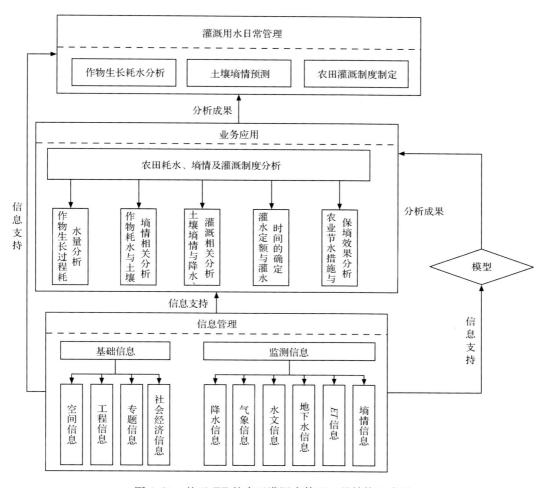

图 6.29　基于 ET 的农田灌溉水管理工具结构组成图

（二）信息管理

基于 ET 的农田灌溉水管理信息包括基础信息和监测信息，如表 6.7 所示。基础信息包括空间信息（同表 6.1）、工程信息、专题信息和社会经济信息；监测信息包括降水信息、气象信息、遥感信息、土壤及墒情信息、灌溉信息、水源信息、旱情信息及作物信息。

农田耗水管理工具的管理方式同县域耗水管理工具，包含信息查询，信息统计与信息展示。

（三）农田耗水、土壤墒情及灌溉制度分析

1. 农田耗水分析

（1）农田耗水规律分析。

■ 土壤墒情与田间蒸发。

土壤蒸发分为三个明显不同的阶段。第一阶段是土壤水分达到或高于田间持水量，其间土壤蒸发近似于或等于水面蒸发,此间蒸发受制于气象条件;第二阶段为毛管水上移,其间土壤蒸发的大小不仅受气象条件影响,而且与毛管水上移速度有关;第三个阶段为毛管水破裂阶段,蒸发速率受水汽扩散速度影响。这三个阶段的土壤水分运移均与土壤水分大小有关。

表 6.7　基于 ET 的农田灌溉水管理工具信息需求

信息类别	详细类别	特征描述
基础信息	工程信息	河流、水库、湖泊和水闸、引水工程等工程数据
	专题信息	包括土壤质地、土地利用等专题信息
	社会经济信息	包括人口总数、牲畜总量、人口比例、收入情况,农业生产支出成本、水价、电价、粮食价格、经济作物价格变化情况等
监测信息	遥感信息	30m 分辨率的 ET(包括 ETact、ETpot、ETrct)、土壤含水量、干物质量数据;土地利用和作物结构分布图;30m 分辨率的表层土壤(0～30cm)含水量等
	土壤及墒情信息	表层土壤类型分布图,典型区土壤剖面、土壤干容重、导水率、给水度,土壤饱和含水量、田间持水量、凋萎点含水量等
	灌溉信息	地表水灌区和地下水灌区范围、有效灌溉面积、实灌面积、不同作物不同灌溉方式的面积及分布、灌溉次数、灌溉净定额和毛定额、灌溉效率等
	水源信息	包括机井分布和密度、单井出水量、控制面积、抽水时间和水量、井水位等,地表水灌区水库供水时间和水量,控制面积等
	旱情信息	包括作物水分亏缺指数、作物系数等
	作物信息	包括作物播种和收获日期,主要生育阶段,作物高度,叶面积指数分布,作物产量和干物质量分布等

　　土壤蒸发大小与土壤水分关系极为密切,土壤蒸发与土壤相对有效水分比值是一直线关系,如图 6.30 所示,从中看出不同深度土层的平均土壤湿度与土壤蒸发均呈线性关系,随着土壤湿度增大土壤蒸发变大。减少田间蒸发主要是降低土壤湿度。

　　■ 土壤水分与作物光合作用的关系。

　　光合作用是绿色植物制造营养物质的基本活动,是影响作物产量的主要因素,而光合速率的大小则与土壤水分有一定关系。已有研究表明,植株在轻度缺水条件下光合作用没有受到影响,甚而高于供水充足的植株。

　　陈玉民在 1995 年、1996 年两年对冬小麦拔节期、灌浆期的研究表明,光合速率最高点不是土壤水分最高处,而是在 15%～16%（65%～69% 田间持水率）范围（陈玉民、肖俊头,1999）。图 6.31 是 1995 年分别在拔节期、抽穗期、灌浆期测定的光合速率,从图中明显看出,光合速率在土壤水分低于 17% 情况下随着土壤水分增加而明显增大,而高于 17% 以后因土壤水分变化呈上下波动之势。

　　■ 土壤水分与作物蒸腾的关系。

　　根据试验资料,不同土壤水分处理条件下蒸腾速率测定表明,随着土壤水增高,蒸腾速率在加大,而且近似为一条直线关系,如图 6.32 所示。从蒸腾速率日变化过程来看,蒸腾速率最高的时间一般在中午 12 时左右,有时可推迟至 14 时,也就是最高蒸腾时间在

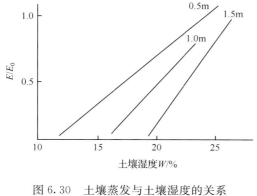

图 6.30　土壤蒸发与土壤湿度的关系
（陈玉民,1995）

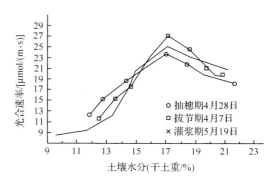

图 6.31　土壤水分与光合速率的关系
（陈玉民,1995）

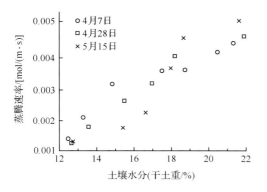

图 6.32　蒸腾速率与土壤水分关系

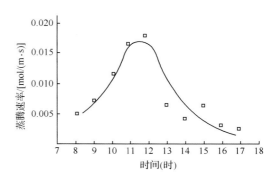

图 6.33　蒸腾速率与时间关系

12～14 时,如图 6.33 所示。

由于蒸腾速率与土壤水分呈线性关系变化,为了减少蒸腾量,应控制土壤水分在不影响植株生长情况下的最低区间内变动,这样既保证植株生长,对降低蒸腾速率也有明显效果。

■土壤水分与作物光合、蒸腾的关系。

土壤水分与蒸腾速率关系表现为线性,即直线关系,而与光合速率关系为曲线,当土壤水分在 18％～19％范围（65％～69％田持）时光合速率最高,此时再增加土壤水分,光合速率不再增高,如图 6.34 所示。

蒸腾速率曲线与光合速率曲线分离点的土壤水分恰为节水灌溉应控制的水分指标,可称为作物水分生产率的峰值点。是理论上节水灌溉控制的土壤水分指标。在生产实践中应通过一系列田间水管理技术在尽可能多的时间控制土壤水分在此范围内波动,从而实现高产节水目标。

有研究表明:土壤水分与作物生长关系,在 55％～70％田持范围时有利于根系生长。而地上部分生长在土壤水分为 50％～80％田持时,无明显区别。

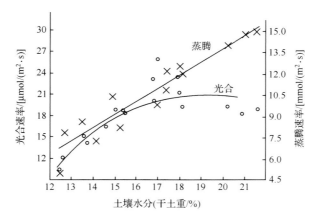

图 6.34　土壤水分与作物光合、蒸腾的关系(陈玉民,1995)

■ 农作物生长过程耗水分析。

农作物生长阶段的耗水量与土壤、植物、大气三大因素,其函数关系为

$$ET = f_1(S)f_2(P)f_3(A) \tag{6.19}$$

式中,$f_1(S)$、$f_2(P)$、$f_3(A)$分别表示与土壤、植物、大气三因素有关的函数。

大气因素通常用大气蒸发能力表示,与下垫面性质无关;土壤因素中最主要的为土壤水分,在充分供水情况下,土壤水分不影响植物生长和蒸发蒸腾量,但土壤水分不足时,则约束根系吸水,从而制约蒸发蒸腾量;作物是蒸腾过程中的水分导体,在任何大气、土壤条件下,作物因素均独立起作用。故 S、P、A 三因素均可独立地对 ET 产生影响。

在海河流域,冬小麦在拔节-抽穗、抽穗-灌浆、灌浆-成熟三个阶段的耗水强度较高;播种、分蘖、返青期由于作物地面覆盖较小,加之气象因素影响,耗水强度较小。夏玉米拔节-抽穗、抽穗-灌浆、灌浆-蜡熟三个阶段的耗水量大,耗水强度高;播种-出苗、出苗-拔节两个生长阶段作物覆盖度较低,但夏季蒸散发强度大,加之降雨相对较为丰沛,土壤湿度较高、裸地蒸发旺盛、耗水强度相对也较高。海河流域的主要农作物生长过程的耗水量如图 6.35 所示。

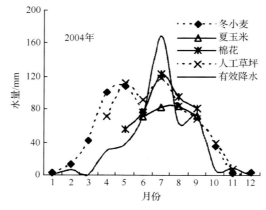

图 6.35　海河流域的主要农作物生长过程耗水示意图

（2）农田耗水计算分析。

■ 土壤水分的计算。

土壤中的水分在不停的运动，并遵循如下运动规律。

$$C(h)\frac{\partial h}{\partial t} = \frac{\partial}{\partial z}\Big[K(h)\frac{\partial h}{\partial z}\Big] - \frac{\partial K}{\partial z} + S_r \tag{6.20}$$

式中，$C(h)$ 为土壤容水度；h 为水头压力，饱和土壤中 $h \geq 0$，非饱和土壤中 $h < 0$；t 为时间变量；z 为空间变量；$K(h)$ 为土壤水力传导度；S_r 为作物根系吸水量。

初始条件：

$$h\mid_{t=0} = h_i(Z) \tag{6.21}$$

边界条件：

已知水头：

$$h\mid_{z=0或z=l} = h_0(t) \tag{6.22}$$

已知通量：

$$-K(h)\Big(\frac{\partial h}{\partial z} - 1\Big)\Big|_{z=0或z=l} = q \tag{6.23}$$

式中，l 为下边界深度；q 为给定的通量值，$q>0$ 时为降雨或灌水，$q<0$ 时为蒸发，$q=0$ 时为隔水。

■ 作物蒸腾与根系吸水。

进入根系的水分，几乎全部通过叶面上的气孔散入大气，故叶面蒸腾量的确定至关重要。Penman-Monteith 方法以能量平衡原理和热量扩散原理为基础，是理论上较为完善的一种方法。

在确定 r_{st} 时，需要叶水势 $\psi_e(\mathrm{cmH_2O})$，根据河北省藁城灌溉试验站利用小液流法对冬小麦和望都灌溉试验站利用压力室法对夏玉米测定的叶水势及相应的土壤含水率资料得冬小麦：

$$\psi_e = -1036.45\Big(30.572 - 25.8\frac{w-w_p}{w_c-w_p}\Big) \tag{6.24}$$

夏玉米：

$$\psi_e = -993.66/(0.1041 - 0.44625/w) \tag{6.25}$$

假设单位体积土壤中的根系吸水量与该体积中的根量成正比，根据望都站实测资料得根系吸水函数为

冬小麦：

$$S_r(z,t) = \frac{0.5961}{V(\bar{t})}T \cdot \mathrm{e}^{[-0.8980(\ln(\bar{z})+0.9435)^2]} \tag{6.26}$$

夏玉米：

$$S_r(z,t) = \frac{T \cdot \alpha \cdot \exp(-\alpha \cdot \bar{z})}{V(\bar{t})[1-\exp(-\alpha)]} \tag{6.27}$$

式中，$\alpha = 5.66832$；$\bar{z} = z/V(\bar{t})$ 为相对深度；$\bar{t} = t/M$ 为相对时间；M 为生育期天数；$V(\bar{t})$ 为根层深度，临西站的实测结果为

冬小麦：

$$V(\bar{t}) = \begin{cases} 1116 \cdot \bar{t}, (mm) & \bar{t} < 0.6989 \\ 780 + 3348(\bar{t} - 0.6989), (mm) & \bar{t} \geqslant 0.6989 \end{cases} \tag{6.28}$$

夏玉米：

$$V(\bar{t}) = 1500(1 - e^{-3.3664\bar{t}}) \tag{6.29}$$

式中，作物蒸腾量 T 是大气蒸发能力和作物输运特性的综合体现，它的变化引起了根系吸水速率 S_r 的变化，而 S_r 的变化又导致了土壤含水率 w 的变化，w 的变化又使叶水势 ψ_e 随之变化，而 ψ_e 的变化最终导致了作物蒸腾量 T 的变化，这个过程反映了 SPAC 中水分传输的反馈机制。

■棵间蒸发与上边界条件。

仿照作物蒸腾量的推证方法，我们提出了棵间蒸发量的计算模型为

$$E = \frac{\dfrac{p_0}{p} \cdot \dfrac{\Delta}{\gamma} \cdot h_r \cdot (R_{ns} - G) + \dfrac{\alpha_p}{\gamma}[h_r \cdot e_s(T_a) - e_a]/r_a}{L \cdot \left[\dfrac{p_0}{p} \cdot \dfrac{\Delta}{\gamma} \cdot h_r + (1 + r_s/r_a)\right]} \tag{6.30}$$

式中，E 为棵间蒸发量，mm/d；h_r 为土壤空气的相对湿度；R_{ns} 为透过冠层到达地面的太阳辐射；G 为土壤表面热通量；r_s 为水汽通过土壤孔隙的蒸发扩散阻力。其他符号意义同前。

在以日为时段计算土壤蒸发时，白天流入和夜间流出土壤表面的热通量近似相等，故可取 $G=0$。对于 h_r，我们提出了如下估算模型，如下：

$$h_r = h_a + \left(\frac{w}{w_s}\right)^n (1 - h_a) \tag{6.31}$$

式中，h_a 为空气的相对湿度（$0 < h_a < 1$），代表着温度、风速等环境气象要素对 h_r 影响；而 w 和 w_s 分别为表层土壤的实际含水率和饱和含水率，代表着土壤中水分多少对 h_r 影响。数值试验表明，只要 n 值选取的合适（可在 $2 \sim 6$ 之间取值），利用式（6.34）确定棵间蒸发量是能满足精度要求的。

设土壤表面的潜在蒸发或入渗通量为 q_s（mm/d），土壤允许的最大通量为 q_m，实际通量为 q，则

$$q_s = P - E - E_i \tag{6.32}$$

当 $q_s \geqslant q_m$ 时（入渗）

$$q = q_m \quad h_1 \geqslant 0 \tag{6.33}$$

当 $q_s \leqslant q_m$ 时（蒸发）

$$q = \begin{cases} q_m & h_1 = \psi_a \\ q_s & \psi_a < h_1 < 0 \end{cases} \tag{6.34}$$

式中，E_i 为植物截留量；h_1 为土壤表层的水头压力；ψ_a 为近地面大气水势。

2. 土壤墒情预报分析

土壤水分预报模型建立的依据是土壤水分平衡方程：

$$W_{T+1} = W_T + P + G - E_T \tag{6.35}$$

式中，W_{T+1} 为时段末的土壤含水量，mm；W_T 为时段初的土壤含水量，mm；P 为时段内的

有效降水量,mm;G 为时段内地下水补给量,mm;E_T 为时段内作物耗水量,mm。

(1) 时段初土壤含水量 W_T。

时段初土壤含水量 W_T 由实测土壤湿度 m 计算得

$$W_T = 10 \times m \times \rho \times h \tag{6.36}$$

式中,m 为用烘干法测得的重量土壤湿度(%)的分子项;ρ 为土壤容重,g/cm^3;h 为土层厚度,m,模型中取 1m;10 为单位换算系数。

(2) 时段内有效降水量 P。

有效降水量是指进入计算土层的净降水量,其计算公式为

$$P = R - T - L - I_t \tag{6.37}$$

式中,P 为有效降水量,mm;R 为预报降水量,mm,根据各级气象台站发布的中长期天气预报获得;T 为径流量,mm,是一个与降水强度、降水持续时间等因素有关的量;L 为深层渗漏量,mm,当土壤水分不超过田间持水量时,渗漏量忽略不计。当土壤含水量超过田间持水量时(灌溉或降水后),超过部分作为渗漏处理;对于夏玉米径流量 T 和渗漏量 L 一并处理。即当土壤含水量超过田间持水量时(灌溉或降水后),超过部分作为损失量处理;I_t 为植被截留量,mm,其随作物生长发育阶段不同而不同,冬小麦分蘖前截留量可以忽略不计,分蘖至拔节期一次降水截留量为 0.5mm,拔节至孕穗期为 2.8mm,孕穗至成熟期为 4.2mm。夏玉米不同时期的截留量约 1~4mm。

(3) 时段内地下水补给量 G。

地下水补给量主要决定于地下水埋深和土壤性质,小麦拔节前根系较浅,地下水补给量可不予考虑。小麦拔节后及夏玉米地下水补给量 G 的计算公式为

$$G = E_T / \mathrm{e}^{2H} \tag{6.38}$$

式中,H 为地下水埋深,m;E_T 为阶段实际耗水量,mm。

3. 作物产量预估

(1) 干物质累积过程及其分析。

单个细胞或器官的生长具有无限性,并且以指数的方式进行(如图 6.36 中曲线 A 所示)。然而,单个细胞或器官之间内部的交互作用限制了生长,实际累积曲线变为 S 形,结果成为曲线 B。

高等植物的生长,当它以指数状态生长时,类似于资本连续的复利累积,胚胎代表最初资本,而光合作用决定利息比率。生长可以认为是干重的累积。如果植物最初重量为 y_0,复利率为 r,一定时间 t 后,总重量为

$$y = y_0 (1+r)^t \tag{6.39}$$

Blackman(1919)详述了植物生长的复利规律,并认为一年生植物的生长服从复利法则。但随着时间 t 的推移,干物质累积量 y 变得无限大而与现实不符。如果把生长初期看成是复利的,而把表示后半期生长的临界条件引入便得

$$\ln \frac{y}{C-y} = k(t - t_c) \tag{6.40}$$

式中,t_c 为生长结束时的时间;C 是生长末期的最大干重。变形后,并令 $kt_c = a$,$-k = b$ 得

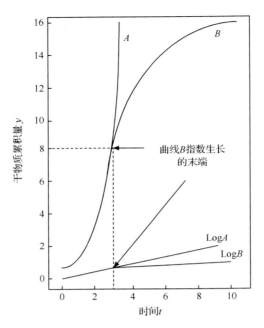

图 6.36　草本植物早期的指数生长(曲线 A)和它整个生命过程的 S 形生长(曲线 B)

$$y = \frac{C}{1 + e^{a + b \cdot t}} \tag{6.41}$$

式(6.41)即目前常用的干物质累积曲线。该式对时间求一阶导数,可得干物质累积速度。

$$V = \frac{\mathrm{d}y}{\mathrm{d}t} = \frac{C(-b)\mathrm{e}^{a + b \cdot t}}{(1 + e^{a + b \cdot t})^2} \tag{6.42}$$

求二阶导数,可得干物质累积加速度。

$$V' = \frac{\mathrm{d}^2 y}{\mathrm{d}t^2} = \frac{Cb^2 \mathrm{e}^{a + b \cdot t}(\mathrm{e}^{a + b \cdot t} - 1)}{(1 + e^{a + b \cdot t})^3} \tag{6.43}$$

令 $V' = 0$,得 $t = -\dfrac{a}{b}$,代入式(6.41)与式(6.42)得

$$y = 0.5C \tag{6.44}$$

$$V_{\max} = -\frac{bC}{4} \tag{6.45}$$

式中,0.5 为经济系数;C 为生物产量;$V_{\max}$ 为最大生长速度。

令 $\dfrac{\mathrm{d}^3 y}{\mathrm{d}t^3} = 0$,可得

$$t_1 = \frac{\ln(2 + \sqrt{3}) - a}{b} \tag{6.46}$$

$$t_2 = \frac{\ln(2 - \sqrt{3}) - a}{b} \tag{6.47}$$

这里 t_1 和 t_2 为累积曲线上的两个突变点。t_1 之前和 t_2 之后生长缓慢,在 t_1 和 t_2 之间

生长迅速，y 与 t 之间近似直线关系，称为群体的旺盛生长期。

$$GT = \frac{bC}{4}(t_2 - t_1) = V_{\max}(t_2 - t_1) \tag{6.48}$$

式中，GT 称为生长特征值；$V_{\max}$ 为速度特征值；$\Delta t = t_2 - t_1$ 为时间特征值，表示旺盛生长期持续时间的长短。其中 GT 表示 Δt 时段干物质积累量。

对于特殊环境条件（主要是气象条件）下，干物质积累不再服从式（6.42）。丁希泉给出了修正的干物质累积曲线如下

$$y = \frac{G}{1 + e^{a+bt+ct^2}} \tag{6.49}$$

或

$$y = \frac{G}{1 + e^{a+bt+ct^2+dt^3}} \tag{6.50}$$

式（6.49）和式（6.50）中 G 和 a、b、c、d 均为经验常数。

河北望都实验站夏玉米生长期，其干物质的积累过程如图 6.37、图 6.38 所示。

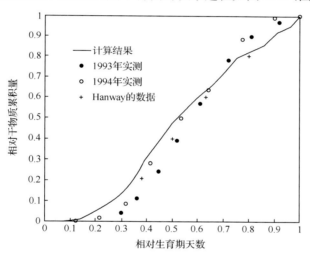

图 6.37 望都站 1993 年、1994 年夏玉米相对干物质累积量与相对生育期天数关系示意图

（2）干物质产量计算。

某时刻的干物质产量采用 Morgan 模型计算。

$$Y = Y_{D_0} \prod_{t=1}^{n} \Gamma(t)^{\sigma(A_{mt})} \tag{6.51}$$

式中，Y 为 t 时刻干物质产量；Y_{D_0} 为初始干物质量，n 为计算时段个数；$\Gamma(t) = DY(t)/DY(t-1)$ 为干物质增加率，$DY(t)$ 及 $DY(t-1)$ 分别为 t 和 $t-1$ 时刻的干物质相对产量，$\sigma(A_{mt})$ 为水分响应函数

$$\sigma(A_{mt}) = a_i \cdot A_{mt} + b_i \qquad A_{msi-1} \leqslant A_{mt} \leqslant A_{msi} \tag{6.52}$$

式中，$A_{mt} = (w_t - w_p)/(w_f - w_p)$；$A_{msi}$ 为相对有效含水率界限值，与参数 a_i 和 b_i（$i = 1$，$2, \cdots, m$）一起根据藁城站 1985～1986 年冬小麦、临西站 1988～1989 年冬小麦、望都站

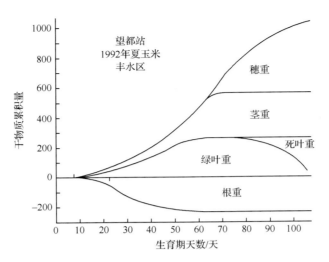

图 6.38　望都站 1992 年同化物分配给各生长器官的干物质累积过程的计算结果

1991～1992 年冬小麦和夏玉米实测干物质与土壤湿度变化过程资料采用一次样条回归法求得。

冬小麦：

$m=3, Y_{D_0}=1.0588,$

$A_{msi}=\{0, 0.2167, 0.5667, 1.00\},$

$a_i=\{3.9102, 0.2885, 0.1652\},$

$b_i=\{0, 0.7654, 0.8348\}。$

夏玉米：

$m=3, Y_{D_0}=0.5558,$

$A_{msi}=\{0, 0.22, 0.53, 1.00\},$

$a_i=\{4.0577, 0.0358, 0.2047\},$

$b_i=\{0, 0.8848, 0.7953\}。$

干物质产量的 Morgan 模型通过函数 $\Gamma(t)^{\sigma(A_{msi})}$ 的连乘方式很好地体现了水分胁迫对作物生长的后效反应。

（3）经济产量计算。

生产当中，更为关注的是经济产量（籽粒产量），根据藁城站 1987～1988 年冬小麦和望都站 1993 年夏玉米实测资料得出换算公式如下

冬小麦：

$$Y_g = -8.053876 + 0.32358 Y_d \tag{6.53}$$

夏玉米：

$$Y_g = -66.7 + 0.5862 Y_d \tag{6.54}$$

式中，Y_g 为籽粒产量，kg/亩；Y_d 为干物质产量，kg/亩。

4. 节水灌溉决策

（1）作物产量与耗水分析。

根据作物的需水规律、适宜水分指标及干旱指标，通过对土壤水分的实时监测和预测，并从经济效益的角度分析，制定科学合理的灌溉方案，以保证作物对水分的需求，使有限的水资源发挥最大的效益。

农作物并非耗水越多越好。小麦及玉米产量与耗水量之间呈抛物线关系，它们的最佳耗水量为 340～360mm。当耗水量过大时，产量增加并不明显，甚至有减产现象；耗水量偏小时，产量会明显下降。要保证全生育期适宜的耗水量，就需要控制各生育阶段的土壤湿度，使其满足小麦生长的需要。

冬小麦产量和水分利用效率（WUE）与其全生育期耗水量（ET）的关系如图 6.39 所示，均为二次抛物线形式，供水过少或过多都不能取得高产。供水过少，某个（或几个）生育阶段植株遭受严重水分胁迫而不能正常发育，必然导致产量的降低；供水过量易致茎叶徒长，甚至倒伏，影响产量，也不能获得高产。从图中还可以看出，WUE 随耗水量的增加，也有一个由增大到减小的变化过程，并且 WUE 的最高点与产量的最高点并不一致，从经济及资源高效利用观点出发，冬小麦全生育期耗水量应该在水分利用效率最高点与产量最高点之间。

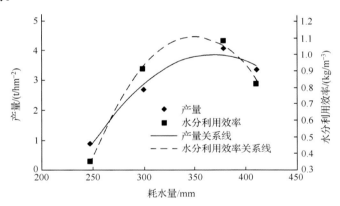

图 6.39　冬小麦产量和水分利用效率与全生育期耗水量关系示意图（2007 年）

（2）适宜水分下限指标。

土壤含水率的大小与作物的生长有着密切的关系，对某一种类的作物、某一类型的土壤和气候区，当土壤含水率降到一定的范围时，作物生长受到限制。一般情况下，当土壤含水率介于作物生长阻滞含水率与田间持水率之间时，作物生长正常；当土壤含水率介于凋萎含水率与作物生长阻滞含水率之间时，作物将处于中度受旱状态；当土壤含水率接近凋萎系数时，说明作物严重受旱。

土壤水分下限值是土壤供给植物可利用水分的临界值，当土壤水分含量降低到土壤水分下限值时，就会对作物的生长发育及产量造成明显的影响，此时灌溉补水可以解除干旱威胁使作物正常生长。

■ 土壤质地与含水率。

土壤性质是影响土壤水分下限值的一个重要因素。土壤质地不同,含水量及持水能力也不同(表6.8)。砂质土壤通气透水性好,但保水、供水性能差,易旱;黏质土保水能力强,但通气透水性差;壤质土既有大孔隙,又有毛管孔隙,因此不仅土壤通气透水性好,而且保水能力强。因而黏土要求土壤水分下限值较高一些;对于砂土和壤土,因土壤颗粒大,孔隙多,要求土壤水分下限值可以稍低。

表6.8　不同质地土壤水分含量参数 　　　　　　(单位:%)

项目	粗砂土	绵沙土	沙壤土	轻壤土	中壤土	重壤土	黏土
田间持水量	6	12	18	22	24	26	30
蔫萎系数	3	3	5	6	9	11	17
有效水最大含量	3	9	13	16	15	15	13

■ 各种作物的土壤水分下限(表6.9)。

表6.9　各种作物不同生育阶段土壤水分下限

序号	作物品种	生育阶段	土壤水分下限
1	水稻	分蘖期	70%
		拔节孕穗期	85%
		抽穗开花期	80%
		和乳熟期	70%
2	夏玉米	孕穗之前	60%～65%
		孕穗至灌浆期间	70%
		灌浆期后	60%
3	棉花	苗蕾期	50%
		花铃期	60%
		吐絮期	55%
4	春小麦	出苗至抽穗	70%
		抽穗至灌浆初	60%
		灌浆初至成熟	50%
5	冬小麦	播种至拔节	60%
		拔节至成熟	65%

(3) 作物水分——产量反应系数。

试验表明,作物在不同的生育阶段出现水分亏缺,将对最终产量的形成产生影响。各发育阶段不同的耗水量引起的产量变化可表示为

$$\Delta Y_i = K_i (Y_m / ET_m) \cdot \Delta ET_i$$

式中,ΔY_i 为作物某生育阶段由于耗水量变化而引起的产量变化,kg/hm^2;Y_m 为最高产量,kg/hm^2;ET_m 为取得最高产量时的耗水量,m^3/hm^2;Y_m/ET_m 即为最大水分利用效率,试验得出小麦 $Y_m/ET_m = 1.275 kg/m^3$,玉米 $Y_m/ET_m = 1.40 kg/m^3$,ΔET_i 为某生育阶

段耗水量。不同生育期的 K_i 如表 6.10、表 6.11 所示。

表 6.10　冬小麦不同生育阶段的水分-产量反应系数

	苗期	越冬期	返青期	拔节期	抽穗-开花	灌浆-成熟
K_i	0.74	0.62	0.69	1.14	1.29	0.76

表 6.11　夏玉米不同生育阶段的水分-产量反应系数

	苗期	拔节期	抽雄吐丝期	灌浆成熟期
K_i	0.56	1.17	1.38	0.78

（4）优化灌溉决策。

将未来逐日土壤湿度 W_T 计算出之后,与小麦各生育期的适宜水分指标下限 W_P 和干旱指数 W_D 进行比较,当 $W_T > W_P$ 时,不进行灌溉;当 $W_T < W_P$ 时,则进行灌溉。当土壤湿度处于适宜水分下限和干旱指标之间时,是否进行灌溉,以及灌溉量是多少,则应进行经济效益分析。引入目标函数

$$B_{ij} = C_1 \Delta Y_{ij} - C_2 H_{ij} - C_3 S_i$$

其约束条件为 $H_{ij} \leqslant (F_c - I_f - W_T)$

式中,H_{ij} 为第 i 个生育阶段实施的第 j 个灌溉量;B_{ij} 为第 i 个生育阶段实施第 j 个灌溉量后所取得的经济效益;Y_{ij} 为第 i 个生育阶段实施第 j 个灌溉量所引起的产量变化;S_i 为灌溉开关因子,表示第 i 个生育阶段是否实施灌溉,$S_i = 0$ 时不灌,$S_i = 1$ 时灌溉;C_1、C_2 和 C_3 分别为小麦价格、水费和单位面积土地进行一次灌溉量所需要投入的劳力、机器折旧等费用(元/次);F_c 为田间持水量;I_f 为可能降水量,约束条件控制灌水量,以免发生渗漏流失。

在水资源有限的地区,小麦应优先保证拔节和灌浆期用水,玉米则优先保证播种期和抽雄期用水;而小麦返青至拔节初期、玉米苗期的适当水分胁迫,可促使其根系下伸,增加深层土壤水的利用。

（四）案例分析

在 GEF 海河项目中,河北肥乡县建立了"节水预报灌溉系统",通过对作物生长耗水模型分析、土壤墒情监测、气象预报等,及时进行作物灌溉决策测,合理配置水资源,从而达到节约水资源的目的。系统操作流程如图 6.40 所示。

1. 基础信息

社会地理信息:肥乡县共九乡镇,土壤类型主要包括砂土、砂壤土、壤土、黏土等。

肥乡县属暖温带半干旱半湿润大陆性季风气候,春季干旱少雨,夏季炎热多雨,秋季凉爽益人,冬季寒冷少雪,气象危害以旱灾为主。多年平均降雨量 525.8mm,蒸发量 1456.3mm,全县多年平均径流深为 36.3mm,年平均气温 12.9℃,大于 10℃有效积温 4479℃,日照时数 2701.2h,相对温度 64.2%,风速 2.23m/s。在春、夏季盛行偏南风,秋、冬季盛行偏北风。无霜期 205 天,最大冻土深度 23.5cm。

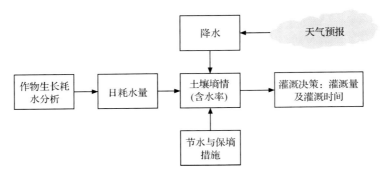

图 6.40　灌溉定额及灌水时间确定流程图

2．作物生长耗水分析

肥乡县是典型的农业县，共有耕地 58 万亩，主要种植粮食（玉米、小麦）、棉花、蔬菜等作物。作物生长期和土墒条件如图 6.41、图 6.42 所示。

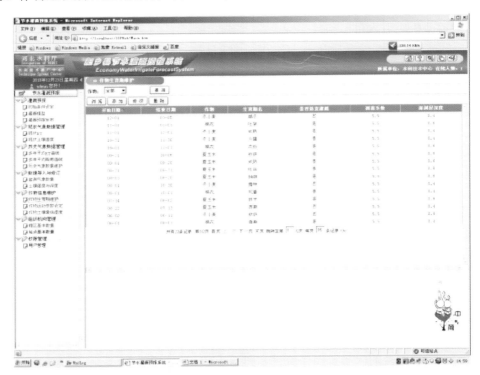

图 6.41　作物生育期维护

3．气象、墒情监测

监测现状土壤墒情、ET，如图 6.43、图 6.44。

4．灌溉决策

（1）建立灌溉模型。

灌溉对土壤墒情的变化如图 6.45～图 6.47 所示。

图 6.42　作物土壤最低湿度

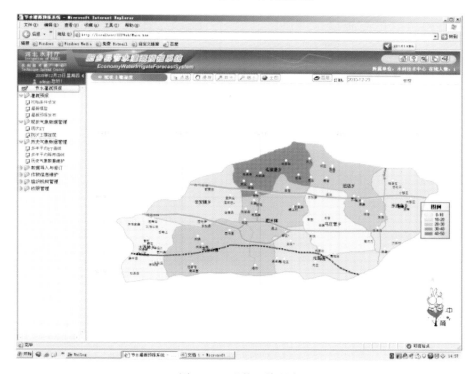

图 6.43　现状土壤湿度

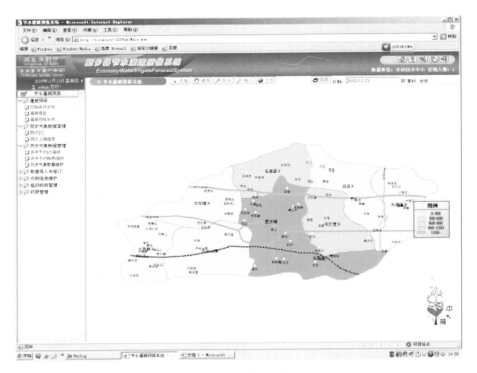

图 6.44　现状 ET

图 6.45　灌溉初始条件设定

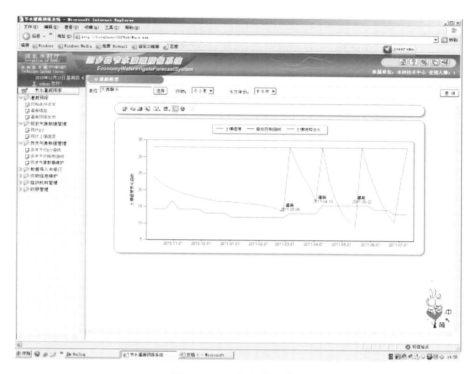

图 6.46　冬小麦灌溉模型

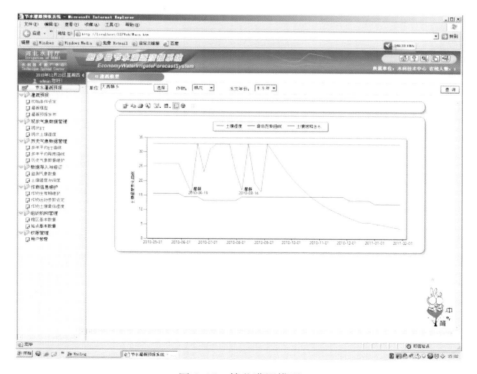

图 6.47　棉花灌溉模型

（2）灌溉决策。

根据作物对土壤墒情的要求，结合未来气象预测情况，做出灌溉决策，如图 6.48 所示。

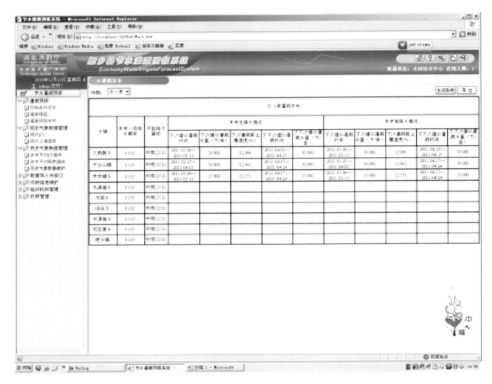

图 6.48　冬小麦灌溉发布

第五节　耗水管理政策、法规和制度

除大力发展耗水管理模型之外，制定符合耗水管理的政策、法规与制度也是保证耗水管理顺利实现的重要措施。

一、建立与耗水管理相适应的行政体制

要对流域耗水进行统一管理，需要进一步完善现有的水资源行政管理体制。2002年，《水法》第十二条规定："国家对水资源实行流域管理与行政区域管理相结合的管理体制；国务院水行政主管部门负责全国水资源的统一管理和监督工作；国务院水行政主管部门在国家确定的重要江河、湖泊设立的流域管理机构，在所管辖的范围内行使法律、行政法规规定的国务院水行政主管部门授予的水资源管理和监督职责；县级以上地方人民政府水行政主管部门按照规定的权限，负责本行政区域内水资源的统一管理和监督工作"。

尽管《水法》明确了水利部门是我国的水资源行政主管部门，但正如第一章所言，流域水资源管理机构与地方政府水资源管理机构水资源管理的目标往往不一致，有时候甚至

是相反的,此外,水资源与水环境分部门管理的方式并没有改变,这将对流域水资源管理实施的效果起到负面影响。流域耗水管理方法的实施如果没有地方政府的支持将无法推行。因此,需要进一步推进行政体制的改革。

2003 年 11 月,海河水利委员会与流域内的八个省(自治区、直辖市)水利厅(局)共同签署了国内第一部流域性治水宣言——《海河流域水协作宣言》,该宣言提出流域水资源优化配置、水资源保护与水污染防治等措施,这对于流域的统一管理有积极的意义。

二、建立基于耗水管理的水权制度

从耗水的角度出发,区域总的耗水量才是区域总的需水量,只有减少耗水量才是真正意义的水资源节约。而传统水权分配是建立在可抽取水量的基础上,对于耗水量、退水量没有规定。若一个耗水量很少的用水者将取水权出卖给耗水量很高的用水者时,将可能导致水资源损耗的加剧和浪费情况的加重,这种情况不能达到控制水的使用的目的,澳大利亚 Murray-Darling 流域就是活生生的案例。因此,基于耗水管理的现代水权制度需要在充分考虑生产、生活、环境对水的需求上,构建人与自然和谐相处的现代水权制度。钟玉秀(2007)对基于耗水管理的水权制度进行了有益探索,基于耗水管理的水权制度需要包括三方面内容:①取水权:即可以抽取的水量(包含地表水与地下水);②耗水权:即可以消耗的水量(ET);③退水权:即必须回到当地水系统的水量和水质要求。核心是耗水权的分配。

(1)产权结构明晰,取、耗、排水的界定有助于对行动者的权利和义务的界定,同时有利于规范的确立。

(2)将目标 ET 的分配(总量控制)与 ET 定额管理相结合,实现了"自上而下"和"自下而上"相结合的分配和管理措施,由此也将引导着水管理体制的改变。

(3)确立用 ET 值分配方式建立水权,对每个用水者或用水机构的行为有一定的控制和制约作用,意味着用水户的广泛参与,从而有利于将河流水资源的受益者或利益相关者有效组织起来,建立基层用水组织,提供资源保护的服务。

(4)将退水权纳入水权体系,能较好地规范和控制公众的排水行为,确保回归河流的水量和水质,从而解决目前日益突出的河流断流和干涸、地下水位急剧下降、河流水质恶化等水资源问题。

(5)以 ET 作为分配核心,可较好地解决水资源分配中的不公正行为,防止由于权力机关的保护,稀缺水资源被分配给无效率或低效率的用水部门。

三、制定与耗水管理相适应的政策法规

2008 年海河水利委员会成立 ET 遥感监测中心,2010 年发布的《海河流域综合规划》作为海河流域新的水利建设与水资源管理指南,明确在节水措施中明确提出了《基于 ET 管理的综合节水措施》,并制定 2020 年 1819 亿 m³,2030 年 1827 亿 m³ 的 ET 控制指标,这说明耗水管理的理念已经引起行政部门的重视。在此基础上,应该尽快出台有利于耗水管理的政策。

水资源分配政策:在加强政府体制建设、建立水权制度后,行政部门需要依法落实水

资源分配政策,对不同行业、不同用户取水、用水、排水进行严格规定,促进水资源的合理利用。

地表水与地下水统一管理:依据目标 ET 消耗量,实施地下水与地表水统一管理政策。

水资源管理的经济政策:为保证水资源分配政策的实施,需要制定与之相使用的经济政策,在用水管理上实施最严格的用水定额制度,实施梯阶加价制度,实行超罚节奖。

参 考 文 献

白清俊,董树亭,马树升,王春堂,马金宝. 2005. 玉米宽垄沟灌栽培条件下的水分生产函数试验研究. 山东农业大学学报:自然科学版,36(4):517~520

陈玉民. 1995. 中国主要作物需水量与灌溉. 北京:中国水利电力出版社

陈玉民,肖俊夫. 1999. 估算冬小麦旬平均日耗水量模型的初步研究. 水利学报,4(12):49

邓聚龙. 1987. 灰色系统基本方法. 武汉:华中理工大学出版社. 104~108

郭方,刘新仁,任立良. 2000. 以地形为基础的流域水文模型—TOPMODEL 及其拓宽应用. 水科学进展,11(3):296~301

郭群善,雷志栋,杨诗秀. 1996. 冬小麦水分生产函数 Jensen 模型敏感指数的研究. 水科学进展,7(1):20~25

海河志编纂委员会. 1998. 海河志(第二卷). 北京:中国水利水电出版社. 200

贾仰文,王浩,倪广恒,杨大文,王建华,秦大庸. 2005. 分布式流域水文模型原理与实践. 北京:中国水利水电出版社. 111~131

贾仰文,王浩,周祖昊,游进军,甘治国,仇亚琴,陆垂裕,罗翔宇. 2010. 海河流域二元水循环模型开发及其应用—I. 模型开发与验证. 水科学进展,21(1):1~8

李子奈,叶阿忠. 2000. 高等计量经济学. 北京:清华大学出版社

刘昌明. 1989. 华北平原农业节水与水量调控. 地理研究,8(3):1~9

刘昌明,周长青,张士锋等. 2005. 小麦水分生产函数及其效益的研究. 地理研究,24(1):1~10

刘华中. 1998. Logistic 模型在人口预测中的应用. 江苏石油化工学院学报,10(2):32~33

刘义亭. 1989. 现代经济与管理方法及程序. 北京:科学技术出版社

彭世彰,边立明,朱成立. 2000. 作物水分生产函数的研究与发展. 水利水电科技进展,(1):17~20

任鸿瑞,罗毅. 2004. 鲁西北平原冬小麦和夏玉米耗水量的实验研究. 灌溉排水学报,23(4):37~39

沈荣开,张瑜芳等. 1995. 作物水分生产函数与农田非充分灌溉研究述评. 水科学进展,6(3):248~254

孙爱军,董增川,王德智. 2007. 基于时序的工业用水效率测算与耗水量预测. 中国矿业大学学报,36(4):547~553

王浩,王建华,秦大庸,贾仰文. 2006. 基于二元水循环模式的水资源评价理论方法. 水利学报,37(12):1496~1502

王晓东,钟玉秀. 2006. 流域管理委员会制度我国流域管理体制改革的选择. 水利发展研究,7~11

王中根,刘昌明,黄友波. 2003a. SWAT 模型的原理、结构及应用研究. 地理科学进展,22(1):79~86

王中根,刘昌明,吴险峰. 2003b. 基于 DEM 的分布式水文模型研究综述. 自然资源学报,18(2):168~173

吴炳方,闫娜娜,蒋礼平,常胜. 2011. 流域耗水平衡方法与应用. 遥感学报,15(2):282~297

肖俊夫,刘战东,段爱旺,刘祖贵. 2008. 中国主要作物分生育期 Jensen 模型研究. 节水灌溉,(7):1~4

徐宗学. 2009. 水文模型. 北京:科学出版社

徐宗学,蔡锡填,苏保林,于伟东,田术存. 2009. 漳卫南运河流域 SWAT 模型及其 ET 管理的应用. 2008 年 GEF 海河流域水资源与水环境综合管理项目国际研讨会论文集

尹春华,陈雷. 2005. 基于 BP 神经网络人口预测模型的研究与应用. 人口学刊,2:44~48

钟玉秀. 2007. 基于 ET 的水权制度探析. 水利发展研究,14~16

Abbott M B, Bathurst J C, Cunge J A, Rasmussen J. 1986a. An introduction to the European Hydrological System-systeme Hydrologique Europeen, SHE, 1. History and philosophy of a physically-based, distributed modeling system. Journal of Hydrology, 87(1): 45~59

Abbott M B, Bathurst J C, Cunge J A, Rasmussen J. 1986b. An introduction to the European Hydrological System-systeme Hydrologique European, SHE, 2. Structure of a physically based distributed modeling system. Journal of Hydrology, 87(1):61~77

Beven K J, Kirkby M J. 1979. A physically based, variable contributing area model of basin hydrology. Hydrological Bulletin, 24:43~69

Brooks R H, Corey A T. 1964. Hydraulic properties of porous media: Colorado State University. Hydrology Paper 3, 22~27

Coeli T J, Raod S P, Battase G E. 1998. An Introduction to Efficiency and Productivity Analysis. Boston: Kluwer Academic Publishers

Dickinson R E, Shaikh M, Bryant R, Graumlich L. 1998. Interactive canopies for a climate model. Journal of Climate, 11(11), 2823~2836

FAO. 2006. Livestock's Long Shadow-Environmental Issues and Options. Italy Rome: Food and Agriculture Organization Press

Freeze R A, Harlan R L. 1969. Blueprint for a physically-based, digitally-simulated hydrologic response model. Journal of Hydrology, (9):237~258

Gu H, Jiang S A, Campusano J M, Iniguez J, Su H, Hoang A A, Lavian M, Sun X, O'Dowd D K. 2009. Cav2-type calcium channels encoded by cac regulate AP-independent neurotransmitter release at cholinergic synapses in adult Drosophila brain. Journal of Neurophysiology, 101:42~53

Kistensen J S E. 1975. A model for estimating actual evapotranspiration from potential evapotranspiration. Nordic Hydrology, 6(3): 170~188

Kumbhakar S C, Lovell C A K. 2000. Stochastic Frontier Analysis. New York: Cambridge University Press

Monteith J L. 1981. Evaporation and surface temperature. Quarterly Journal of the Royal Meteorological Society, 107 (451): 1~27

Rutter A J, Kershaw K A, Robins P C, et al. 1972. A predictive model of rainfall interception in forests, 1. Derivation of the model from observations in a plantation of Corsican pine. Agricultural Meteorology, 9: 367~384

Schmid W, Hanson R T, Maddock T III, Leake S A. 2006. User guide for the farm process (FMP1) for the U. S. Geological Survey's modular three-dimensional finite-difference ground-water flow model. MODFLOW-2000: U. S. Geological Survey Techniques and Methods, 6-A17:1~127

Sellers P J, Randall D A, Collatz G J, et al. 1996. A revised land surface parameterization (SiB2) for atmospheric GCMs. Part I: Model formulation. J Climate, (9):676~705

Singh V P. 1995. Computer Models of Watershed Hydrology. Water Resources Publications

第七章 流域耗水管理实践

在海河流域进行耗水管理目前还处在探索阶段,主要关注农业的耗水管理,也即ET管理,但已取得了丰硕的成果。基于ET可研究区域蓄变量变化、可持续耗水量、分析水分生产率、估算灌溉净需水量等。

第一节 海河流域耗水平衡分析

基于遥感数据,降雨,径流的统计数据,应用第五章中的基于ET的水平衡分析方法,吴炳方等(2011)进行了海河流域 2002～2007 年的耗水平衡分析。结果表明,海河流域 2002～2007 年平均水资源量为 1603 亿 m³,平均蒸发量为 1646 亿 m³,2002～2007 年间流域水量收支明显不平衡,流域水量处于亏缺状态(表 7.1)。

表 7.1　2002～2007 年海河流域水平衡分析表　　　（单位：亿 m²）

名称 年份	2002	2003	2004	2005	2006	2007	平均	%
水资源量 $I+P$	1320.2	1899.0	1764.8	1595.8	1448.8	1590.4	1603.1	100.00
地表水流入量 I	46.4	36.1	42.3	37.3	46.3	42.8	41.9	2.60
降水量 P	1273.8	1862.9	1722.4	1558.5	1402.5	1547.5	1561.3	97.40
出流量 R	1.8	21.8	37.1	24.9	13.9	17.1	19.4	
实际耗水量 Q	1511.5	1833.8	1661.8	1556.6	1672.7	1639.8	1646.0	100.00
农田蒸散	842.2	970.0	919.6	843.8	902.3	889.9	894.6	54.30
环境生态蒸散	637.5	832.4	706.6	671.0	728.7	708.2	714.1	43.40
生活耗水量 Q_b	0.8	0.8	0.8	0.8	0.8	0.8	0.8	0.10
工业耗水量 Q_m	30.9	30.6	34.9	40.9	40.9	40.9	36.5	2.20
区域蓄变量 ΔS	−193.1	43.4	65.9	14.4	−237.8	−66.5	−62.3	

一、基于耗水平衡的蓄变量分析

2002～2007 年海河流域水资源量主要来源于降水量,占 97.4%;利用遥感反演的 ET 结果和土地利用分布图,采用面积加权的方式估算了不同土地利用类型的蒸散量。农田蒸散占总耗水量的 54.3%,环境生态蒸散量占总耗水量的 43.4%,二者合计占总耗水量的 97.7%,流域水资源消耗量以遥感估算的蒸散量为主。工业耗水量、人和牲畜耗水量占水资源消耗总量的比重很低,占 2.3%。

（一）流域蓄变量分析

流域蓄变量相当于地表水、地下水和土壤水的蓄变量,但主要是地下水的蓄变量,因此通过蓄变量的变化可以反映流域地下水水位变化状况,正值表示地下水回升,负值说明地下水水位下降。2002～2007 海河流域年蓄变量平均减少 62.3 亿 m³ 水,而 1985～1998年海河流域地下水平均年超采量 50.2 亿 m³(海河志编纂委员会,1998),流域地下水水位呈现持续下降的趋势,且下降幅度增加,流域水资源开发利用方式处于不可持续发展的态势。

2002～2007 年间流域蓄变量年际间变化波动较大,2003～2005 年流域蓄变量增加123.7 亿 m³,无法弥补 2002 年流域水资源量 193.1 亿 m³ 的亏缺,2002～2005 年多年平均蓄变量下降 18.8 亿 m³,而朱新军等(2008)基于 SWAT 分布式模型的水平衡分析结果表明:2002～2005 年海河流域的多年平均蓄变量下降 17.8 亿 m³,相差 5.6%,且两者区域蓄变量变化趋势一致,说明遥感估算 ET 应用到流域水平衡分析中是可行的。2006～2007 年的连续干旱使得流域区域蓄变量继续减少。

农田(农业区)仍然是流域水资源消耗的主要大户,多年平均耗水量 894.6 亿 m³,占总耗水量的 54.3%。农田的耗水量中部分是可控的,如灌溉引起的蒸散量是可控的、种植作物增加的耗水量是可控的,这也是水管理中提出发展节水灌溉技术,建立节水型农业的主要原因。但农田休耕时由降水和土壤水的蒸发量是无法控制的。

(二)子流域蓄变量分析

利用公报统计资料和遥感估算的蒸散发量,以九个子流域为单元分析区域蓄变量的差异,揭示区域水资源的问题。由于各子流域资料缺乏,在水平衡分析计算中做了如下简化:①工业和生活耗水量比重很低,且工业和人口数据大多按照行政区统计,这里忽略这部分耗水量的计算;②出境水量中包括子流域入海流量,由于缺乏跨流域调水数据,子流域入境水量的计算中没有考虑外流域调水。③2002～2005 年缺乏各子流域的出入境资料。按照水平衡分析方法计算得到子流域的各个分项,得到各个子流域的 2002～2007 年水分盈亏分析结果(表 7.2、表 7.3、图 7.1)。由图可以看出九个子流域的蓄变量存在较大的空间差异,除漳卫河,子牙河和永定河区域表现为水量盈余,其他子流域均表现为水量亏缺。

以 2007 年为例,根据海河水资源规划,补充了 2007 年的跨流域调水量(为区别于表 7.2结果,将引黄水量这项单独列出),表 7.3 为海河流域各子流域的水平衡分析表。

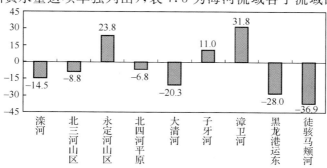

图 7.1　海河子流域多年平均水分盈亏柱状图(单位:亿 m³)

海河南系除徒骇马颊河子流域外,各子流域蓄变量的变化与水分盈亏量一致,水分盈亏量的变化反映了区域蓄变量的变化。

表 7.2　2002～2007 年海河子流域水分盈亏分析表　　　　（单位：亿 m³）

名称	2002	2003	2005	2006	2007	平均
滦河	−25.28	−9.27	10.91	−39.12	−9.82	−14.51
北三河山区	−14.26	−16.83	−5.74	0.07	−7.44	−8.84
永定河山区	38.77	7.01	31.71	19.97	21.55	23.80
北四河平原	−19.47	−7.55	0.03	−4.39	−2.40	−6.76
大清河	−14.74	−36.60	−8.12	−38.62	−3.32	−20.28
子牙河	0.06	20.45	11.35	12.27	11.12	11.05
漳卫河	−13.53	73.37	48.74	20.71	29.95	31.85
黑龙港运东	−49.06	9.58	−29.58	−33.64	−37.18	−27.98
徒骇马颊河	−103.58	26.75	−10.30	−56.44	−41.04	−36.92

徒骇马颊河子流域 3.2 万 km²,平均降水量 174.4 亿 m³,总蒸散为 211.6 亿 m³,为所有区域水量亏缺最为严重的区域,达 37 亿 m³。该区域是山东省主要农业基地,农田蒸散比例最大,占 78.8%,区域内河流多数属季节性河流,枯水期基本无水,平水期径流量较小(翟志杰,2009),如表 7.2 所示只有在丰水年(2003)出现水分盈余(26.75 亿 m³),因此依靠降水量不能满足两季作物生长。海河流域内引黄工程为鲁北徒骇马颊河、豫北地区、河北省黑龙港运东平原以及天津,自 1980 年以来,引黄水量在 33.4～66.8 亿 m³ 之间变化。根据 2007 年统计数据表明,徒骇马颊河地区引黄水量为 39.92 亿 m³,占引黄总水量的 93%(水利部海河水利委员会,2010),扭转了该子流域水分极度亏缺的局面,弥补了该地区多年平均近 37 亿 m³ 水量的亏缺。该区域关注的是发展高效节水农业,严格控制农田水资源消耗量,丰水年节约的水资源量能用于地下水回补,改进生态环境。

表 7.3　2007 年海河子流域水平衡分析表　　　　（单位：亿 m³）

名称	滦河	北三河山区	永定河山区	北四河平原	大清河	子牙河	漳卫河	黑龙港运东	徒骇马颊河
水资源量	253.0	108.7	176.4	97.2	239.3	239.9	206.4	93.6	177.1
地表水流入量	1.9	8.4	1.5	9.9	2.1	4.7	12.8	1.0	1.9
降水量	251.1	100.3	174.9	87.3	237.2	235.3	193.5	92.6	175.3
引黄水量	0	0	0	0	0	0.2	2.5	0.3	39.9
出流量	8.1	2.5	0.9	11.6	3.3	0	0	3.5	7.6
实际耗水量	254.8	113.6	154.0	88.0	239.3	228.8	176.4	127.2	210.6
农田蒸散量	55.5	16.7	86.0	58.0	123.5	124.6	98.4	99.5	165.9
环境生态蒸散	199.3	97.0	68.0	30.1	115.8	104.2	77.9	27.7	44.7
水分盈亏量	−9.8	−7.4	21.6	−2.4	−3.3	11.1	30.0	−37.2	−41.0
区域蓄变量	−9.8	−7.4	21.6	−2.4	−3.3	11.3	32.4	−36.9	−1.1

黑龙港运东平原多年平均水分亏缺量为 27.98 亿 m³,仅次于徒骇马颊河子流域。2007 年的耗水平衡分析结果表明,该区域实际耗水量大于降水量 34.6 亿 m³,出境也大

于入境流量,引黄水量只有 0.3 亿 m³,这使得该区域蓄变量成为流域水分亏损最为严重的地区。该流域总耗水量中,农田与生态环境蒸散的比例为 3.6∶1,仅农业耗水量已经超出该地区的降水量,其他水资源量补给不足使得该区域水资源使用表现为不可持续的状态。

同样是平原区的北四河下游平原,多年平均水分亏缺量为 6.76 亿 m³。2007 年的耗水平衡分析结果表明,该区域降水量与实际耗水量相当,农田耗水量占总耗水量的 65.8%,农田与生态环境蒸散的比例为 2∶1。情况类似于黑龙港运东平原,但该区域农业发展对水资源的压力远不如后者,但是也需要对农业耗水进行严格的控制。同时我们还需要关注工业和生活用水的需求,这部分耗水量引起多大程度的水资源供应压力,需要详细的工业和生活数据进行进一步分析。

漳卫河子流域面积 3.5 万 km²,是所有子流域中水量盈余量最大的区域,达 30 亿 m³。漳卫河子流域多年平均降水量 211 亿 m³,总蒸散为 181.1 亿 m³,该子流域只有在枯水年 (2002 年)出现 13.53 亿 m³ 的水分亏缺,丰水年(2003)年盈余 73.4 亿 m³。2007 年的耗水平衡分析表明降水量大于总耗水量,加上引黄水量,区域蓄变量为 32.41 亿 m³。该区域总耗水量中农田蒸散占 55.8%,林冠草植被区生态蒸散占 41%。尽管水资源量盈余,卫河平原和漳河背风坡河流上游仍然存在地下水超采情况(于翠、刘思清,2009)。因此该区重点是加大基础设施建设,灌溉水以地表水径流为主,减少地下水开采,开展农业节水综合措施,逐渐恢复地下水水位。子牙河子流域,永定河山区与该区情况类似。

大清河子流域面积 4.5 万 km²,包括大清河山区和平原区。年平均降水量 210.3 亿 m³,总蒸散量为 230.1 亿 m³,有 21 亿 m³ 的水量亏缺。虽然区域蒸散的耗水结构与漳卫河子流域类似,然而两个区域的蒸发能力不同,以参照蒸散表达蒸发能力,大清河子流域多年平均参照蒸散为 440.4 亿 m³,漳卫河子流域为 328 亿 m³,同样的降水条件下,大清河实际蒸发量会大于漳卫河区域,因此在大清河子流域降雨形成径流减少,蒸发量大,农田灌溉水量相应增加,导致区域整体水量亏缺。2002～2007 年该流域均为水分亏缺,在没有外调水量的情况下,区域蓄变量减小,地下水水位将呈持续下降趋势。2007 年的耗水平衡分析结果表明,子流域内农田蒸散占 51.6%,林冠草植被区生态蒸散占 33%,农业是该区域耗水量大户。平原区灌溉以地下水为主,在大清河淀西和淀东都有超采区灌溉(于翠、刘思清,2009),因此该区域重点是开展地膜覆盖等节水措施以减少土壤无效蒸发,同时开展作物种植结构调整以减少农田的蒸散量。

滦河子流域面积 5.4 万 km²,包括滦河山区和滦河平原及冀东沿海诸河。多年平均降水量 250.2 亿 m³,多年平均总蒸散量 262.1 亿 m³,水量亏缺 15.6 亿 m³。2007 年耗水平衡分析结果表明,子流域内农田蒸散占 21.8%,林冠草植被区生态蒸散占 70.5%,该区以生态建设为主。北三河山区与该区情况类似。两个子流域的水资源问题是在保障生态建设的同时,开展农业节水措施,分析现状农田的投入产出效益,提出合理的作物种植结构。

（三）耗水平衡分析的合理性

流域耗水平衡方法从能量角度提出了不同能量来源的区域耗水量计算方法,区域蒸散发的遥感估算技术综合考虑了自然和人工双重影响下的复杂下垫面变化,工业和生活耗水量计算考虑了矿物能和生物能引起的蒸发,估算得到具有空间面信息的水分消耗,避开了流域自然水循环-人工侧支循环复杂的产汇流机制,及对于大量基础数据的需求。应用该方法估算的海河流域 2002～2005 年蓄变量结果,与水文模型 SWAT 结果对比,两种方法相对误差 5.6%,在流域尺度上有很好的一致性,说明基于水量平衡方程的耗水平衡分析方法是可行的。

流域发展节水农业应该以有没有降低流域农田蒸散量为标准,避免以节水换取灌溉面积扩大的现象。流域耗水平衡分析方法为流域水资源管理提供了新的手段。在流域地下水超采严重,水资源问题突出的地区,可以实施年度耗水平衡分析,保证耗水量在长时间序列尺度的动态平衡,进而实现水资源的可持续利用。

二、保证耗水平衡的方法与措施

耗水平衡分析结果表明海河流域多年平均的水资源亏缺量是 62.3 亿 m³,要弥补这一亏缺量,只有通过降低流域水资源消耗量的方式实现。如果将流域的耗水量降低 62.3 亿 m³,也只能维持现状的耗水平衡,还不能实现地下水的逐渐恢复。因此减少地下水超采量,实现流域的水资源可持续利用,必须要实施年度耗水平衡分析,以掌握流域年际间耗水量的变化趋势,确保耗水量在长时间序列尺度的动态平衡。

流域的耗水量被粗略分成农业、环境生态、生活、工业耗水量,当然还可以细分,如将工业耗水量分成不同部门的耗水量,生活耗水量也可以分成城市和农村、人与牲畜耗水量等,流域耗水量的细划将有利于耗水管理的有的放矢。随着社会经济发展,人民生活水平的提高,工业耗水量、生活耗水量将不断增加,这也是合理的,符合水资源综合管理的公益用水优先和经济效益最大化原则(杨立信,2009)。生态环境的改善也是必然的趋势,由此也会导致耗水量的增加。因此,想要减少地下水的超采量,只有减少农田耗水量。海河流域农业用水量 1980～2007 年平均为 279.8 亿 m³,占总用水量的 70.3%(水利部海河水利委员会,2010),而海河流域农田耗水量为 894.6 亿 m³,占流域总耗水量的 54.3%,多年平均超采量 62.3 亿 m³ 水相当于农业耗水量的 7%。农业耗水量中有相当一部分的耗水量是由于降雨引起的,是不能控制的,不管是否灌溉,不管是否种植作物都会引起蒸散,因此农业用水量的节约量并不意味着同等程度的耗水节约量。假设不灌溉和不种作物的农田耗水量与荒草地相当,多年平均 ET 为 380.3mm,也就是说农田不种作物不灌溉可节约 ET 为 163.7mm,只相当于农田耗水量的 30%,也就是说农田耗水量中的 30% 是可控的。如果想补偿流域多年平均亏损量 62.3 亿,流域内需要休耕 23% 的农作物种植面积。然而海河流域是我国的粮食主产区,粮食总产量占全国的 10%,是我国三大粮食生产基地之一,农作物种植面积的缩减,将直接影响到小麦和玉米主要粮食的产量,对我国粮食安全有较大影响(水利部海河水利委员会,2003),这不是一种可取的方案,这从另一方面也说明了南水北调工程的必要性。

耗水平衡可以在不同的空间尺度进行,大可到全球,小至一个流域、子流域。由于耗水平衡与社会经济的紧密结合,因此耗水平衡也可以以行政为单元进行,如一个县的耗水平衡,一个地区、一个省的耗水平衡,由于采用遥感方法估算耗水数据,可以统计得到任意单元的耗水数据,从而使得不同单元耗水平衡成为可能。

从耗水平衡的角度,水资源管理应在以下三个方面应当重视:

一是,在水资源管理中需要持续的开展动态耗水平衡分析,在枯水年对水资源消耗量进行合理控制,在丰水年严格控制流域的耗水量,确保有盈余的水资源量能够回补地下水,让区域蓄变量在可控制范围内波动,使得流域耗水在一个长时间序列上达到动态平衡。流域水资源量和水资源消耗量的波动幅度不一致,耗水量变化波动远小于降水量的变化幅度,年度耗水平衡分析将为调节流域蓄变量提供新的方法,实现在年际间和年内合理利用降水资源。

二是,尽管农业休耕可以解决流域水量亏缺的问题,但是对粮食安全的影响是不可估量的。以提高水分利用效率和产出效益为核心,采取工程措施与非工程相结合的策略,逐步实现农业高效用水,但是流域发展节水农业首要衡量标准不能以灌溉面积扩大为标准或以灌溉效率提高为目标,应该以有没有降低流域农田蒸散量为标准,只有农田蒸散量降低才能减缓地下水下降的趋势。

三是,长期以来,水资源管理中重视工业和生活的取用水量,忽略对工业和生活耗水数据的计量。在水资源缺乏地区争取实现方方面面的节水,不可忽视"取-输-用-退"过程中的消耗。遥感估算的蒸散发只反映了太阳辐射能产生的蒸发,本需要利用搜集的资料对流域其他能源的耗水粗略估算。工业和生活耗水数据在流域水平衡分析过程中是不可忽略的部分,特别是在开展节水社会建设过程中,更需要关注城市和生活的耗水量,有针对性对耗水量大的行业进行耗水控制管理,达到节水目标。工业和生活耗水量数据很难获取,这与长时间开展水资源供需管理有关,从耗水管理角度,需要加强工业和生活耗水量的收集和观测。可能的话,实现流域各行业耗水量的调查。

第二节　人类可持续耗水量分析及对策

基于耗水平衡的海河流域蓄变量分析表明,海河流域 2002～2007 流域年平均超采 62.3 亿 m³,水资源消耗是不可持续的。因此,本节着重分析海河流域人类可持续耗水量,并在此基础上提出相应的管理措施。

一、人类可持续耗水量

以 2002～2009 数据为例,根据第五章中各类 ET 的计算方法,计算了海河水系的不可控 ET、人类可持续耗水量和各种可控 ET(表 7.4)。海河水系人类耗水超过了可持续耗水量(390.68 亿 m³＞323.32 亿 m³),需通过可控 ET 调整或其他途径解决 67.5 亿 m³ 的耗水量。

不同的三级区有着不同的耗水特点。山区人类可持续耗水量要大于人类总可控 ET(人类实际耗水量),平原区人类可持续耗水量小于人类总可控 ET。这是因为山区是产水区,水资源较为丰富,人类耗水量较少,环境流所占比例较大;而平原区人类耗水量大,超采地下水严重,因此造成人类可控 ET 超过了自然可更新的总水资源量,即降水量。

表7.4　海河水系人类可持续耗水量、不可控和可控 ET　（单位：亿 m^3）

	人类可持续耗水量	环境流	太阳能可控 ET		生物能 ET	矿物能 ET	总可控 ET
			居工地	农业			
北三河山区	−0.96	5.24	1.68	8.44	0.01	0.30	10.43
永定河册田水库以上	18.21	1.46	1.32	5.99	0.02	1.34	8.67
永定河册田水库至三家店区间	20.11	2.06	1.94	9.58	0.03	1.04	12.59
北四河下游平原	35.24	2.86	10.47	35.15	0.10	3.03	48.75
大清河山区	7.57	5.44	0.95	7.20	0.01	0.48	8.64
大清河淀西平原	25.95	0.43	8.83	36.85	0.06	1.68	47.42
大清河淀东平原	25.49	1.68	7.18	26.71	0.07	1.60	35.56
子牙河山区	40.23	6.52	2.38	16.91	0.04	2.62	21.95
子牙河平原	33.93	0.26	10.04	46.34	0.07	2.64	59.09
漳卫河山区	41.70	5.85	2.51	20.00	0.04	2.24	24.79
漳卫河平原	24.87	1.41	4.84	32.32	0.05	1.36	38.57
黑龙港及运东平原	50.95	1.35	9.84	62.94	0.06	1.36	74.20
海河水系	323.32	34.55	61.98	308.43	0.58	19.69	390.68
			16%	79%	0%	5%	100%

可控 ET 中生物能 ET 最小，可忽略不计；农业可控 ET 最大，约占79%，因此是调控的重点，可结合其空间分布及作物水分生产率的空间分布选择休耕；居工地的太阳能可控 ET 也占有较大的比例，也可采取一定的措施对 ET 调整。

二、农业降低 ET 的基本思路及推荐采取的农业节水措施

1. 农业降低 ET 的基本思路

（1）在地下水已超采的井灌区，采用节水灌溉制度（调亏灌溉）和综合节水措施，尽可能降低作物实际耗水量，并保证农作物基本不减产、甚至增产。

（2）在地下水尚有开采潜力的渠灌区，例如豫北平原和徒骇马颊河平原，结合灌区改造，推广井渠结合，这既可以减少地下水的潜水蒸发（无效 ET），有利于防治土壤盐碱化，又可以减少地表水使用量，改善河道水生态环境。

（3）在地表水资源贫乏，又缺少浅层淡水资源的地区，例如黑龙港运东平原，适量开采浅层微咸水，推广咸淡混浇技术，减少地表水和深层承压水的使用量，以降低 ET，保证农作物产量稳定。

（4）流域山区面积占总面积的53%，针对山区水资源"散而少"的特点，为稳定山区农业生产条件，积极提倡集蓄径流与自流微灌、经济树种穴集雨水与覆盖、沟道分段拦截集蓄径流与自流膜上灌、水池集蓄雨水技术与隔沟灌、水窖蓄集径流与坐水点种补灌和雨养农业等技术技术。但山区集雨水用于农业灌溉减少了径流量，减少了下游平原的来水量。有条件的地方可以退耕还草、还果，减少低效 ET、增加农民收入。

（5）保证粮食安全的前提下，因地制宜调整作物种植结构，适当压缩冬小麦播种面积。小麦的灌溉用水量很大,而目前冬小麦的播种面积又占耕地面积的40%,占灌溉面积的65%以上。为了保持区域水量平衡,压缩冬小麦的播种面积是农业节水的重要途径之一。此外,海河流域现有旱地1048万 hm²,多年平均降水量535mm,采取综合农业措施的情况下,利用天然降水发展旱地农业仍具有很大的潜力。

(6)在大中城市郊区、经济条件较好的井灌区和蔬菜、果树经济作物区,有条件推广滴灌、微灌等先进灌溉技术。

2. 农业节水措施

根据目前国际上推崇的节水和高效用水理念,节水模式的技术重点要从减少输水损失为主转移到以提高水分生产率、降低净消耗量(ET)的综合技术上来。

(1)平原区农业节水措施。

目前,海河流域经过研究示范的以提高水分生产率,降低净消耗的农业节水技术很多,如调亏灌溉、秸秆覆盖、低压管道输水小畦灌溉、地面闸管、微灌、节水品种、水肥耦合、保水剂、少耕或免耕技术以及一些新型节水技术如激光平地、波涌灌等。结合区域经济条件、投入回报与生产习惯等,根据多年的节水示范成果,其中调亏灌溉、覆盖保水、低压管道+小畦灌溉+地面闸管、抗旱品种选取等几种节水技术对降低大田作物蒸腾蒸发量具有明显的效果,且具有较为广泛的适用性和较好的经济收益。

根据典型县的农业资源性节水成功经验及主要灌溉类型区的农业节水关键问题和技术要点的分析可知,要实现农业资源性节水,必须集成以工程措施、农艺措施和管理措施相结合的一体化节水模式,三种措施只有相辅相成,才能发挥节水的最优效益。

工程措施:渠道衬砌、低压管道、移动软管、PVC管、田间实行小畦灌溉,主要是提高灌溉效率。

农艺措施:平整土地,耕作保墒,覆盖保墒,优良高产、优质抗旱节水品种选择,科学施肥以及化学调控等技术。

管理措施:包括种植结构调整、优化农业种植结构;实施高效用水的灌溉制度,利用信息技术实施灌溉预报,推行科学的调亏灌溉制度以及建立相关的政策法规、规章制度等有效的管理机制;通过多种渠道加强对农民的培训,鼓励用水户参与农业灌溉管理;在建设渠道防渗和低压管道等设施时,逐步推广配套量水设施,有条件的地区推行用 IC 卡控制阀进行计量;机井、灌溉设备统管统灌。

(2)山地旱农区集蓄径流节水技术。

山区水资源短缺,粮食低产而不稳,人畜饮水困难尚未彻底解决,搞好山区节水更为重要,山区的节水要和山区的水土保持工作相结合,对于不同的区域可采用不同的技术,根据海河流域近些年的山区的节水工作开展,推荐节水技术有主要节水技术有:土石山区沟道潜流"截、蓄、滴"一体化开发利用,黄土丘陵区以单元工程与农艺相结合的雨水积蓄利用,山区水土保持工程与水管出流灌溉相结合,山地果树根区灌水和调污灌溉等技术,以及退种水稻、种植旱作物等。

此外,根据山地"散而少"的水资源特点,采用调亏灌溉技术,在不减少(或略有减少)经济产量的同时,也可达到节约用水的目的。

三、城镇降低耗水的措施

基于 ET 控制的城镇用水管理的本质就是在流域水资源配置的基础上,减少城市对于新鲜淡水的开采量和降低城市水资源的消耗量。把城市消耗量的 ET 总量控制在合理的水平,促进流域水资源的可持续发展和水环境改善,减少社会经济发展对外界水资源的依赖和对自然生态的干扰。

城市 ET 主要包括工业、生活、城市景观以及城市降雨产生的 ET。对于生活加大节水器具的普及力度,降低自来水管网漏损率、加强节水宣传、增强居民节水意识以及实行定额用水管理;对于工业改进生产工艺,鼓励采用先进的节水技术、节水工艺、节水方法以及降低取水定额,减少生活和工业的耗水。

城市景观产生的 ET 包括水景以及城市绿化产生的 ET。海河流域不宜大造水景。水体是城市景观的重要组成部分,傍水而居、亲近自然,成为现代城市人们追求的一种生活模式。不合理的或盲目建造或开发水景观,将会加剧城市的水资源危机和水环境危机,解决这类问题必须从水资源规划入手,周密而慎重的制定规划中城市景观用水定额,杜绝城市水系统出现盲目的"造水"工程。海河流域多年平均降雨量只有 500 多 mm,水面蒸发量却高达 1000 多 mm,大规模的所谓的"生态用水"进入城市,增大了城市的耗水量,造成了水资源需求量的不合理增加,影响到流域水资源的可持续发展。海河流域城市水景观设计首要追求的是尽可能利用当地降水资源、尽可能减少外水补充来营造水景观。河流、湖泊应首先收集和利用周边的雨洪资源以维持水面。其次是选择经过处理的再生水作为水源,在前两者还不能满足要求的情况下才从外部补充少量的新鲜水,但千万不能抽取地下水营造水景观。海河流域属于半湿润半干旱地区,城市园林绿地虽然是城市生态系统中重要组成部分,其发展方向应适应流域的气候特点,不应以水资源的高消耗为代价,城市园林绿化必须改变以往的建设模式,向"节水型园林"过度,走持续健康的发展道路。

加大对城市雨水资源的利用。城市雨水利用就是直接对天然降水进行收集、储存并加以有效的利用,减少城市的无效蒸发,减少城市对外部淡水资源的需求,促进流域水资源的可持续发展。根据北京市 1986~2002 年统计的年降雨量,按北京城区综合径流系数 0.55 计算,即使在枯水年(1999 年),产生的径流量也有 7194 万 m^3,而丰水年(1994 年降水量 813.2mm)产生的径流量高达 20886 万 m^3。雨水渗透技术可以将降雨有效地转化为土壤水,减少无效的蒸发,同时可以控制雨水径流污染,也是一种值得推广的雨水利用方法。

第三节　海河流域平原区水分生产率分析

一、平原区冬小麦的水分生产率

冬小麦需水的高峰期恰是海河流域的旱季,其正常生长依赖于灌溉,是海河流域农业灌溉用水消耗最主要的作物。基于 ETWatch 生产的月尺度 ET 数据与 CASA 作物模型估算的 AGB 数据,得到海河流域平原区 2003～2009 年小麦的多年平均水分生产率为 1.049kg/m³,变化范围为 0.1～1.6kg/m³。图 7.2 为基于像元统计得到的 2003～2009 年平均水分生产率的直方图,当水分生产率为 1.06kg/m³ 时出现峰值。水分生产率的主要分布区间为 0.7kg/m³ 到 1.4kg/m³(频率累积为 98%),远远低于实验站的试验结果 (2.2kg/m³, Deng et al., 2004)。水分生产率在 0.7kg/m³ 到 1.4kg/m³ 分布区间对应的像元集中分布在山前冲积平原和黄河灌区,这里恰好为流域的粮食主产区。

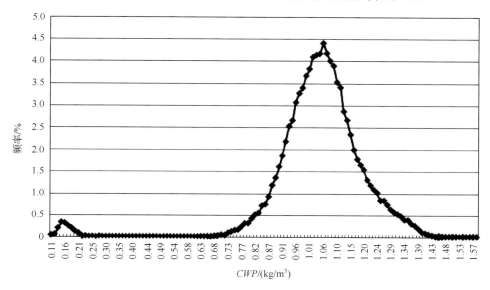

图 7.2　流域平原区 2000～2009 年平均水分生产率直方图 (Yan and Wu, 2014)

(一)作物水分生产率的空间分析

农业水管理和水权应用一般通过省或县级管理部门执行。因此,利用县级行政边界统计得到了海河流域平原区 169 个县的平均作物水分生产率(图 7.3)。较高的水分生产率主要分布于太行山冲积平原(区域 A)和引黄灌区(区域 B),如在区域 A 内,栾城县、赵县和宁津县平均水分生产率为 1.14kg/m³。区域 A 和 B 的 ET 也较高,说明这两个区域有着较好的水源保障,区域 A 主要依赖于地下水,而区域 B 水源主要是河流径流。较低的水分生产率集中在平原北部(海岸带)、中部和西南部区域,如丰润、武清、并州、沧州和新乡等县,前三个县的水分生产率低于 0.78kg/m³,其他两个低于 1.0kg/m³。北部海岸带含有盐碱化潮土,不利于小麦生长,而在平原的中部,水资源保障差,产量也较低。

县级水分生产率图和 ET、AGB 的空间分布信息展示很多不同的组合方式。漳卫河平原大多数县的生物量(7000～9000kg/hm²)高于子牙河平原(7000～8000kg/hm²),但是水分生产率较低,这是因为子牙河平原各县 ET 较低,该三级区水管理比漳卫河平原更加高效。反过来也暗示了漳卫河平原水资源消耗较大,该区域实施节水措施可以增加下游地区的供水。相似的,尽管北四河下游平原的各县比大清河淀西平原消耗较多的水量,却具有相同水平的生物量(7000～8000kg/hm²),故北四河下游平原的水分生产率较低。

这一点也暗示了北四河下游平原的各县需要控制水量消耗。

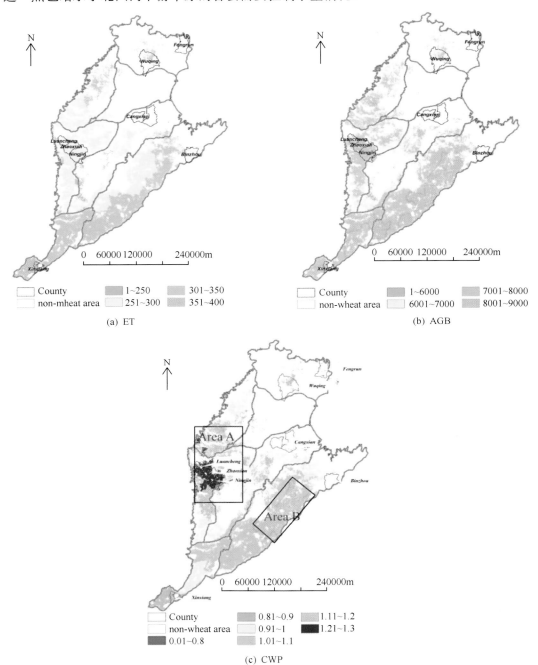

图 7.3　海河流域平原区各县的冬小麦平均 ET、AGB 和 CWP（2003～2009）（Yan and Wu，2014）

（二）小麦作物水分生产率、产量和 ET 关系的空间变化

利用遥感估算的蒸散、产量和水分生产率结果，按照 ET 的 5mm 等间距划分，分别计算得到相应区间的平均产量和水分生产率结果。考虑到混合像元中非冬小麦的较大影响，不分析 ET 小于 180mm 的值。两者关系如图 7.4 所示，水分生产率在 $0.86\sim$ $1.23kg/m^3$ 变化，产量从 $2200kg/hm^2$ 增加到 $4000kg/hm^2$。ET 和产量显著线性相关，而 ET 与 CWP 呈负相关关系。

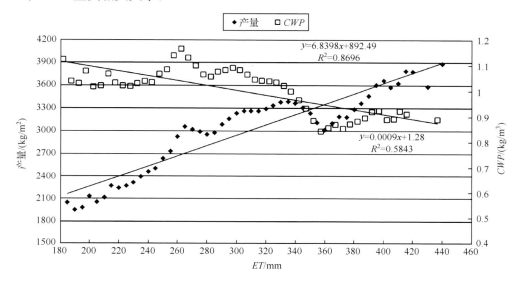

图 7.4 海河流域平原粮食产量和水分生产率与 ET 的关系图（2003～2009）（Yan and Wu，2014）

图 7.5 为海河流域平原小麦累积 ET 和产量占总 ET 和产量的百分比，按平原总面积的 10% 分割（从平均 ET 最小的前 10% 面积的像元开始）。对于小麦种植区（Area% 大于 10%），累积 ET 与累积产量间有很好的相关性（$r^2＝0.92$），累积产量随累积 ET 的增加而增加。但是，CWP 在 0.95 到 1.08 之间变动。

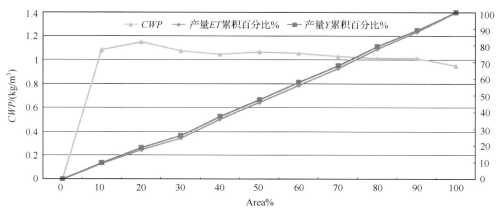

图 7.5 平均 CWP 和 ET、产量累积百分比（海河流域平原区小麦每 10% 的面积累积）（Yan and Wu，2014）

（三）小麦作物水分生产率、产量和 ET 关系的时间变化

利用八个农业气象站收集的 1984～2002 年的冬小麦产量数据以及遥感反演的 ET 数据，得到了如图 7.6 所示的产量和 ET 变化趋势结果。所有站点的冬小麦产量都显示出稳定的增加趋势，变化斜率为 100.4～211.4km²/（hm²·a），同时 ET 在 200～500mm

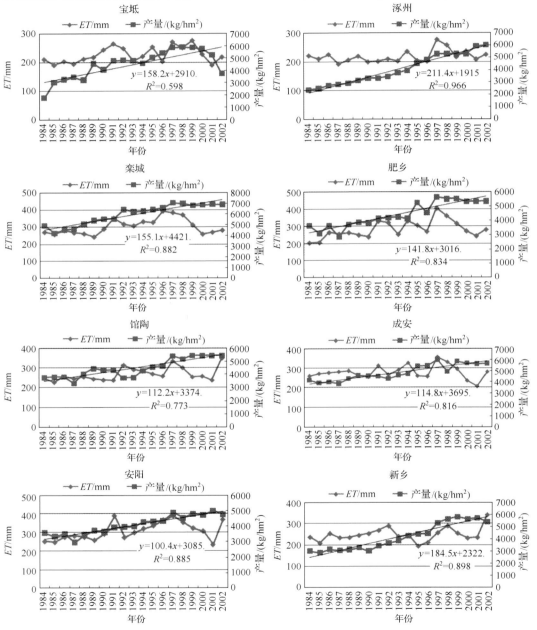

图 7.6　1984～2002 年八个农业气象站的冬小麦 ET 和产量变化趋势图

上下波动。产量线性回归方程的决定系数 R^2 为 0.598～0.966（95％置信水平），然而 ET 趋势线分析并没有表现出显著的增加趋势，其决定系数 R^2 为 0～0.255。位于北方地区的农气站——宝坻和涿州，自 1984 年来产量增加幅度最大[斜率分别为 158.2kg/（hm² · a）和 211.4kg/（hm² · a）]，这主要是由于 20 世纪 80 年代初期这两个站的产量起点值较低。与 ET 相比，产量较大幅度的增加这一认识与 Zhang 等（2011）在栾城站、Xu 和 Zhao（2001）在封丘站利用长时间序列试验站点观测数据的分析结果一致。

二、水分生产率提高的意义和对策

海河流域作为国家的商品粮基地，也是政治和经济的中心，在水资源问题严重紧缺的情况下，各行业用水需求对水资源的竞争是明显的，农业是水资源使用量控制削减的主要对象，研究水分生产率是流域作物种植结构布局，提高灌溉管理水平，水定额分配等方面工作的基础。

流域尺度水分生产率、产量和 ET 的空间相关性分析结果表明，产量和 ET 之间呈显著的线性相关，水分生产率趋于稳定，ET 最大值为 436.9mm。地块尺度的研究成果表明当冬小麦 ET 低于 460mm 左右时，产量与 ET 线性相关，当 ET 大于该临界值时，随着 ET 的增加，产量出现缓慢增加之后趋于稳定甚至降低的变化过程。这也暗示了流域平原区冬小麦产量仍然处于线性增长的区间，水分的增加不会导致 CWP 的降低。

流域尺度水分生产率、产量和 ET 的时间趋势分析结果表明，产量和水分生产率随时间表现出显著的增加趋势，而 ET 增加趋势不明显。一些文献中利用位于该流域平原区试验站点的长时间序列观测结果，得到了类似的结论。徐富安等（2001）发现海河流域封丘县的粮食（玉米）水分利用效率在 1949～1996 年从 0.23kg/m³ 增加到 0.90kg/m³，粮食产量从 20 世纪 50 年代以来增加了 5.98 倍，而耗水仅增加了 28.3％。Zhang 等（2011）发现在栾城冬小麦产量在 1980～1990 年增加了 14.8％，在 1990～2000 年间增加了 21.5％，而相同时期冬小麦 ET 分别增加了 4.0％和 9.9％，产量增加幅度是 ET 增加幅度的 2～3 倍。产量增加的幅度远远大于 ET 变化的幅度，这些文献中也分析了可能的影响因素，结论类似，CWP 提高的主要驱动因子不是 ET 的减少，而是农药化肥使用量、作物品种改良以及有效的农事活动等。

总之，实现流域尺度水分生产率的提高比地块尺度更加复杂。迄今为止，流域 CWP 的提高并非依靠 ET 的减少。从长远来看，流域要提高 CWP，不能简单地依靠节水来实现，应该更多地关注产量的提高。在灌溉工程措施普及的今天及未来，通过节水来实现水分生产率的提高难度很大，这一点为观测实验站多年综合节水措施实施效果所证实。另外，在海河流域现状供水水平下，水分是产量的影响因子，并非决定性因子，产量潜力的增加需要综合考虑水肥的综合调节。

三、节水潜力分析

在水资源缺乏的海河流域，各行业间对水资源需求矛盾激化。作为耗水量大户的农业自然而然成为节水的主要目标。节约的耗水量首先分配经济效益高的工业，然后是生活和环境。2002～2007 年流域水资源亏缺量为每年 62.3 亿 m³，流域内地下水亏缺形势依然严峻。平原区农业耗水量减少 29% 可基本实现该区域地下水的采补平衡。

海河流域通过灌溉工程措施(渠道衬砌、低压管道、微灌和滴灌等)的不断改善增加了灌溉保证率,虽然这些工程措施极大地减少了灌溉取水量,但是在这些工程措施所实现的节水量上引起了不少的争论。很多学者对工程措施的节水进行了深入的剖析(Willardson *et al.*，1994；Seckler，1996；沈振荣等，2004；Jensen，2007),认为在流域水文循环过程中 ET 的减少量才被认为是真正的节约量,工程措施减少的取水量很多情况下在流域内部以其他形式被消耗掉,因此实际的节水量很少。

根据栾城试验站综合节水技术模式的技术报告以及一些文献资料,总结了一些农业措施的节水效果:采取周年秸秆覆盖措施每年可节水 28.2mm,其中冬小麦 14.7mm,夏玉米 13.5mm;采用缩行匀株的农艺措施可以节水约 20～30mm;选用节水高效品种节水潜力 30～40mm,冬小麦抗旱品种可节约 25mm;优化灌溉制度可减少作物耗水 40～50mm,冬小麦减少灌溉次数通过调亏灌溉可节水 30～50mm;冬小麦和玉米减蒸降耗综合节水技术模式可实现节水潜力 30～45mm。种植结构调整(小麦、玉米改种棉花),单位耗水和灌溉需水量可分别降低 19% 和 56%。从全流域来看,冬小麦最大节水量约 18 亿m³,玉米最大节水量为 7 亿方,总计约为亏缺量的 40%。因此单纯依赖于农业节水措施可实现的节水量有限。在小麦-玉米轮作区采用休耕的方式可实现 ET 减少量 320mm,此时节水量达 6.37 亿 m³,然而这种方式对产量的影响也相当大,每年粮食总产减少约 620 万吨(占流域粮食总产量的 12%),严重影响流域的粮食安全。因此,上述分析间接说明南水北调工程对于流域解决粮食安全与水资源可持续发展间的矛盾确实是一个行之有效的方案。

第四节　海河流域基于 ET 灌溉需水量分析

马林等(2011)基于 ETWatch 估算的逐日 ET 数据,采用第五章灌溉需水计算方法计算了河北平原主要作物的灌溉需水量。

河北平原(范围为 E114.18°～117.48°，N36.03°～39.34°)包括其区域内海拔低于100m 的 78 个县市。冬小麦-夏玉米一年两熟是该区域的主要的种植模式,蔬菜、林果、棉花和大豆是该区主要的经济作物。

各种作物的种植面积、耕地面积、有效灌溉面积等数据来自《河北农村统计年鉴》(2002～2007 年),复种指数根据各县的总播种面积和耕地面积计算得到。蒸散发量数据由 ETWatch 系统生成。降水量数据利用河北省 14 个气象站的降雨量数据进行插值,得到整个研究区的降水量。根据 76 个土壤测站的土壤质地测定数据、有机质含量数据计算土壤饱和含水量、田间持水量、萎蔫系数等(Saxto and Rawls，2006)。由于农田面积变化不大,因此利用 2000 年 1：100000 土地利用图来估算 2002～2007 年的农田面积。此数据由中国科学院资源环境科学数据中心提供。

一、灌溉需水量时空格局

通过对 2002～2007 年灌溉需水量的分析发现:华北平原山前平原一带灌溉需水量较高;滨海及东部区域灌溉需水量低,灌溉需水量由西向东逐渐降低的趋势(图 7.7)。山前

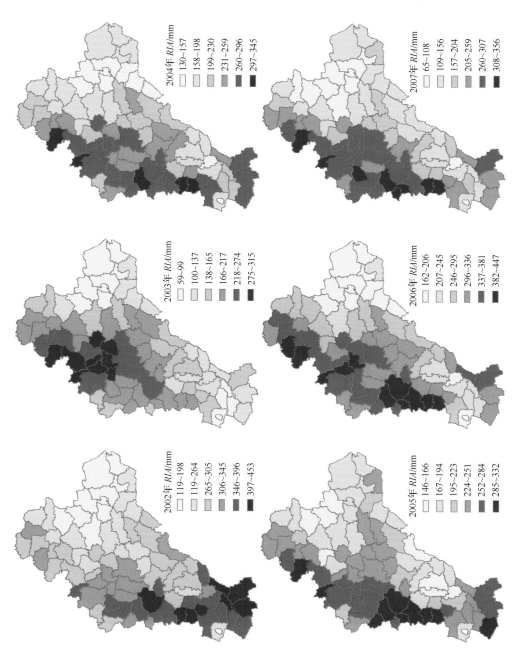

图 7.7　2002~2007 年灌溉需水量的空间分布

平原区、中部平原、滨海区多年平均灌溉需水量分别为 282mm（36.1 亿 m³）、238mm（37.2 亿 m³）和 172mm（9.3 亿 m³）。6 年中，灌溉需水量最高的五个县市分别为徐水县、望都县、南和县、任县和隆尧县，灌溉需水量 300～450mm，灌溉需水量较低的县为黄骅市、沧县、青县、大城县、文安县、任丘市及河间市，灌溉需水量在 60～210mm。

　　由图 7.8 知，山前区域灌溉需水量比较高。大清河淀西平原、子牙河平原、黑龙港及运东平原、大清河淀东平原多年平均灌溉需水量分别为 280mm（11.7 亿 m³）、288mm（22.8 亿 m³）、206mm（26.5 亿 m³）、195mm（11.0 亿 m³）。通过对图 7.8 分析，各个流域的灌溉需水量与当地的种植结构有关。子牙河平原与大清河淀西平原的灌溉需水量较另外两个流域高，其高耗水作物小麦和蔬菜种植面积比例分别高达 0.46、0.49，复种指数也高达 1.62、1.69。大清河淀东平原年均灌溉需水量最低，这与该区种植结构有关。该区高耗水作物小麦和蔬菜种植面积比例较低为 0.39，流域内相对耗水较低作物玉米种植比例最高为 0.33，复种指数最低仅为 1.39（表 7.5）。

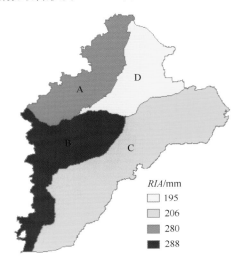

图 7.8　各流域年平均灌溉需水量

A、B、C、D 分别代表大清河淀西平原、子牙河平原、黑龙港及运东平原、大清河淀东平原

表 7.5　各流域作物种植面积占总种植面积的比例及复种指数

平原	小麦	玉米	棉花	蔬菜	大豆	复种指数
大清河淀东平原	0.25	0.33	0.10	0.14	0.05	1.39
大清河淀西平原	0.33	0.32	0.03	0.13	0.01	1.62
子牙河平原	0.36	0.30	0.05	0.16	0.03	1.68
黑龙港及运东平原	0.32	0.27	0.20	0.06	0.03	1.46

　　研究区年平均灌溉需水量在 178～308mm（58.4 亿～98.8 亿 m³）（图 7.9）。灌溉需水量年际间波动较大，在枯水年份 2002 年和 2006 年，年均灌溉需水量分别为 304mm（95.8 亿 m³）和 308mm（98.8 亿 m³）；在其他年份灌溉需水量在 177～229mm，平均值为 211mm（67.3 亿 m³）。说明年际间降水量变化影响灌溉需水量。

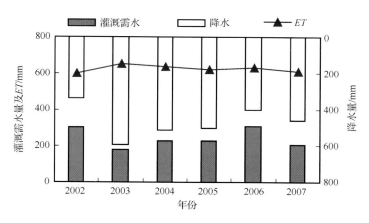

图 7.9　不同年份年均灌溉需水量、降水量和蒸散发量的比较(2002～2007 年)

二、降水对灌溉需水量的影响

由图 7.9 可知,2002～2007 年期间年均降水量为 338～596mm,其中 2002 年为六年中降水最少的年份,年均降雨量仅为 338mm,灌溉需水量高达 304mm;2003 年年均降水量为 596mm,为降水量最多的年份,灌溉需水量仅为 178mm。蒸散发量在 597～651mm,各年间基本持平,并没有显著性的变化。灌溉需水量与降雨量形成此消彼长的趋势。在空间上,灌溉需水量与蒸散发量变化趋势一致。灌溉需水量与降水量变化趋势有一定差异性,在赵县、宁晋县、柏乡县、任县、南和县灌溉需水量最多,降水量并不是最少;临漳县、魏县大名县灌溉需水量较多,降水量最多(图 7.10)。降水量与灌溉需水量之间线性相关关系如下。

$$RIA = 455.08 - 0.45P \tag{7.1}$$

式中, RIA 为年均灌溉需水量,mm; P 为降水量,mm。对式(7.1)进行 F0.01 检验表明,灌溉需水量与降水量之间呈显著负相关关系,其相关系数为 0.591。以上分析也表明,降水量不能完全反映空间上灌溉需水量的变化,需要考虑多重因子对灌溉需水量的影响。

三、种植结构对灌溉需水量的影响

由图 7.11 可以看出,在 2002～2007 年间,玉米播种面积呈缓慢增加的趋势,小麦播种面积除 2003 年和 2004 年略有下降外,其他年份变化不大。棉花、蔬菜和大豆的播种面积在此期间变化亦不大。

小麦种植面积较多的县集中在太行山山前平原区,其中太行山沿线无极县、晋州市、宁晋县、柏乡县、任县、南和县、平乡县、广平县、魏县和大名县小麦播种面积占农作物总播种面积的 0.43～0.47。这与图 7.7 历年来灌溉需水量较多的县吻合较好。

玉米与棉花的种植在区域上呈现互补性,玉米种植面积较多的县多集中在研究区的北部榕城县、安新县、雄县、大城县和泊头市,占总播种面积的比例在 0.42～0.48 (图 7.12)。相反,玉米种植面积较少的县即棉花种植较多的地方多集中在邢台地区的南宫市、广宗县、威县和邱县(0.45～0.61),这些区域对应的年灌溉需水量较少,这与棉花种

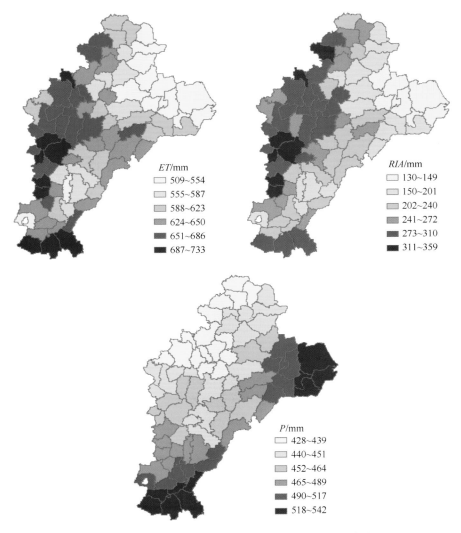

图 7.10 多年平均蒸散发量（ET）、灌溉需水量（RIA）和降水量（P）

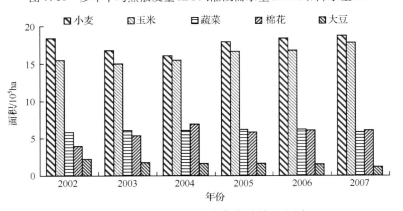

图 7.11 2002～2007 年作物种植面积图

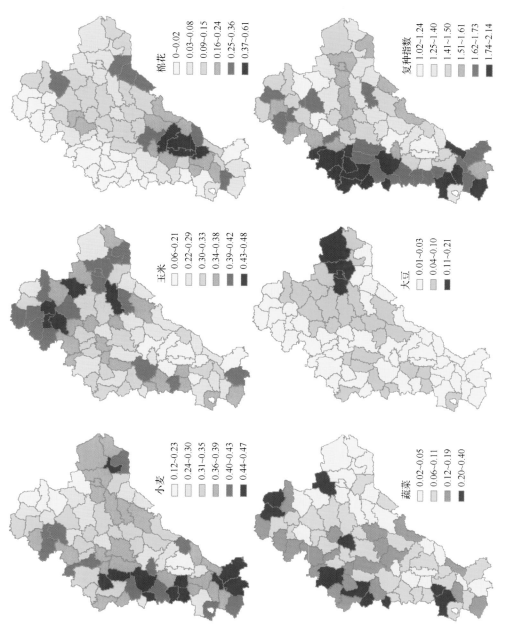

图 7.12　各县作物种植面积占总种植面积的比例及复种指数分布图

植区一年一作比较节水相关;蔬菜种植面积大的区域多分布在大城市周边;研究区域的东北地区主要种植玉米、棉花和大豆,复种指数较低,说明一年一作比较普遍,这与图 7.7、图 7.10 灌溉需水量较低的黄骅市、沧县、青县、大城县、文安县任丘市及河间市吻合;山前平原区复种指数高,小麦玉米一年二作比较普遍,与灌溉需水量高值区域相吻合。

鉴于自然降水对灌溉需水影响较大,为进一步明晰各因子对灌溉需水的影响程度,将研究期内各年度分为降水较少的 2002 年和 2006 年(RIA_1)类、正常降水的 2003 年、2004 年、2005 年、2007 年(RIA_2)类和所有年型即 2002~2007 年(RIA_3)类,对灌溉需水量和小麦、玉米、大豆、棉花、蔬菜、油料作物、水稻种植面积以及降水量各因子的影响(由于复种指数受当地热量、土壤、水利、肥料、劳力和科学技术水平等条件的综合影响且复种指数是由农作物种植面积相加得到的,故未引入回归方程)进行逐步回归。

逐步回归结果表明(表 7.6),在正常年份,小麦和蔬菜的种植面积对灌溉需水量都是极显著的正相关关系,而棉花、大豆、玉米种植面积和降雨量呈负相关关系,表明小麦和蔬菜是灌溉需水较多的作物,对灌溉需水影响明显,而其他大部分作物由于为一年一作,灌溉量明显要少。玉米与灌溉需水呈负相关关系,一方面可能是因为它本身与小麦种植面积重合较多;另一方面是在东部平原地区有一定的一年一作玉米。在少雨年份,各因素对灌溉需水的影响与正常年份基本一致,但棉花对灌溉需水负作用变得不显著,这可能与少雨年份棉花需要的灌溉量也比较大有关。各驱动因子对灌溉需水量的贡献率(标准系数)在不同年份有所不同。从降水正常年份(RIA_2)的回归方程标准系数来看,各因子对灌溉需水的贡献率从大到小依次为小麦种植面积、棉花种植面积、降水、玉米种植面积、大豆种植面积、蔬菜种植面积。而在少雨年份,贡献率从大到小依次为小麦种植面积、降水、大豆种植面积、玉米种植面积。

表 7.6　灌溉需水量(RIA)与驱动因子的多元回归关系

因变量及入选因子	项目	回归方程及因子标准系数	调整的 R^2	显著性	样本数
$RIA_1(W、P、S、M、V)$	方程	$RIA_1 = 390W - 0.50P - 561S - 123M + 79V + 353$	0.637	0	156
	标准系数	W: 0.752, P: −0.429, S: −0.311, M: −0.231, V: 0.164			
$RIA_2(W、P、V、C、S、M)$	方程	$RIA_2 = 190W - 0.28P + 35V - 147C - 376S - 115M + 347$	0.517	0	312
	标准系数	W: 0.479, P: −0.368, V: 0.079, C: −0.369, S: −0.203, M: −0.248			
$RIA_3(P、W、S、V、M、C)$	方程	$RIA_3 = -0.43P + 260W - 417S + 44.528V - 139M - 109C + 401$	0.630	0	468
	标准系数	P: −0.555, W: 0.506, S: −0.191, V: −0.082, M: −0.240, C: −0.215			

注:驱动因子 W、V、S、M、C、P 分别表示小麦、蔬菜、大豆、玉米、棉花的种植面积和降水量。

表 7.7 显示各驱动因子单独对灌溉需水的影响以及各因子之间的相关关系,灌溉需水量与各驱动因素的相关关系可以看出,灌溉需水量和小麦、玉米、蔬菜的种植面积和复

种指数呈极显著的正相关关系,相关系数分别为 0.482、0.261、0.237 和 0.434。灌溉需水量和玉米呈正相关关系的原因是由于玉米和小麦播种面积的高相关性。冬小麦-夏玉米轮作是本研究区域主要的种植制度,玉米与小麦的相关系数达到 0.616,与复种指数的相关系数达到 0.772。所以灌溉需水量和玉米的相关性更多得体现出复种指数的增加对灌溉水的影响。而在多元回归的情况下玉米对灌溉需水量的贡献为负值(表 7.6)。大豆和棉花的种植面积和灌溉需水量的相关系数为负值,分别为 -0.162 和 -0.348,且达到极显著的水平。一方面大豆和棉花为秋收作物,主要的生长季节在雨季,需要的灌水量较少。另一方面,大豆和棉花面积的增加会相应的减少高耗水作物小麦和蔬菜的种植面积,所以大豆和棉花的种植面积与灌溉需水量呈负相关关系。这一结论在图 7.8、图 7.9 中得到印证,除降雨特别少的年份外,种植棉花较多的四个县南宫县、广宗县、威县和邱县的灌水量较小。

表 7.7　灌溉需水量与各种作物种植面积以及复种指数的相关分析

	小麦	玉米	大豆	棉花	蔬菜	复种指数	灌溉需水
小麦	1						
玉米	0.616**	1					
大豆	-0.002	0.048	1				
棉花	-0.463**	-0.658**	-0.273**	1			
蔬菜	0.081	0.134**	-0.159**	-0.331**	1		
复种指数	0.772**	0.560**	-0.071	-0.431**	0.545**	1	
灌溉需水	0.482**	0.261**	-0.162**	-0.348**	0.237**	0.434**	1

** 代表达 0.01 极显著水平。

太行山山前平原一带灌溉需水量较高;滨海及东部区域灌溉需水量低,灌溉需水量由西向东逐渐降低的趋势;山前平原区、中部平原和滨海平原多年平均灌溉需水量分别为 282mm(36.1 亿 m³)、238mm(37.2 亿 m³)和 172mm(9.3 亿 m³)。

年际间灌溉需水量波动较大,在 178~308mm,其中降水较少的 2002 年与 2006 年平均灌溉需水量为 306mm,其他年份年均灌溉需水量为 211mm。

降水、小麦种植面积和蔬菜种植面积是影响灌溉需水量的主要驱动因子,降水量增多可显著减少灌溉需水量,小麦和蔬菜种植面积较多的县灌溉需水量较高,而棉花和大豆种植面积较大的区域灌溉需水量较少。

第五节　大兴区综合节水效果评价

大兴区位于北京市南部的永定河冲积平原区,介于 39°26′~39°50′N,116°13′~116°43′E 之间,南北长约 44km,东西宽约 44km,总面积 1030km²。该区降水量多年平均值为 545mm,地下水可开采量的多年平均值为 2.623 亿 m³,地下水实际开采量的多年平均值为 2.914 亿 m³,地下水埋深由 1980 年的 3.07m 下降到 2009 年的 19.28m。

采用 2007 年 1 月 1 日至 2009 年 12 月 31 日晴朗天气的分辨率为 1km 的 Terra/

MODISLevel1B 数据。气象数据为气象站点 2007 年 1 月 1 日至 2009 年 12 月 31 日的日平均气温、风速、湿度、气压等数据。水文数据为 2007 年、2008 年、2009 年的降水量、径流系数、给水度等数据。多年平均降水量数据采用 1956～2000 年系列的数据。研究区的径流系数和给水度数据来源于北京市世行节水灌溉项目监测评价报告。

一、评价基准值和监测指标

根据海河流域水利管理委员会分配给各区县的目标蒸散量,大兴区在研究时段内的目标蒸散量为 542mm（朱晓春等,2008）。

自 2000 年以来,大兴区内河道基本无水,地表水资源量为零;降水几乎没有形成径流,降水量全部是有效降水量;农业灌溉用水全部是地下水。大兴区 2007～2009 年的地下水理论变幅分别为:−0.19m、0.20m、−1.34m,即大兴区 2007 年地下水水位下降理论值为 0.19m;2008 年地下水水位上升理论值为 0.20m;2009 年地下水水位下降理论值为 1.34m,具体数据及计算结果见表 7.8。

表 7.8　大兴区节水效果评价数据表

年份	P_i /mm	$\bar{P}$ /mm	ET /mm	μ /(m³/m)	ET_0 /mm	ΔH_T /m	$\Delta H_{实际}$ /m	ET_v	ΔH_v
2007	532.0		568.3			−0.19	−0.52	−1	−1
2008	559.1	545	511.0	0.07	542	+0.20	+0.68	+1	+1
2009	451.5		499.9			−1.34	−0.69	+1	+1

利用 ETWatch 系统计算的大兴区 2007～2009 年的年实际蒸散量平均值分别为 568.3mm、511mm、499.9mm。大兴区 2007～2009 年的地下水水位实际变幅分别是 −0.52m、0.68m、−0.6mm。这说明大兴区 2007 年地下水水位实际下降了 0.52m;2008 年地下水水位实际上升了 0.68m;2009 年地下水水位实际下降了 0.69m（见表 7.8）。

二、评价结果分析

基于第五章第三节节水效果评价方法,大兴区 2007～2009 年的蒸散量评价值 ET_v 和地下水水位变幅评价值 ΔH_v 分别为 −1、1、1 和 −1、1、1（见表 7.8）。

蒸散量和地下水水位变幅评价结果表明:大兴区 2007 年的水资源净耗水量（即实际蒸散量）超过该区最大耗水限额（即目标蒸散量）,而且地下水水位的实际降幅大于理论降幅,说明地下水的开采量大于回补量,从而造成供水亏缺以及地下水资源亏损;2008 年的水资源净耗水量（实际蒸散量）小于该区最大耗水限额（即目标蒸散量）,且地下水水位的实际升幅大于理论升幅,说明地下水的开采量小于回补量,这将形成该区域供水盈余和地下水回补的良好局面;2009 年的水资源净耗水量（实际蒸散量）小于该区最大耗水限额（即目标蒸散量）,地下水水位的实际降幅小于理论降幅,这将使该区域供水盈余,地下水位虽然也会下降,但下降的速度将减缓。

大兴区 2007 年的综合节水效果较差,造成水资源亏缺和地下水超采,不利于水资源持续利用;2008 年和 2009 年的综合节水效果较好,促进了地下水回补,有利于水资源持续利用。

根据北京市 2007～2009 年的水资源公报数据，大兴区 2007 年地下水水位下降 0.4m，2008 年地下水水位上升了 0.3m，2009 年地下水水位下降 0.33m。这表明评价结果与地下水观测井的监测结果基本吻合。

以反映耗水控制水平的目标蒸散量和反映地下水持续利用水平的地下水水位理论变幅为评价基准指标，利用遥感监测实际蒸散量和地下水水位实际变幅，采用基准比较法评价区域的综合节水效果的方法是可行的，遥感的评价结果与实际监测结果基本吻合。

第六节　GEF 海河项目流域耗水管理实践

正如第二章所言，海河流域面临着严重的水资源与水环境危机，为改变这一现状，在以往节水灌溉项目已取得经验的基础上，世界银行管理的 GEF 海河流域水资源与水环境综合管理项目，在海河流域及北京市、天津市和河北省的 16 个县（区、县级市）开展了水资源综合管理试点工作，以减少 ET 为主要控制目标，在水资源管理上进行了尝试。河北省馆陶县世行节水灌溉项目自 2000 年开始实施，历时五年，以 ET 管理为基础，全面推行节水措施，取得一定成效，使该地区地下水水位下降的趋势得到有效缓解，其经验值得在海河流域中部平原区推广。

一、规划水平年的耗水平衡分析

依据水量平衡原理进行了流域不同规划水平年的耗水平衡分析。各分项或分类 ET 如下。

生态耗水量包括自然 ET 和人工 ET，其中，自然 ET 是指林地、草地等自然植被的蒸腾蒸发量，面积从遥感数据提取，并与流域综合规划数据进行了校核；人工生态 ET 包括城镇和农村生态补水形成的蒸散发量。

水面的耗水量包括河流、湖泊、水库、坑塘等以及沼泽地中的蒸发量，面积从遥感监测数据提取，并根据综合规划数据进行了校核；水面的人工 ET 仅指水库水面蒸发，其余水面的 ET 为自然 ET。

农业的耗水量是指耕地面积上的耗水量，面积从从遥感监测数据提取并采用统计数据进行了校核。井渠灌区（包括人工灌溉的水田、水浇地、菜田等）的耗水量是指有效灌溉面积上的耗水量，其余为雨养耕地面积上的蒸腾蒸发量。

非农业用地的耗水量包括沙地、盐碱地、河滩地、裸地、沙漠、工矿用地、生活用地等土地利用产生的耗水量。耗水量 ET 仅包括降水降落在该区域形成的蒸发。面积从遥感监测数据提取。

以上生态耗水量、水面蒸发量、非农业用地的耗水量的现状耗水量是从遥感提取数据并根据二元模型调算计算所得；规划水平年 2010 年以上三类耗水量考虑到全流域没有外来水量，经济还要发展，2010 年耗水量基本与现状持平；规划水平年 2020 年考虑有外调水，以上三类耗水量根据模型调算比现状有所增加，但增加幅度不大。

工业耗水量包括二产及三产的耗水量，根据现状的耗水程度、规划的需水口径和未来的生产工艺的发展预测的耗水率分析计算现状和规划水平年的耗水量。

生活耗水量包括城镇生活、农村生活及牲畜耗水。根据现状的耗水程度、规划的需水口径和未来的人口增长、用水定额的增长预测耗水率分析计算计算现状和规划水平年的耗水量。

蒸腾蒸发量 ET 是流域水资源的真正消耗量的理念已得到普遍的共识。由于海河流域水资源短缺,规划水平年 2010 年南水北调不能通水,为了生态环境不能继续恶化,又要维持河流、湖泊、湿地、山区水土保持恢复森林植被和城市景观用水。因此,根据目标 ET 推荐的方案分析计算可以看出,规划水平年 2010 年、2020 年的生态耗水、水面耗水、非农业用地耗水基本与现状水平年持平;工业和生活用水略有增长;主要的节水措施是压缩农业用水。规划水平年不同用水户的水平衡分析结果见表 7.9、表 7.10。

表 7.9 规划水平年 2010 年水平衡分析

项目	子项		类别	目标 2010 年		
				面积/km²	水量/亿 m³	折合水深/mm
来水	合计			320041	1640.36	513
	降雨量			320041	1593.8	498
	入流量			320041	46.56	15
耗水	合计			320041	1673.81	523
	生态		人工 ET	0	6.1	0
			自然 ET	0	826.98	0
			小计	176244	833.08	473
	水面		小计	4921	45.44	923
	农业		人工 ET	75464	184	244
			自然 ET	106593	468	439
			小计	106593	652	612
	其中	井渠灌区	人工 ET	75464	184	244
			自然 ET	75464	339.8	450
			小计	75464	523.8	694
		雨养耕地	自然 ET	31129	128.2	412
	非农业用地		自然 ET	32283	78.8	250
	工业		耗水量		35.9	
	生活及畜牧业		耗水量		28.6	
出流				320041	35.12	11
蓄变量				320041	—68.57	—21

通过对全流域的水量平衡分析可知,流域实施南水北调和目标 ET 管理,在保证流域入海水量等生态需水量的前提下,减少水资源消耗,降低流域蒸腾蒸发(ET)消耗才是实现流域水资源平衡的唯一途径。为了维持河、湖、湿地、山区水土保持恢复森林植被以及城市景观用水和人类活动所需要的水量,就需要对 ET 进行控制管理。

表 7.10　规划水平年 2020 年水平衡分析

项目	子项		类别	目标 2020 年		
				面积/km²	水量/亿 m³	折合水深/mm
来水	合计			320041	1712.8	535
	降雨量			320041	1593.8	498
	入流量			320041	119	37
耗水	合计			320041	1661.01	519
	生态		人工 ET	0	5.7	0
			自然 ET	0	823.29	0
			小计	172826	828.99	480
	水面		小计	4722	45.85	971
	农业		人工 ET	74531	145.51	195
	农业		自然 ET	106593	466.6	438
			小计	106593	612.11	574
	其中	井渠灌区	人工 ET	74531	145.51	195
			自然 ET	74531	334.6	449
			小计	74531	480.11	644
		雨养耕地	自然 ET	32062	132	412
	非农业用地		自然 ET	35899	89.7	250
	工业		耗水量	0	49.55	0
	生活及畜牧业		耗水量	0	34.8	0
出流				320041	51.79	16
蓄变量				320041	0	0

二、馆陶县基于 ET 的水资源管理实践

馆陶县地处河北省南部、邯郸市东部，北纬 $26°27'\sim36°47'$，东经 $115°06'\sim115°28'$ 之间。属暖温带半湿润地区，大陆性季风气候，多年平均降水量 551.6mm，蒸发量 1515.6mm，属于资源性缺水地区。馆陶春季十年九旱，正值小麦返青后的需水季节，河里基本无水；夏季为雨汛期，河水较充沛，作物一般不需要灌溉。

馆陶县行政区划为八个乡(镇)，277 个行政村，耕地 43 万亩，其中中低产田 19.6 万亩，占 42% 以上。农业人口人均耕地 1.6 亩。水浇地面积 40.5 万亩，占耕地面积的 94%。

馆陶县种植业主要是小麦、玉米、棉花、蔬菜和油料作物等。复种指数为 1.55，种植方式主要是小麦-玉米(大豆、花生等秋杂粮)一年两熟制和棉花一年一熟制，以一年两熟制为主。全年农作物播种面积 66.54 万亩，其中小麦播种面积 28.18 万亩，玉米播种面积 23.20 万亩，棉花播种面积 10.84 万亩，大豆播种面积 1.69 万亩，蔬菜播种面积 1.80 万亩。种植结构详见表 7.11。

表 7.11   馆陶县现状种植结构情况表

项目	小麦	玉米	棉花	大豆	蔬菜	其他	小计
播种面积/亩	281820	232019	10.8365	16873	18029	7244	665416
比例/%	66	54	25	4	4	2	155

（一）馆陶县水资源开发利用情况

由于地表水资源短缺、灌溉技术落后、管理粗放，水的利用效率低，农业灌溉可利用量远不能满足农业灌溉用水量，只能靠超采地下水，引起了地下水水位的严重下降。

1. 生产、生活与生态用水量

根据《馆陶县水利年报》《2004 年河北省馆陶县国民经济统计资料》及实际统计数据，2004 年全县有机井 5670 眼，其中超过 150m 的井 260 眼，平均单井控制面积 71 亩。多年平均年用水量 8496.3 万 m^3，其中：农业灌溉用水量 6668 万 m^3，占总用水量的 78.5%，工业生活及其他用水量 1828.3 万 m^3，占总用水量的 21.5%。2004 年全年用水量 7894.5 万 m^3，其中：农业灌溉用水量 6480 万 m^3，占总用水量的 82.1%；工业用水量 330 万 m^3，占总用水量的 4.2%；生活及其他用水量 1084.5 万 m^3，占总用水量的 13.7%。

2. 地下水埋深变化

馆陶县是个农业大县，农业生产是该县的用水大户，馆陶县多年平均农业实际开采量大于地下水可开采量，致使地下水水位持续下降，2001 年以前地下水水位平均每年下降 0.73m。2000 年后馆陶县实施了节水灌溉管理试点，试点区观测井地下水水位下降速率明显减少，平均每年下降 0.23m。

（二）馆陶县 *ET* 控制与管理实践

2000 年开始，馆陶县在世界银行的资助下，开展了贷款节水灌溉项目，在试点区推行耗水管理规章制度建设、工程节水、农业节水和管理节水措施，实施耗水管理（高飞等，2012）。

1. 管理规章制度

（1）法规体系建设。

围绕《馆陶县地下水管理计划》，由县政府先后出台了《馆陶县地下水管理办法》，2000 年 4 月 21 日由馆陶县第十三届人大常务委员会第十六次会议通过。成为邯郸市第一个县级正式法规。2001 年 4 月 10 日，馆陶县人民政府批转了《馆陶县世行节水灌溉项目十里店村机井灌区试点改革实施方案》，2002 年 7 月 5 日馆陶县人民政府推出了《加强深层地下水管理的规定》，在这个文件中，根据主管县长的意见，写入了超计划开采地下水的加价规定。2002 年 7 月 8 日馆陶县水利局向物价局报送了《关于世行项目十里店村灌溉试点改革执行水价的请示》，县物价局批转了这个请示。这也是馆陶县井灌区第一个由县物价局批转执行水价的批文。2004 年 11 月 15 日，馆陶县政府又批转了两个文件即：以 *ET* 为水权决策基线的可操作的《水资源分配与水权体系建设方案》《灌溉用水成本核算与水费计收制度》。

（2）协会管理规章制度。

为使农民用水者协会成为真正的地下水管理组织，真正担负起全县的地下水管理，馆陶县自 2001 年世行节水灌溉项目开始，建立村级农民用水者协会时起就结合项目村的实际情况，通过座谈、调查，帮助指导各级农民用水者协会制定了各种规章制度：按照《用水者协会章程》制定了五个管理制度，即《组织管理制度》、《财务管理制度》、《技术管理制度》和《水价核定和水费计收制度》。

2. 县级 ET 目标与农业节水灌溉

县级目标 ET 的制定是在流域及水资源分区目标 ET 的基础上，根据水量平衡原理确定县级目标 ET。

$$P + W_D + W_入 - W_出 \pm \Delta W - ET = 0 \qquad (7.2)$$

式中，P 为多年平均降水，系列采用 1980～2005 年多年平均降水；W_D 为外调水量；$W_入$、$W_出$ 为重点县的出境、入境水量；ΔW 为地表、地下、土壤水的蓄变量，由于是考虑多年平均情况，蓄变量可计为零。

3. 节水灌溉及 ET 管理的指标

单一作物耗水量 ET_i：即种植一种作物田块上作物蒸腾与棵间蒸发量，通常称作物田间耗水量。由于不同种类作物的生物特性不同，耗水量差异很大；同类作物的品种不同，耗水量也有明显差异；同一种作物，采取不同的灌溉制度、灌溉方式和栽培措施，都对耗水量产生显著影响。因此，在水资源不足条件下，选择作物良种，采取先进灌溉技术和科学灌溉制度配合的节水栽培措施，减少单一作物的 ET 是节水灌溉的关键和基础。

耕地多种作物平均耗水量 $ET_耕$ 为各种作物 ET_i 与种植面积占耕地面积百分比（$\gamma_i = A_i/A_耕$）的乘积累计之和。

$$ET_耕 = \Sigma \gamma_i ET_i \qquad (7.3)$$

水源不足情况下开展节水灌溉，应注重减少耕地多种作物的平均 $ET_耕$。调整农业种植结构，增加农民收入，是农业生产发展的主流和趋势；经济效益高的作物，多半耗水量也较高，为降低水分消耗，取得供耗平衡，须减少耗水量大、经济效益低的作物的种植面积，或对作物采取非充分灌溉，甚至直接缩小灌溉面积。所以，权衡节水灌溉项目区"真实"节水的效果，应以项目区耕地作物平均 $ET_耕$ 与非项目区耕地作物平均 $ET_耕$ 的值进行比较。

规划区域的综合耗水量 $ET_综$ 为规划区域内耕地和非耕地（或灌溉地与非灌溉地）的平均耗水量

$$ET_综 = \Psi ET_耕 + (1 - \Psi) ET_非 \qquad (7.4)$$

式中，$ET_非$ 为非耕地耗水量；Ψ 为耕地面积与规划区总面积之比，也称土地利用系数或耕垦系数。非耕地包括村庄、道路、河渠以及其他设施的占地。

节水灌溉降低 ET，实现水资源量可持续利用目标，主要针对井灌区和井渠结合的地区以及地表水调控利用的灌区；利用河川径流灌溉，灌溉用水量取决于河道来水量和灌区分配水量。在开采地下水灌溉的条件下，由于地下水静储存量巨大，使得灌溉和其他行业用水量有可能超过地下水的天然补给量，为此，须规定限制条件。当地可利用的水资源量包括当地降水量、地表（考虑外调和流出）和地下径流可开发的利用的水量，在设定的一个连续年份段,限定地下水的开采量,不能超过多年平均补给量。

4. 节水灌溉的技术措施

(1)农艺措施。

农艺措施能够培肥地力、抗旱耐碱、提高农作物产量和产品质量,减少水分消耗。馆陶县 2001～2005 年实施世行节水项目,累计秸秆还田 46290 亩,土地深耕深松 16911 亩,农田林网 2421 亩。结合工程措施,平整土地 43342 亩,不仅减少运行管理费用,而且节水效果明显,详见表 7.12。

表 7.12 2001～2005 年世行节水农业支持与服务项目

序号	年份	秸秆还田/亩	深耕深松/亩	农田林网/亩	平整土地/亩	投资/万元
1	2001	6000	5166	90	8342	76
2	2002	14955	10545	186	16340	167
3	2003	12000	1200	150	18660	290
4	2004	8340	—	1245	—	95
5	2005	4995	—	750	—	58
合计		46290	16911	2421	43342	686
年平均		9258	3382	484	8668	137

(2)工程措施。

工程措施主要包括灌溉渠系和建筑物配套,井渠结合,地表水与地下水联合调控利用,平整土地和采用先进灌溉技术,降低灌水定额,减少渠系和田间水分渗漏和流失;控制地下水埋深,减少潜水蒸发等。

工程措施可以控制灌溉水量,改善农田水分条件,提高灌溉效率,降低提水成本,为农艺措施发挥作用奠定基础。

2001～2005 年,馆陶县结合节水项目,累计发展管灌管道长度 793111m,控制灌溉面积 16028 亩;改造机井 338 眼;喷灌管道长度 25740m,控制灌溉面积 3941 亩;滴灌管道长度 74745m,控制灌溉面积 3789 亩,详见表 7.13。

表 7.13 2001～2005 年世行节水水利工程项目

序号	年份	低压管道/m	改造井/眼	喷灌/亩	滴灌/亩	管灌/亩	投资/万元
1	2001	54290	99	1000	1038	8343	393
2	2002	135390	123	140	200	16000	693
3	2003	374983	70	401	1200	25500	975
4	2004	172741	27	2400	51	22300	568
5	2005	55707	19	—	1300	8000	300
合计		793111	338	3941	3789	80143	2929
年平均		158622	68	788	758	16029	586

(3)管理措施。

管理措施主要包括改革灌区管理体制和运行机制,建立健全灌溉管理组织和规章制度,加强工程管理和水文气象监测,实行以供定需,按量收费;改革水价政策,以成本核算水价,利用经济杠杆推动灌区节水;加强宣传教育和技术培训,提高管理人员和用水者的节水意识和技术水平。

管理措施为农艺和工程措施提供法规、政策、制度和人力支持,是措施保障。根据馆陶地区的水源条件、缺水程度、作物的种植结构和经济社会条件,因地制宜,注意协调几种措施的关系。措施实施过程中,一是注重实效;二是关注经济可行性,采取单一或综合措施,达到节水的目标。

(1) 地质分区,建立 ET 与水资源利用量关系,计算各区的耕地 ET、非耕地 ET、综合 ET 和相应的地下水允许开采量;在此基础上按行政区划确定耕地 ET,非耕地 ET,以综合 ET 进行控制。明确各行政分区地下水允许开采量。

(2) 各村按照所有承包户的承包地块面积,把全村的耕地 ET 和相应的允许开采量分摊到户或地块。建立各村、乡(镇)水权水资源(水量)分配档案,贮备到数据库中。村级数据档案中,包括户主、人口、耕地面积、综合 ET、耕地 ET、灌溉水量等;以村级为单位,逐级汇总成乡(镇)级和县级数据。

(3) 成立用水者协会,自己管理自己。用水者协会(WUA)是农民自己的组织,负责及时组织用水户进行农业灌溉、协调各种用水矛盾等事务。通过协会使广大农民用水者参与灌溉管理、实行按方收费、负责田间工程的运行管理与维护,一方面在生产实践中亲自体会到地下水的超采,引起地下水水位的下降、井泵更新、灌溉成本提高,知道加强管理和科学灌溉的重要性。另一方面,用水者协会成员历年亲自进行灌溉成本和效益比较,转变用水户的管理理念,推行种植结构调整,有效降低 ET,实现真实节水,实现水资源的优化配置和合理利用。馆陶县农民用水者协会是世行节水灌溉项目于 2001 年开始引进的,到 2005 年已建成 77 个,其中村级 68 个、乡(镇)级分会 8 个、县总会 1 个。

用水者协会的宗旨:直接参与灌溉管理,实现节水增产和提高农民收入。

用水者协会的职责:制定用水计划,核实灌溉面积,供水管理,工程检查和维修,核准量水设施,水费收取,财务管理,推广节水增产技术,参与工程设计,配合监测工作,向用水者代表大会报告。

用水者协会的管理:制定"用水者协会章程",明确用水者协会的业务范围、权利和义务、资金和资产的使用和管理以及其他规定。

日常管理通过制定组织管理、财务管理、技术管理、水费核定和水费计收等制度进行规范化管理。

经过几年的运行,用水者协会在项目设计和施工、科学灌溉、地下水管理、工程运行管理等方面发挥了积极作用。

5. 以 ET 定额为目标对水量进行分配

如果取水不加以控制,一味取水扩大再生产,势必增大 ET,增加耗水,不符合可持续发展;耗水主要体现在 ET 上,只有降低 ET 的节水,才是真实节水;工业及生活废污水排放监测不仅可以测定水量,还可以进行对水量和水质的有效控制。所以,水权三要素,对于水体系的管理和水市场的运行都是十分重要的。对于取水、耗水、退水(回水)也都是可以测量和控制的,而且可以通过模型来进行分析和计算。

鉴于馆陶县的实际情况,在水量分配上只考虑了取水水量分配。所谓取水水量就是通过工程措施,一个地区可以利用的水量,即区域总水资源量扣除不可控蒸发量后的剩余水量。馆陶 1980～2005 年多年平均降水量为 531.6mm,合 2.42 亿 m^3,其中 18% 入渗成为地下水,即 95.5mm,0.43 亿 m^3;卫西干渠蓄水采用 1980～2005 年多年平均值 733.3 万 m^3,卫河下渗补给量采用 1980～2005 多年平均值 883.3 万 m^3,南水北调水多年平均 560 万 m^3,则馆陶总的水量可分配水量为 6476.6 万 m^3,合 142.0mm,其中地表水 1293.3 万 m^3,地下水 5183.3 万 m^3。

(1)水量分配的方法。

根据馆陶县地下水水文分区类型,计算出各分区的 ET 耕、ET 综相应允许开采量,把各分区分为若干个亚区,并分别计算其 ET 耕、ET 综相应的允许开采量。

把全县各村在图上圈入各个亚区,计算出全县各村 ET 耕、ET 综相应的允许开采量。

各村按照所有承包户承包地块面积,把全村的 ET 耕和相应的允许开采量分摊到各户(地块)。

非耕地的 ET 归全村统一支配,主要用于人畜生活饮水和其他公益事业用水。

在地下水超采区,按照合理性原则,开采利用地下水。如地下水短缺,每个农户要分摊不足部分的相应水量。

馆陶县水量的分配可以分为地表水和地下水水量的分配。水量分配遵循这样的原则:离灌渠或河道近的区域尽量多的使用地表水,避免或少用地下水;附近没有河道或灌渠的区域则主要使用地下水;但整个县范围内的分配水量不得超过可分配水量。

(2)水量分配结果。

① 地表水水量分配。

地表水水量的分配主要考虑了卫河和卫西干渠周边的乡镇对河、渠来水的直接使用,其他离河、渠比较远的乡镇则不使用地表水。地表水水量的分配按灌溉耕地面积多少进行分配,各乡镇地表水分配结果见表 7.14。

表 7.14 馆陶县各乡镇地表水水量分配成果表

名称	小麦	玉米	棉花	分配水量/万 m^3
	面积/亩	面积/亩	面积/亩	
馆陶镇	18652	28011	6815	127.6
柴堡镇	34972	19183	30523	202.0
房寨镇	23531	12113	13019	116.1
魏僧寨镇	29996	18783	19109	162.0
王桥乡	28459	28759	14398	170.9
寿山寺乡	26930	26199	16043	165.1
路桥乡	34154	24850	38984	233.8
徐村镇	20561	14925	12998	115.7
全县	217254	172823	151888	1293.3

② 地下水水量分配。

地下水水量的分配主要给予那些离灌渠或河道远的区域和地表水不够用的区域。各乡镇地下水分配结果见表7.15。5183 万 m³ 地下水为全部地下水量,包含工业、生活用水量。

表 7.15 馆陶县各乡镇地下水水量分配成果表

名称	小麦	玉米	棉花	分配水量/万 m³
	面积/亩	面积/亩	面积/亩	
馆陶镇	12784	14473	9698	449.5
柴堡镇	15946	18861	6270	854.2
房寨镇	8549	6976	7142	484.7
魏僧寨镇	8970	8724	9540	665.4
王桥乡	19001	13514	9548	651.4
寿山寺乡	11932	11400	5016	638.1
路桥乡	12047	16500	9615	973.5
徐村镇	14092	17280	9223	466.7
全县	103321	107728	66052	5183.3

6. 项目实施效果

该县基于 ET 的水资源管理取得了明显的成效,2005 年典型农户灌溉用水量总体低于分配的用水定额,达到了节水目标。

(1) 降低了 ET,提高了水分生产率。

馆陶县开展了 ET 监测:一是由项目技术员监测灌溉用水量,按固定表式记录灌溉用水次数和用水量;二是土壤含水量监测,系统地进行播前收后、雨前雨后和灌前灌后监测;三是降水量监测,以气象部门监测的资料为基础,在典型区、基本点和其他点进行测量,并与气象监测资料对照进行校正。

从 ET 监测结果分析,单一作物 ET、多种作物平均 ET 以及项目区综合 ET 与对照区比较,ET 值都在下降,其中综合 ET 值与多年平均降水量的差距正在逐步缩小。

2005 年典型区十里店、基本监测点北董固村和南于林村对小麦、玉米和棉花的 ET 进行了监测,项目区采取了工程、农业和管理措施等综合节水措施,降低了 ET,实现了节水。十里店、北董固村和南于林村的小麦 ET 分别降低了 10.1%、6.5% 和 7.0%,平均降低 7.9%,降低 ET 31.4mm;玉米 ET 分别降低了 8.4%、4.6% 和 3.3%,平均降低 5.4%,降低 ET 19.5mm;棉花 ET 分别降低了 7.2%、6.9% 和 3.8%,平均降低 6.0%,降低 ET 25.1mm,其结果详见表 7.16。

各监测区多种作物的生长周期的 ET 也均低于对照区,节水效果明显。十里店降低 ET 49.8mm,降低 7.5%,节水 3.32 万 m³;北董固村降低 ET 49.6mm,降低 7.5%,节水 3.4 万 m³;南于林村降低 ET 58.9mm,降低 8.3%,节水 3.5 万 m³,其结果详见表 7.17。

表 7.16 典型小区和基本点单一作物平均 *ET* 表 （单位：mm）

地点	项目	小麦	玉米	棉花
十里店 （典型小区）	项目区	374.4	327.6	466.1
	对照区	386.6	357.6	502.1
	差值	−39.2	−30	−36
	降低百分比/%	10.1	8.4	7.2
北董固村 （基本点）	项目区	374	334.4	472.5
	对照区	399.8	350.4	292.8
	差值	−25.8	−16	−20.3
	降低百分比/%	6.5	4.6	6.9
南于林村 （基本点）	项目区	385.3	367.7	377.9
	对照区	414.4	380.2	497.8
	差值	−29.1	−12.5	−18.9
	降低百分比/%	7.0	3.3	3.8
平均	降低值	31.4	19.5	25.1
	降低百分比/%	7.9	5.4	6.0

表 7.17 各区多种作物平均 *ET* 表 （单位：mm）

地点	监测区平均 *ET*	对照区平均 *ET*	差值	降低百分比/%
十里店	615.6	665.4	−49.8	7.5
北董固村	614.4	664.0	−49.6	7.5
南于林村	650.4	709.3	−58.9	8.3
项目区	625.6	679.6	−54.0	7.9
全县		643.6		

项目区综合 $ET_综 = \Psi ET_耕 + (1-\Psi)ET_非$，式中，$ET_耕$ 为耕地的综合 ET，即各项目区多种作物的平均 ET，根据实际监测得出；$ET_非$ 为非耕地的 ET，按项目区平均 ET 的 0.6 倍数计算；Ψ 为耕地占灌溉面积系数，取 Ψ 为 0.7。

根据实际监测，计算出典型区、基本点、项目区和全县综合 ET，与多年平均降水量 551.6mm（1956～2005 系列）比较，十里店、北董固村节水成效显著，已经低于多年平均降水量；并且比较接近 531.6mm（1980～2005）短系列多年平均降水量。南于林村以及整个项目区节水效果也比较明显，且由于南于林村原灌溉水量大、ET 数据偏高，使得整个项目区综合 ET 仍处于较高数值，节水还有一定潜力。节水结果详见表 7.18。

项目从 2001 年实施到 2005 年，与基线 ET 值比较整体呈下降趋势，在项目条件下，十里店、北董固村、南于林村、项目区和全县 $ET_耕$ 分别降低 77.4mm、67.6mm、44.6mm、64.4mm 和 25.4mm，降低幅度分别达到 11.2%、9.9%、6.4%、9.3% 和 4.0%，平均下降 55.9mm，降幅为 8.2%；$ET_综$ 分别降低 67.1mm、58.7mm、50.7mm、47.2mm 和 20.0mm，降低幅度分别为 11.2%、9.9%、8.1%、7.8% 和 4.0%，平均下降 48.7mm，降幅

为 8.2%。

表 7.18　综合 ET 与平均降水量比较表　　　　　　　　（单位：mm）

地点	监测区综合 ET	对照区综合 ET	差值	降低百分比 /%	$ET_综 - P_平$	
					$P_平 = 531.6$	$P_平 = 551.6$
十里店	534.4	577.5	−43.1	7.5	2.8	−17.2
北董固村	533.3	576.4	−43.1	7.5	1.7	−18.3
南于林村	572.0	624.0	−52.0	8.3	40.4	20.4
项目区	558.2	590.0	−31.8	5.4	26.6	6.6
全县	—	560.7	—	—	29.1	9.1

十里店、北董固村、南于林村、项目区与无项目区对照区比较，$ET_耕$ 分别降低 49.8mm、49.6mm、58.9mm 和 54.0mm，降低幅度分别为 7.2%、7.3%、8.5% 和 7.8%；$ET_综$ 分别降低 43.1mm、43.3mm、52.0mm 和 31.8mm，降低幅度分别为 7.2%、7.3%、8.4% 和 5.3%。项目区与对照区 ET 变化比较详见表 7.19。

表 7.19　项目区与对照区 ET 变化比较表　　　　　　　　（单位：mm）

项目	地点	ET	基线值	2001 年	2002 年	2003 年	2004 年	2005 年	平均
项目区	十里店	$ET_耕$	693.0	649.6	616.0	641.0	577.2	594.1	615.6
		$ET_综$	601.5	583.8	534.7	556.0	501.0	515.6	534.4
	北董固村	$ET_耕$	682.0	665.6	604.6	647.0	556.1	598.6	614.4
		$ET_综$	592.0	577.7	524.8	562	482.7	519.6	533.3
	南于林村	$ET_耕$	695.0	675.6	660.7	698.0	594.5	623.1	650.4
		$ET_综$	622.7	605.3	592.0	625.0	523.2	548.3	572.0
	平均	$ET_耕$	690.0	657.6	627.1	662.0	575.9	605.3	625.6
		$ET_综$	605.4	582.3	550.5	581.0	502.3	527.8	558.2
对照区	十里店	$ET_耕$	693.0	671.7	711.6	674.0	615.9	654.0	665.4
		$ET_综$	601.5	583.0	617.7	585.0	534.6	567.0	577.5
	北董固村	$ET_耕$	682.0	710.6	654.4	677.0	619.6	658.0	664.0
		$ET_综$	583.0	617.0	568.2	588.0	537.8	571.9	676.4
	南于林村	$ET_耕$	695.0	675.6	872.1	710.0	620.4	668.5	709.3
		$ET_综$	622.7	605.3	781.4	636.0	546.0	588.3	624.0
	平均	$ET_耕$	690.0	686.0	746.0	687.0	618.6	660.2	679.6
		$ET_综$	605.4	601.8	655.8	603.0	539.5	575.9	590.0
全县	平均	$ET_耕$	669.0	661.0	639.0	657.0	611.0	647.7	643.6
		$ET_综$	580.7	573.7	554.7	570.3	530.9	570.0	560.7

2001～2005 年，项目区与基线调查的小麦、玉米和棉花五年平均水分生产率分别提高了 0.64kg/m³、0.63kg/m³ 和 0.11kg/m³，相应增长了 53.3%、42.6% 和 17.5%；项目区与对照区的小麦、玉米和棉花五年平均水分生产率分别提高了 0.25kg/m³、0.23kg/m³

和 0.10kg/m³,相应增长了 20.8%、15.5% 和 15.9%。2001~2005 年项目区与对照区水分生产率变化比较详见表 7.20。

表 7.20　2001~2005 年水分生产率分析表　　　　（单位：kg/m³）

项目	地点	作物	基线值	2001 年	2002 年	2003 年	2004 年	2005 年	平均
项目区	十里店	小麦	1.21	2.01	1.95	1.49	2.18	2.29	1.98
		玉米	1.46	1.83	1.88	2.25	2.70	2.52	2.24
		棉花	0.67	0.71	0.87	0.64	0.81	0.76	0.76
	北董固村	小麦	1.20	1.65	1.82	1.42	2.00	2.12	1.80
		玉米	1.50	1.77	2.00	2.13	2.79	2.26	2.19
		棉花	0.59	0.62	0.95	0.75	0.94	0.67	0.79
	平均	小麦	1.20	1.83	1.77	1.44	2.02	2.14	1.84
		玉米	1.48	1.80	1.79	2.00	2.61	2.33	2.11
		棉花	0.63	0.70	0.88	0.66	0.80	0.68	0.74
对照区	十里店	小麦	1.21	1.70	1.67	1.35	1.77	1.75	1.65
		玉米	1.46	1.60	1.44	1.83	2.54	2.25	1.93
		棉花	0.67	0.63	0.60	0.58	0.76	0.63	0.64
	北董固村	小麦	1.20	1.51	1.37	1.36	1.86	1.78	1.58
		玉米	1.50	1.58	1.67	1.87	2.36	2.26	1.95
		棉花	0.59	0.59	0.77	0.59	0.75	0.67	0.67
	平均	小麦	1.20	1.61	1.43	1.37	1.79	1.73	1.59
		玉米	1.48	1.59	1.47	1.76	2.33	2.23	1.88
		棉花	0.63	0.61	0.68	0.59	0.70	0.62	0.64
全县	平均	小麦	1.22	1.72	1.60	1.41	1.91	1.93	1.72
		玉米	1.50	1.70	1.63	1.88	2.47	2.28	1.99
		棉花	0.63	0.66	0.78	0.63	0.75	0.65	0.69

（2）提高了灌溉效益,降低了灌溉定额。

2005 年典型区十里店、基本监测点北董固村和南于林村比无项目区灌溉效益显著提高,小麦、玉米和棉花灌溉水利用系数增幅在 45.4%~54.5%。

项目区两个村庄水利用系数,2005 年与 2000 年比较都有显著提高,小麦、玉米和棉花管灌水利用系数提高 0.25,提高了 45.4%。管灌水利用系数变化详见表 7.21。

表 7.21　管灌水利用系数变化表

地点	灌溉方式	2000 年			2005 年			差值		
		小麦	玉米	棉花	小麦	玉米	棉花	小麦	玉米	棉花
北董固村	管灌	0.55	0.55	0.55	0.80	0.80	0.80	0.25	0.25	0.25
南于林村	管灌	0.55	0.55	0.55	0.80	0.80	0.80	0.25	0.25	0.25

2001~2005 年,项目典型区、基本监测点与无项目区比较,灌溉定额明显下降:在北

董固村实施的喷灌技术,与常规比较,小麦、玉米和棉花的灌溉水量分别下降了 32.2%、19.2% 和 58.9%;在南于林村实施的管灌技术,与常规比较,小麦、玉米和棉花的灌溉水量分别下降了 28.3%、17.5% 和 61.1%。管灌定额变化详见表 7.22。

表 7.22　灌溉定额与实际单位面积灌溉水量比较表　　　（单位：m³/亩）

地点	灌溉方式	2000 年			2001～2005 年平均			差值		
		小麦	玉米	棉花	小麦	玉米	棉花	小麦	玉米	棉花
北董固村	管灌	180	120	180	122	97	74	−58	−23	−106
南于林村	管灌	180	120	180	129	99	70	−51	−21	−110

（3）促进了地下水资源的可持续利用。

通过世行项目的实施,典型监测小区、基本监测点和项目区的开采量都有所下降。

① 典型监测小区实际开采量。

十里店典型监测小区,1999 年项目与对照区平均灌溉定额为 250m³/亩,监测分析相应的灌溉用水量 25 万 m³;2000～2005 年多年平均灌溉定额为 174m³/亩,经监测分析,多年平均地下水开采量 17.4 万 m³。其中:浅层地下水 1999 年平均开采量 0m³/亩,深层地下水平均开采量 250m³/亩。2000 年～2005 年浅层地下水平均开采量 7 万 m³,深层地下水平均开采量 10.4 万 m³（详见表 7.23）。

表 7.23　典型监测小区开采量表　　　（单位：万 m³）

项目 ＼ 年份	1999	2000	2001	2002	2003	2004	2005	平均
灌溉定额/(m³/亩)	250	276	193	244	90	142	99	174
深层水	25	16.6	11.6	14.6	5.4	8.5	5.9	10.4
浅层水	—	11	7.7	9.8	3.6	5.7	4	7
合计	25	27.6	19.3	24.4	9	14.2	9.9	17.4

② 北董固基本监测点实际开采量。

1999 年项目区与对照区综合灌溉定额为 310m³/亩。监测分析计算得相应平均开采量为 31.6 万 m³。2000～2005 年综合灌溉定额为 184.5m³/亩,经监测分析得多年平均开采量为 18.8 万 m³（详见表 7.24）。

表 7.24　北董固基本监测点灌溉开采量表

项目 ＼ 年份	1999	2000	2001	2002	2003	2004	2005	平均
灌溉定额/(m³/亩)	310	237.3	225.9	292	100	160.8	91	184.5
开采量/万 m³	31.6	24.2	23.04	29.78	10.2	16.4	9.3	18.8

③ 南于林基本监测点实际开采量。

1999 年项目区与对照区综合灌溉定额为 256m³/亩,监测分析计算综合平均开采量分别为 23.05 万 m³。2000～2005 年综合灌溉定额分别为 204.3m³/亩,经监测分析得多年平均开采量为 18.4 万 m³（详见表 7.25）。

表 7.25　南于林基本点灌溉开采量表

项目 \ 年份	1999	2000	2001	2002	2003	2004	2005	平均
灌溉定额/(m³/亩)	256	227.8	274.4	332.8	103.3	182.2	105	204.3
开采量/万 m³	23.05	20.5	24.7	29.95	9.3	16.4	9.5	18.4

④ 项目区与全县实际开采量分析。

根据典型区与基本监测点的综合灌溉定额和灌溉统计，推算得出项目区和全县多年平均开采量为 1426.9 万 m³ 和 9498.2 万 m³（详见表 7.26）。

表 7.26　项目区与全县地下水开采量表　　（单位：万 m³）

项目 \ 年份	1999	2000	2001	2002	2003	2004	2005	平均
项目区	2353	1111.2	1222.3	2217.1	888.6	1099.3	1097.1	1426.9
全县	15025	7948.7	8476.6	11758.9	6404	7894	8980	9498.2

⑤ 地下水可开采量分析。

馆陶县 1956～1999 年系列的平均降水量为 548.7mm，多年平均降水量年与各年度降水量和卫运河径流量分别为 550mm 和 2.139 亿 m³（见表 7.27）。

表 7.27　各年度降水量和卫运河径流量表

项目 \ 年份	1999	2000	2001	2002	2003	2004	2005	平均
降水量/mm	445.1	647.7	413.2	382.9	865.2	382.8	712.9	550
径流量/亿 m³	1.64	7.84	3.85	0.7	0.28	0.36	0.3	2.139

根据有关的经验参数和有关研究单位的试验参数，并经回归分析，计算得出各年度地下水可开采量（见表 7.28）。

表 7.28　各年度地下水可开采量　　（单位：万 m³）

项目 \ 年份	1999	2000	2001	2002	2003	2004	2005	平均
项目区	1767.6	1488	1141.2	2039.7	969.2	1252.3	1288.6	1420.9
全县	10034.0	10111.6	7866.6	7469.6	7050.7	9870	9963.8	8909.5

⑥ 地下水平衡分析。

馆陶县节水灌溉项目五年实践表明，与多年平均降水量比较，项目区 $ET_综$ 558mm，与多年平均降水量 551mm 差 7mm，基本相一致。1999～2005 年项目区地下水超采 6 万 m³，地下水开采量与可开采量相差无几。项目区基本实现采补平衡。

全县 $ET_综$ 561mm，与多年平均降水量 551mm 差 10mm，也相差不多。地下水超采

589 万 m³,尚未实现采补平衡。

1999～2005 年各年可开采量情况见表 7.29。1999～2005 年地下水开采与可开采对照见图 7.13。

表 7.29 1999～2005 年地下水开采量与可开采量对照表 （单位：万 m³）

项目		1999	2000	2001	2002	2003	2004	2005	平均
项目区	开采量	2353.0	1111.2	1222.3	2217.1	888.6	1099.3	1097.1	1426.9
	可开采量	1767.6	1488.0	1141.2	2039.7	969.2	1252.3	1288.6	1420.9
	差值	−585.4	376.8	−81.1	−177.4	80.6	153.0	191.5	−6.0
全县	开采量	15025	7948.7	8476.6	11758.9	6404	7894	8980	9498.2
	可开采量	10034	10111.6	7866.6	7469.6	7050.7	9870	9963.8	8909.5
	差值	−4991	2162.9	−610	−4289.3	646.7	1976	983.8	−588.7

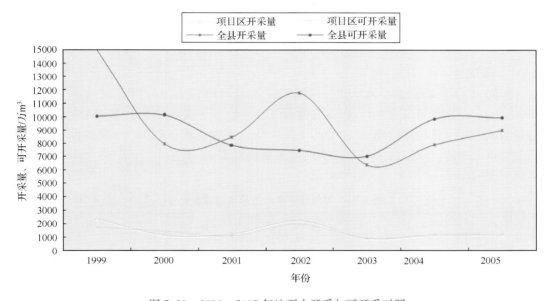

图 7.13 1999～2005 年地下水开采与可开采对照

⑦ 浅层地下水水位。

馆陶县共设置浅层地下水监测井 31 眼,其中项目区 11 眼,根据地下水的监测结果,地下水水位下降年份较多,有的年份水位回升,但下降幅度大大减少。1999～2005 年项目区平均地下水埋深由 19.84m 下降到 19.90m,地下水水位理论降幅为 0.12m,实际降幅为 0.01m,已经基本实现采补平衡;全县地下水水位理论降幅为 0.12m,实际降幅为 0.16m。浅层地下水水位平均埋深对照见表 7.30。1999～2005 年浅层地下水埋深见图 7.14。

表 7.30　浅层地下水水位平均埋深对照表 （单位：m）

项目＼年份	1999	2000	2001	2002	2003	2004	2005	平均下降
项目区	19.84	19.79	19.78	20.7	20.5	20.3	19.9	0.01
全县	19.68	19.7	19.87	21.06	20.88	20.93	20.66	0.16

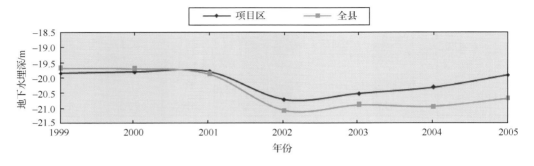

图 7.14　项目区、全县 1999～2005 年浅层地下水埋深

⑧ 深层地下水水位。

2000 年以前，深层地下水水位下降幅度较大，年均降幅 1.5m，到 2000 年平均水位埋深 42.7m。此次世行节水项目，馆陶县共设置深层地下水监测井 3 眼（S-03、S-04、S-05），项目实施五年水位埋深仅降至 43.9m，下降 1.2m，年均下降 0.24m。下降幅度较项目实施前有很大改善。深层地下水水位平均埋深变化见表 7.31。1999～2005 年深层监测井水位埋深见图 7.15。

表 7.31　深层地下水水位平均埋深变化表 （单位：m）

监测井	基准年	2001	2002	2003	2004	2005	平均
S-03	42.4	43.9	47.1	43.7	42.5	44.2	44.2
S-04	44.8	44.3	48.1	43.1	41.5	42.5	43.8
S-05	41.0	43.1	46.4	43.4	42.8	43.0	43.7
平均	42.7	43.7	47.2	43.4	42.2	43.2	43.9

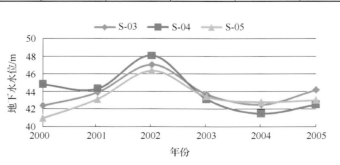

图 7.15　监测井 1999～2005 年深层水位埋深

⑨ 地下水水质保持稳定。

馆陶县分布着咸水区,浅层地下水较为发育,矿化度 1~10g/L,深层地下水矿化度小于 1g/L。水化学类型以重碳酸钾、氯化钾为主,部分有重碳酸钠(钾)、硫酸钠(钾)型。世行节水项目实施六年后,以九眼监测井的平均值计算,地下水各项监测指标趋于稳定,有的有所改善,均符合农田灌溉标准。浅层地下水水质综合指标矿化度由 2000 年的 1.8.g/L 降为 2005 年的 1.6g/L。浅层、深层地下水水质指标变化详见表 7.32、表 7.33。

表 7.32　浅层地下水水质变化表　　　　　　　　　（单位：mg/L）

年份	矿化度	总硬度	总碱度	pH	Ca^{2+}	Mg^{2+}	K^++Na^+	SO_4^{2-}	CO_3^{2-}	HCO_3^-	Cl^-	硝酸盐氮
2000	1825	665.8	620.0	7.0	80.4	112.7	372.8	445.0	0	756.0	235.2	
2001	1014	499.3	563.8	7.6	66.7	80.8	226.5	177.0	0	677.0	129.1	
2002	1351	531.2	614.3	7.4	64.5	88.3	308.3	253.2	0	798.8	162.6	0.1
2003	1584	577.6	618.8	7.8	71.7	97.0	364.6	207.0	0	730.8	144.1	0.2
2004	1556	520.0	554.6	8.0	51.0	95.3	406.9	216.0	0	671.0	225.6	<DL
2005	1550	545.0	603.0	7.7	67.0	96.5	380.0	237.0	0	740.0	189.0	<DL
均值	1480	556.5	595.8	7.6	66.9	95.1	343.2	255.9	0	728.9	180.9	

表 7.33　深层地下水水质变化表　　　　　　　　　（单位：mg/L）

年份	矿化度	总硬度	总碱度	pH	Ca^{2+}	Mg^{2+}	K^++Na^+	SO_4^{2-}	CO_3^{2-}	HCO_3^-	Cl^-	硝酸盐氮
2000	942	229	288	7.5	30.0	37.4	204.0	111.0	0.0	351.0	166.0	
2001	702	183	269	7.9	22.0	40.0	270.0	133.0	0.0	327.0	130.0	
2002	985	225	325	7.9	28.0	38.0	266.0	172.0	0.0	397.0	175.0	
2003	588	113	304	8.5	12.0	11.0	213.0	178.0	0.0	327.0	110.0	<DL
2004	718	142	299	8.4	46.0	23.0	247.0	126.0	0.0	337.0	147.0	<DL
2005	702	133	296	8.4	19.0	21.0	212.0	82.0	0.0	328.0	125.0	<DL
均值	773	171	297	8.1	26.2	28.4	235.3	133.7	0.0	344.5	142.2	<DL

（4）实现了农业增产、农民增收。

项目区 2005 年与 2000 年比较,主要作物小麦、玉米、棉花和蔬菜单产年均递增 11.0%、10.5%、9.8%和 6.1%;人均农业收入方面,管灌、喷灌和滴灌年均递增 6.8%、7.4%和 6.3%。项目区主要作物单产、人均农业收入详见表 7.34、表 7.35。

表 7.34　项目区主要作物单产情况表　　　　　　　　　（单位：kg/hm²）

年份　　项目	2000	2001	2002	2003	2004	2005	年均递增
小麦	4444	6450	6292	6000	7400	7500	11.0%
玉米	5000	6750	6793	6600	7387	8250	10.5%
棉花	703	983	1200	1088	1138	1125	9.8%
蔬菜	58000	68500	77000	78500	75357	78000	6.1%

表 7.35　项目区人均农业收入情况表　　　　（单位：元/人）

年份 项目	2000	2001	2002	2003	2004	2005	年均递增
管灌	1832	1897	2300	1996	2166	2550	6.8%
喷灌	2000	2779	2790	2740	2756	2860	7.4%
滴灌	2500	2900	3025	3550	3294	3400	6.3%

参 考 文 献

高飞,沈香兰,张民. 2012. 基于 ET 的河北馆陶县水权分配与地下水管理. 海河水利,(4)：35～37

海河志编纂委员会. 1998. 海河志(第二卷). 北京：中国水利水电出版社

匡尚富,高占义,许迪. 农业高效用水灌排技术应用研究. 北京：中国农业出版社

李文治. 2009. 关于邢台市棉田立体种植的调研与思考. 现代农村科技. 20：7～8

马林,杨艳敏,杨永辉,肖登攀,毕少杰. 2011. 华北平原灌溉需水量时空分布及驱动因素. 遥感学报,15(2)：324～339.

秦大庸等. 2008. 区域目标 ET 的理论与计算方法. 科学通报,53(19)：2384～2390

沈振荣,汪林,于福亮等. 2000. 节水新概念——真实节水的研究与应用. 北京：中国水利水电出版社

水利部海河水利委员会. 2003. 海河流域水资源规划简介[EB/OL]. [2010-05-01]http://www. nsbd. com. cn/NewsDisplay. asp? Id=68552

水利部海河水利委员会. 2010. 海河流域综合规划. 天津：水利部海河水利委员会

吴炳方等. 2011. 流域耗水平衡方法与应用. 遥感学报,15(2)：282～297

吴炳方,熊隽,闫娜娜,杨雷东,杜鑫. 2008. 基于遥感的区域蒸散量监测方法——ETWatch. 水科学进展,19(5)：671～678

徐富安,赵炳梓. 2001. 封丘地区粮食生产水分利用效率历史演变及其潜力分析. 土壤学报,38(4)：491～497

闫娜娜,吴炳方,杜鑫. 2011. 农田水分生产率估算方法及应用. 遥感学报,15(2)：298～312

杨立信,2009. 水资源一体化管理的基本原则(下). 水利水电快报,30(11)：11～13

于翚,刘思清. 2009. 海河流域地下水超采对洪水的影响研究. 海河水利,(2)：36～39

翟志杰,赵勇,裴源生,周振民. 2009. 徒骇马颊河流域农业节水的水文生态效应分析. 黑龙江水专学报,36(1)：109～112

张福春,朱志辉. 1990. 中国作物的收获指数. 中国农业科学,23(2)：83～87

赵瑞霞,李娜. 2007. 基于 ET 管理的水资源供耗分析——以河北省临漳县为例. 海河水利：44～46

朱新军,王中根,夏军,于磊. 2008. 基于分布式模型的流域水平衡研究. 地理科学进展,27(4)：23～27

Deng X P, Shan L, Zhang H P, Turner N C. 2004. Improving Agricultural Water Use Efficiency in Arid and Semiarid Areas of China. Australia：Proceedings of the 4th International Crop Science Congress

Du X, Wu B F, Meng J H, Li Q Z, Zhang F F. 2010. A method to assess land productivity in Huang-Huai-Hai region using remote sensing. ICMT Proceeding, October 29-31, Ningbo, China

Fang Q X, Ma L, Green T R, Yu Q, Wang T D, Ahuja L R. 2010. Water resources and water use efficiency in the North China Plain：Current status and agronomic management options. Agricultural Water Management, 97：1102～1116

FAO(Food and Agriculture Organization). 2006. FAOSTAT：FAO statistical databases. Food and Agriculture Organization, Rome.

Field C B, Randerson J T, Malmstrom C M. 1995. Global net primary production. Combining Ecology and Remote Sensing, 51 (1)：74～88

Howell T A. 1990. Relationships between crop production and transpiration, evapotranspiration, and irrigation.

Agronomy，A Series of Monographs-American Society of Agronomy，(30)：391～434

Jensen M E. 2007. Beyond irrigation efficiency. Irrigation Science，25(3)：233～245

Kang S Z，Zhang L，Liang Y L，Hu X T，Cai H J，Gu B J. 2002. Effects of limitedirrigation on yield and water use efficiency of winter wheat in the Loess Plateauo of China. Agric Water Manage，55(3)：203～216

Keller A，Seckler D. 2005. Limits to increasing the productivity of water in cropproduction. Calif Water Plan Update，4：178～197

Li H J，Zheng L，Lei Y P. 2008. Estimation of water consumption and crop water productivity of winter wheat in North China Plain using remote sensing technology. Agricultural Water Management，95(11)：1271～1278

Pan X H，Deng Q H，2007. Review on Crop Harvest Index. Acta Agriculture University，29(1)：1～5

Potter C S，Randerson J T，Field C B，et al. 1993. Terrestrial ecosystem production：a process model based on global satellite and surface data. Global Biogeochemical Cycles，7(4)：811～841

Saxton K E，Rawls W J. 2006. Soil water characteristic estimates by texture and organic matter for hydrologic solutions. Soil Science Society of America Journal，70(5)：1569～1578

Stanhill G. 1986. Water use efficiency. Advances in Agronomy，39：53～85

第八章　流域耗水管理展望

第一节　控制 ET 是缺水地区水资源管理的必然选择

一、干旱半干旱地区水资源的主要消耗——ET

在自然条件下,地球上陆域降水的 65% 被森林、草地、湿地、荒山和雨养农业的蒸散发(ET)返回到大气层中,只有 35% 进入河流、湖泊和地下含水层中,成为可被人们直接开发利用的地表和地下水资源(程国栋、赵文智,2006)。进入河流、湖泊和地下含水层中的水资源,被人们用来灌溉农田,大部分又被蒸散发,返回到大气层,因此,ET 是陆地水资源的主要消耗,特别是干旱、半干旱地区。随着人类社会发展,人们不断改变着自然环境,也在不断扩大着对水循环的影响,降水、径流、ET 关系在不断发生变化。

我国多年平均降水量 60000 亿 m^3,多年平均地表和地下水资源总量 28000 亿 m^3,32000 亿 m^3 通过陆面、水面蒸发和植物腾散发 ET 返回到大气中,占总降水量的 53.3%。随着经济社会的发展,ET 在不断增加。人们修筑水库,建设河网,大量开发利用地下水,使水的分布和运动状况发生了很大变化;发展农业灌溉,粮食产量增加,蒸发蒸腾量也随之增加。植树造林、改造荒山、平整土地、修筑梯田,剧烈的人类活动,改变了自然状态下降雨、入渗、径流、蒸发过程。城镇工业、生活用水量不断增加,由矿物能、生物能产生的 ET 也在不断增加,因此 ET 不仅与日照、湿度、风速、气压、土壤、自然植被、地表状况等自然因素有关,还与人们的活动密切相关。28000 亿 m^3 地表水和地下水又有相当一部分形成 ET。如 2005 年,全国大陆降水总量 61010 亿 m^3,较多年平均多 0.3%,地表水和地下水资源总量 28053 亿 m^3,较多年平均多 1.2%,相当于平水年。入海水量和出境水量 23438 亿 m^3,扣除水库蓄水和浅层地下水蓄变量,地表水和地下水又有 4491 亿 m^3 消耗于蒸散发(ET)。

在干旱、半干旱地区,ET 是主要消耗,有的甚至已超过降水量,严重威胁水资源可持续利用和经济社会可持续发展。如海河流域,2002 年为枯水年,降水量只有 400mm,忽略土壤水的变化,根据流域水量平衡,ET 为 453mm,为降水量的 113%,尽管从黄河引水 46 亿 m^3,多利用水库蓄水 16 亿 m^3,仍然超采地下水 107 亿 m^3。2003 年流域降水量为 582mm,为偏丰水年,该年水库蓄变量增加,浅层地下水水位也有所回升,按水量平衡,流域平均 ET 为 588mm,仍略大于降水量。2004 流域平均降水 538mm,为平水年,地下水超采 50 亿 m^3,水库蓄水减少 18 亿 m^3,ET 为 564mm,大于降水 4.8%,如表 8.1 所示。2002~2003 年利用遥感估算 ET 分别为 456mm、557mm、497mm,与水量平衡法计算值基本一致。

表 8.1　海河流域水量平衡法计算 *ET* 成果表

年份	降水		外调水 /亿 m³	水库蓄水 /亿 m³	地下水/亿 m³		入海 /亿 m³	计算 /mm
	/mm	/亿 m³			浅层	深层		
2002	400	1274	46.4	−16.6	−62	−45	5	453
2003	582	1863	36.1	+11.1	+15.3	−25	27	588
2004	538	1722	42	−18.0	−18	−35	42	564
2005	487	1559	37.3	7.1	−36.4	—	24.9	
2006	438	1403	46.3	−8.6	−42.6	—	13.9	
2007	484	1548	42.8	−2.7	−30.4	—	17.1	
2008	541	1729	43.3	6.4	6.5	—	24.7	

注：深层地下水一栏"—"为未统计，一般深层地下水年超采 30。

由表 8.1 可以看出，在目前用水和管理条件下，按水量平衡计算，不论是平水年、枯水年、还是丰水年，海河流域 *ET* 消耗均大于降水量。水资源入不敷出，地下水必然处于超采状态，可持续发展受到威胁。

不同降水产生的自然 *ET* 不同，一般来讲，丰水年产生的 *ET* 要大于枯水年，因为潜在蒸发能力远远大于允许蒸发量。

水资源是可再生资源，也被认为是"取之不尽，用之不竭"的。人们从降水中源源不断获取资源，世世代代，生生不息。因而，水资源是"取之不尽"的。但再生量又是有限的。人们开发利用水资源，只有通过加强管理，将消耗量控制在可再生范围内，水资源才能"用之不竭"。

随着人类社会发展，水资源利用量不断增加，水资源被过度开发利用，特别是人口密集、经济发达的干旱半干旱地区，水资源被过度开发利用，消耗量超出可再生范围，以致造成严重生态环境问题，可持续发展受到威胁。水资源已成为制约社会经济发展的主要矛盾。

水资源处于超量开发利用状态，环境必然遭到破坏在资源性缺水地区，为了维持生态环境，出境水量或入海水量必需优先保障，要实现水资源可持续利用，社会经济可持续发展，只有通过控制 *ET*，使多年平均水资源消耗量小于允许消耗量，实现来水与耗水之间平衡，才能实现水资源可持续利用。

二、水资源管理应由供需管理向耗水管理转变

我国现行的水资源管理是对地表水和地下水进行管理。一般根据水资源量和工业、农业、人民生活对水资源的需要和生态保护要求，在总量控制的原则下，进行供需管理。随着水资源供需矛盾的日益尖锐，管理工作不断深化，在不断加强供水管理的同时，强化了用水管理，既实施总量控制，进行定额管理。对用水定额高的，采取技术、经济、行政手段，使其降低定额，提高用水效率，或压缩其取用水量，将水向用水效率高的部门或产业转移，以期实现水资源优化配置，以有限的水资源保障社会经济发展，维持生态环境。

人类活动不断改变着下垫面，降雨径流关系在不断发生变化。由于水资源开发利用

不断增加,打破了水的自然循环规律,降雨、入渗、产流、汇流、入海关系在不断变化,可调配的地表水和地下水资源量也在随之发生变化。植树造林,绿化荒山,林草树木要维持正在常生长,蒸发蒸腾量必然要增加;山区修建谷坊坝、淤地坝、水平梯田等水土保持工程,水资源被拦截利用,入渗、蒸发量必然要增加,地表径流随之减少;水资源过度开发利用,地下水大量超采,包气带深度增加,改变了降雨入渗及地表水和地下水补排关系。如海河流域,由于人类活动,下垫面发生剧烈变化,特别是地下水严重超采,地表水和地下水资源量呈明显减少趋势。同样降水,20 世纪 50、60 年代与 80 年代以后地表水天然径流量发生了很大变化。

按照 1956～2000 年降水系列,海河流域多年平均降水 535mm,1980 年前平水年降水产生的地表径流都在 200 亿 m³ 以上,1980 年以后降水出现三次平水年,径流量均小于 200 亿 m³,其中 2008 年海河全流域平均降水 541mm,较多年平均多 1%,径流量只有 138 亿 m³,相当于 1980 年前的 55%。枯水年减小幅度更加明显,1980 年前枯水年地表径流不小于 100 亿 m³,2002 年径流量只有 63 亿 m³,相当于 1980 年前一半。且 1980 年后不论是丰水年、平水年还是枯水年,按时间序列排列,地表径流呈进一步下降趋势。1980 年前与 1980 年后海河流域丰平枯不同降雨年降水地表径流比较见表 8.2。

表 8.2　海河流域降雨径流比较表

年型	80 年前			80 年后			备注
	年份	降水/mm	径流/亿 m³	年份	降水/mm	径流/亿 m³	
偏丰年	1958	582	257	1994	578	257	
	1961	590	261	2003	582	131	
	1976	590	237				
	1978	561	276				
平水年	1962	513	257	1991	541	195	
	1966	545	204	2004	538	138	
	1976	530	217	2008	541	127	
	1979	543	244				1994 年滦河大水,滦河入海水量达 47.9 亿 m³
偏枯年	1957	453	160	2000	490	125	
	1960	464	159	2005	487	122	
	1968	424	109	2006	438	96	
	1957	465	179	2007	483	102	
枯水年	1965	357	127	1981	422	104	
	1972	389	112	1999	386	83	
				2002	400	63	

为了合理进行水资源配置,将水资源开发利用量控制在可供水量之内,海河流域水资源规划对流域降水径流关系进行了系统分析,选择山区主要控制站分析,点绘不同年代降水径流关系曲线,对水资源系列进行一致性修正。海河流域各主要控制站 20 世纪 50～70 年代降水与径流关系修正幅度见表 8.3。

表 8.3　海河流域山区主要控制站 20 世纪 50～70 年代径流修正幅度

站名	历年修正幅度/%			站名	历年修正幅度/%		
	最小	最大	平均		最小	最大	平均
下堡	13.4	55.7	25.5	安各庄	9.5	93.0	25.2
三道营	11.9	47.2	18.1	紫金关	5.9	39.4	17.4
张家坟	23.3	38.1	27.9	张坊	4.5	38.7	18.6
戴营	3.5	16.1	6.1	漫水河	5.0	63.0	22.4
密云水库	3.3	37.1	20.0	城头会	12.0	31.7	21.4
苏庄	2.7	34.4	16.6	朱庄水库	8.3	98.2	26.1
张家口	13.8	35.6	22.5	南装	4.3	29.6	12.4
响水堡	11.5	22.3	15.0	地都	9.4	20.8	17.2
石匣里	6.4	23.8	16.2	小觉	2.9	27.2	9.5
册田水库	5.2	21.6	16.1	临城水库	6.1	100	31.5
官厅水库	0.3	23.1	14.2	黄壁庄	5.1	24.5	13.3
横山岭	11.6	100	26.7	章泽水库	0.4	29.2	10.0
王快水库	10.2	72.9	22.8	天桥断	7.5	37.7	20.9
西大洋	8.6	48.2	19.4	观台	4.2	33.2	16.2

注：摘自任宪韶,2007。

　　从表中可以看出,28 个主要控制站平均修正幅度 6.1%～27.9%,地表径流大幅度减少,特别是枯水年。横山岭水库、临城水库等一些控制面积较小的水库测站,20 世纪 70 年代以前,最枯水年也有地表径流入库,目前,枯水年份已经断流,因此,最大修正幅度已达 100%。在相同降水情况下,1980 年后山区地表径流均明显减少,其原因,除降水区域分布、雨型影响外,下垫面变化是重要因素。植树造林,在改善山区生态环境的同时,蒸发蒸腾量必然增加。修建水平梯田、谷坊坝,在拦蓄泥沙同时,地表径流也同时被拦截。蓄存于谷坊坝中的地表径流,部分渗漏补给地下水,大部分又以 ET 形式返回到大气层。梯田、谷坊坝建设标准一般 10～20 年一遇,小于设计标准的径流会全部被拦蓄,控制站实测径流量减少是必然的。随着山区生态环境建设,径流量还将进一步减少。

　　在平原区,降水径流关系变化幅度更加明显。20 世纪 50、60 年代,海河流域平原除涝是水利的重要工作,设计排涝标准一般 5～10 年一遇,低的只有 3 年一遇。20 世纪 80 年代以后,大面积涝灾很少发生。平原基本不产水,对流域供水,湿地保护均产生重要影响。

　　由此可以看出,仅仅对地表水和地下水管理是不够的,水资源管理必须考虑人们的用水行为,考虑人类活动对径流的影响。将 ET 作为水资源管理的控制指标,全面控制水资源消耗,才能保障水资源可持续利用。

第二节　科技进步推动 ET 管理理念的提出

　　近几十年来,随着遥感技术的飞速发展,和遥感估算 ET 模型研究的日趋成熟,应用

遥感技术进行 ET 遥感监测得到了全球水资源研究和管理人员的关注。

传统的 ET 观测,或布设在试验站,抑或是水文站,都为管理水资源、分析 ET、制定灌溉定额等提供了重要依据。然而极少的观测站只能提供有限的信息,在区域监测上的能发挥的作用有限。而遥感监测 ET 技术的出现,覆盖面积大、翔实的数据为水资源管理研究与应用提供了新的信息,如 ET 信息与土地利用、作物分布的结合,提供了区域耗水的格局,可以为节水管理、种植结构调整提供数据支撑。然而,遥感 ET 信息的出现,在人们对该数据逐渐理解和应用的过程中,不断地冲击着传统的水资源观念,加深了对水资源问题的客观认识和理解,促进了研究方法的改进与创新,推动了水资源管理理念的革新。

GEF 海河项目在海河流域的实施正是这个过程的最好见证。遥感估算 ET 作为一种创新技术,通过技术引进、吸收和再创新在海河流域进行了研究与应用。在 2002～2009 年大量的 ET 监测信息提供后,在流域和重点示范县开展了一系列基于 ET 的水资源管理方法的探索,完成水资源管理规划编制。新的信息源使得传统的水平衡方法或水文模型结果出现歧义,在不断的磨合过程中,遥感估算 ET 方法与水文模型都进行了不断的改进,更加合理客观的解释水资源变化。ET 信息的引入使得水资源管理中的问题得以解释,同时对传统的管理方法提出了质疑。如在海河流域投入大量资金的节水灌溉管理措施,实施后节约的水分在哪里? 地下水水位为什么持续下降? 所有的问题再一次被提出和思考,自然而然地提出了耗水平衡方法,并且很清晰的解释这些现象,这也为 ET 管理理念提出提供了有力支撑。在节水潜力评价、节水效果评估以及水资源规划研究的基础上,传统的以供定需的水资源管理理念在水资源问题矛盾突出的海河流域不再适用,ET 管理理念进一步被肯定。如何进行 ET 控制,逐步提出了目标 ET 方法、ET 分配以及基于 ET 的水权估算等研究命题逐步提出。在这一系列问题提出、解决的过程中,形成了面向 ET 管理理念的耗水管理方法体系:在目标 ET 的总量控制下,进行可控 - 不可空 ET 的分解,确定人类可持续的 ET,并按照一定的原则由上至下向县级或灌区分配;在有限的可消耗定额基础上,计算允许的取水量,提出区域水分生产率提高的节水方案,明确水权三要素并通过 ET- 水权转换模型对用水户进行水权分配。通过 ET 的持续动态监测与监控实现既定目标 ET 的控制。

ET 遥感技术是 ET 管理理念的一项基础和核心技术。在海委遥感监测 ET 中心,ET 遥感监测系统负责海河流域每年的 ET 数据生产,这为持续的 ET 信息获取提供了保障。另外,遥感技术的发展为遥感监测 ET 技术的发展提供了强有力的信息源支持。在我国,已经发射了多颗遥感卫星,从静止气象卫星到极轨卫星,从光学到热红外、微波,无论是时空分辨率、光谱分辨率,还是辐射分辨率,都有着长足的进步。这些数据源为开展不同尺度的 ET 监测提供了数据源保障,结合降水、土地资源开发利用、水资源配置、作物结构、粮食产量等,可为水资源管理提供重要辅助手段,促进 ET 技术在流域管理中的应用,也将进一步促进 ET 管理理念和方法的完善。

第三节　建立以控制 ET 为目标的水权制度

为了适应国家经济社会发展的宏观战略目标以及经济社会发展对水利的要求,我国的治水理念在发生变化,正在逐步由工程水利向资源水利、传统水利向可持续发展水利转变。在这些转变和改革中,水权制度建设成为最根本的制度建设。

一、水权及水权体系

我国已建立以《中华人民共和国水法》(简称《水法》)为核心的水资源管理体系。按《水法》规定,水资源属国家所有,水资源所有权由国务院代表国家行使。国务院水行政主管部门负责全国水资源的统一管理和监督工作。流域与区域结合,城市与农村统筹,开发利用与节约保护相协调。

国家对水资源依法实行取水许可制度和有偿使用制度。按照取水许可规定,"实施取水许可应当坚持地表水与地下水统筹考虑,开源与节流相结合,节流优先的原则,实施总量控制与定额管理相结合","流域内批准的取水的总消耗量不得超过本流域水资源可利用量","直接从江河、湖泊或者地下取用水资源的单位和个人,应当按照国家取水许可制度和水资源有偿使用制度的规定,向水行政主管部门或者流域管理机构申请领取取水许可证,并交纳水资源费,取得取水权",水权是指水资源的所有权和使用权。

二、以控制 ET 为目标的水权制度

ET 是水资源的绝对消耗,基于 ET 的水资源管理是水资源消耗权的管理,从水量上讲,也可以说是是真正意义上的水权管理。

《水法》规定水资源指地表水和地下水。广义水资源包括地表、地下重力水和被森林、草地、雨养农业消耗的土壤水,前者也称之为蓝水,后者称之为绿水。蓝水与绿水是可以互相转化的,如前所述,人们改变土地利用方式,下垫面发生变化,同样的降水产生的蓝水不同,人们开发利用水资源,发展农业灌溉,使蓝水转化为绿水。基于 ET 的水资源管理,是对蓝水和绿水的统一管理,是水资源管理内涵的发挥和延伸。

因为 ET 不仅与人们用水行为密切相关,还与自然降水分布有关。如农业用水,同样的取用水量,不同的灌溉形式 ET 不同,对地下水的补给也不同。若采取渠道衬砌,管道输水等节水措施,灌溉水利用系数会明显提高,对地下水的补给相应减少。如采用喷灌,灌溉定额较小,只湿润作物根系活动层,对地下水补给量为零,则灌水全部形成 ET。反之,渠道渗漏,田间渗漏,则会补给地下水,灌溉水没有被全部消耗。不同用水方式 ET 不同,对水资源有着不同影响。

ET 与土地利用和区域环境密切相关。农业生产 ET 可通过灌溉水来调节,在干旱缺水地区只灌关键水,尽管不能取得最高产量,但可以争取最大水分生产率。自然 ET,环境生态 ET 较难控制,但采取必要措施,也可收到一定效果。不同区域自然条件不同,环境自然消耗的 ET 也不同,因此,需要研究 ET 与降水、ET 与区域生态环境,与可调控水量(地表水与地下水)关系,以为科学合理分配 ET 建立科学基础,实现社会公平。

以 ET 为中心的水权制度,是一个科学的制度,是对水资源全方位管理。以 ET 为基础进行水资源配置,不仅要考虑生产、生活、生态三生间地表水和地下水资源配置,而且要兼顾生态环境的自然生态的消耗,要考虑地表水、地下水和 ET 之间转化关系。如水土保持生态环境建设,植树造林,育草封沙,对减少水土流失,改善生态环境,保障经济社会可

持续发展,以及改善人们生活等方面均具有重要作用,但同时必然增加蒸发蒸腾量,增加水资源消耗,从而改变地表水和地下水资源量,改变人类允许消耗的水资源量。

我国水资源管理实行总量控制和定额管理制度,地表水和地下水资源量随着人们的用水行为而变化,而一个流域、一个地区在来水量一定情况下,可消耗水量,或目标 ET 是一定的,将 ET 控制在目标 ET 允许范围之内,才是水资源可持续利用的保障。

控制 ET,首先要制定目标 ET。利用遥感监测的现状 ET 确定流域综合 ET,以当地水资源条件为基础,以多年平均降雨量为控制,实行供水和耗水之间的平衡。首先在流域层上实行基于 ET 的流域尺度水平衡分析,总量上给出 ET 管理目标,以表征当地可允许耗水量;利用水资源模型,将目标 ET 分解到更小单元,这些单元可以是子流域也可以是不同行政单元,从而达到控制不同层次、不同区域的对水资源需求。

水权不但要明确使用权,更要明确消耗权,发放取水许可证,不仅要明确可取用水量,还要明确可耗水量和必需返回水资源系统的水量及水质,而且将耗水,既 ET 作为重要控制指标,这就要求不仅进行取水管理,还要进行排水管理,实施集取水、耗水和排水于一体的水资源量的全程管理,形成基于 ET 的水资源管理制度。

农业用水许可证的发放,要考虑用水方式对地表水和地下水的影响。农业采取节水措施,要根据措施性质,根据目标 ET 调整允许取水量。如渠道衬砌,渠系水利用系数提高,地下水补给量减少,要根据减少的地下水回归量,适当压缩取水指标。

三、与现行管理制度的关系

建立以 ET 为中心的水权制度,是现行水权制度的延伸。ET 不是水资源管理中直接操作的指标,而是一个控制目标。实施 ET 管理,并不代替现行管理制度,相反,要强化现行制度,控制消耗要通过现行的水资源管理制度来完成,ET 压缩目标要通过发放取水许可证控制取用水来实现。

传统的水资源管理主要是对取用水量进行控制,一般没有耗水量指标,不对排水量提出要求。城镇用水的排水管理,主要是控制水质,要求达标排放,以保护水质和环境,往往为限制污染物排放总量也限制了污水排放。工业用水实现零排放以减少污水处理费用,减少污染,是工业用水管理的努力方向,但取水许可证应该按零排放的标准核定工业区用水量,既应在取水指标中扣除应排放的水量。

农业用水管理,对退水和允许消耗量同样没有控制指标。为了提高水资源利用率,普遍采取节水措施,收到很好效果。农业节水主要采取提高渠系和田间水利用系数措施,多采取渠系衬砌,管道灌溉、喷灌、滴灌及各种田间措施,以减少深层渗漏,在一定的取水量下,往往争取灌溉面积最大化,而忽略灌溉水对地下水补给。由于用水方式的改变,尽管取用水量没有增加,往往减少了渗漏,减少了灌溉水对地下水的补给,增加了蒸发,回归水量减少。因此,对农业用水管理,也需要在现有管理制度上增加控制指标,以目标 ET 核定取水量,以实现水资源可持续利用。

一旦建立起基于 ET 的水权体系,可以通过遥感监测到的 ET 来核查耗水量数据;在遥感监测 ET 过程中,已经有了不同土地利用类和作物类型的 ET,它反映了用水户种植结构类型和种植面积,用 ET 来核定其真实的耗水量。

第四节　节水型社会建设要以控制 ET 为基础

节水型社会建设是一项重要决策，是基于对我国国情、水情的认识和把握，是贯彻科学发展观的重要举措；是从根本上解决我国干旱缺水地区缺水问题，保障经济社会可持续发展的必然选择。

一、节水型社会的内涵

节水型社会本质特征是在一定技术经济条件下，以最小的水资源消耗，取得最大经济、社会、环境效益。

节水型社会要建立以水权、水市场理论为基础的水资源管理体制，不断提高水资源的利用效率和效益，促进经济、资源、环境协调发展。

农业节水要推行节水灌溉方式和节水技术，蓄水、输水工程要采取必要措施减少损失，田间供水，应以提高水分生产率为中心，提高农业用水效率。目前我国单方水（包括降雨和灌溉水）生产粮食只有 1.0kg 左右，而以色列已达到 2.3kg，一般发达国家都在 1.2kg 以上，如果海河流域目前农业用水量水分生产率提高到以色列水平，可多生产粮食 2800 亿斤，工业用水应采用先进节水技术、工艺和设备，降低工业生产用水量。要努力增加水循环利用次数，不断提高水的重复利用率，降低用水定额，同时还要减少用水过程中的跑冒滴漏，减少机会 ET 的产生。

生活用水，应大力推广节水器具，既要方便生活，又要减少水资源使用量，减少浪费，同时要采取必要措施减少机会 ET 消耗。要健全废污水收集系统，在减少废污水对环境影响的同时，回收资源。目前，大中城市及具有一定规模的建制镇，污水管网系统基本为健全，农村大多没有污水管网，一般就近排放，自然消耗。据统计，海河流域农村生活用水约 20 亿 m³，使用后基本以 ET 形式消耗。分散建设农村污水收集系统并进行处理有一定困难，但具有一定规模的村镇，结合社会主义新农村建设，建设污水收集系统，并进行简单处理，将其用于环境及庭院经济是可能的。

我国北方水资源紧缺地区环境建设要充分考虑水资源条件，要适当控制绿地面积，建设少耗水或不耗水的环境景观。

二、贯彻 ET 管理理念，推进资源性节水

实施耗水管理，要将控制耗水的理念落实到水资源管理的各个环节。

（一）农业节水要以资源性节水为重点

传统的农业节水灌溉的重点是以工程措施为主提高灌溉水的利用率，其观点是认为由于灌溉水利用率的提高所减少的渠系和田间的渗漏量、渠道退水量及田间排水量全部都是节约的水量。就水资源系统而言，这部水量并没有全部损失，仍然存留在水资源系统内或被下游地区以及环境生态所利用。如果把这部分水量认为是节约的水量，全部用于扩大当地的灌溉面积或作他用，不但没有节约用水，反而多耗了水。因此，在资源性缺水

地区,从水量平衡的角度讲,资源性节水量(也常称为真实节水量)应为减少作物蒸发蒸腾量(ET)与其他不可恢复的损失量之和。

农业节水,不是简单的提高水利用系数,也不是简单减少渗漏,更不是减少次灌水定额,从广义水资源讲,减少渗漏也减少了地下水,而是要采取有效措施,减少蒸发蒸腾,既减少ET。减少农业ET有多种措施可以采用,如改变种植结构,改良品种,采用地膜覆盖等措施,提高水分生产率;采取免耕、休耕法以及秸秆还田等减少ET。采取科学灌溉方式和方法,从时间和水量上实行科学控制,也是行之有效的措施。在太行山前浅层地下水全淡区,也可以采取有控制的"大水漫灌",减少灌溉次数,减少棵间表层土壤蒸发,将水储存于包气带土壤中也可达到节水的目地。大田作物区一般不宜采取喷灌节水措施。喷灌不仅消耗能源,而且需要增加灌溉次数,增加ET。

秸秆覆盖是减少ET有效措施,据河北省灌溉中心实验站冬小麦和夏玉米秸秆覆盖对比实验,在灌溉等条件相同的前提下,秸秆覆盖农田与不覆盖相比,冬小麦水分生产率可提高20%以上,夏玉米水分生产率也可提高14%以上,见表8.4、表8.5。

表8.4 秸秆覆盖条件下冬小麦节水效益对比表

项目	产量 /(kg/hm²)	耗水量 /mm	耗水系数 /(mm/kg)	耗水系数减少率 /%	水分生产率 /(kg/mm)
不覆盖	4876.5	360.0	1.107	—	0.903
盖秆6000kg/hm²	5689.5	346.1	0.912	21.4	1.096
盖秆7950kg/hm²	5854.5	347	0.889	24.5	1.25

表8.5 秸秆覆盖条件下夏玉米节水效益对比表

项目	产量 /(kg/hm²)	耗水量 /mm	耗水系数 /(mm/kg)	耗水系数减少率 /%	水分生产率 /(kg/mm)
不覆盖	6234.0	407.4	0.980	—	1.02
盖秆6000kg/hm²	6577.5	376.0	0.857	14.3	1.166
盖秆7950kg/hm²	6762.0	371.3	0.823	19.0	1.214

注:摘自中国可持续发展水资源战略研究报告第4卷。

(二)工业和城镇用水应实行水权三要素管理

实施最严格的水资源管理制度,严格把守三条红线,将取水量、排污量和用水定额控制在允许范围之内,是以水资源可持续利用支持社会经济可持续发展的根本。在干旱缺水地区,在加强废污水管理,控制污水排放的同时,还要重视废污水的收集与处理,以减少无效ET。

在发放取水许可证时,既要明确取用水量,还应明确可以消耗的水量和必须返回到当地水资源系统中的达到一定水质要求的水量,实现一水多用。南水北调中线工程生效后,过黄河水量67亿 m³,相当于海河流域多年平均地表径流量的31%,除去引水渠道水面蒸发,都会成为海河流域有效水资源。南水北调供水目标为城市生活和工业,此水城市用后，又以 90% 的量以污废水的形式排出，处理后可作为农业、生态用水或增加入海水量。以耗水理念进行管理，67 亿 m³ 江水，可以使其产生 130 亿 m³ 的供水效果。若水污染能得到控制，健全污水收集系统，加大处理力度，实行分质供水、优水优用，从 ET 管理角度来看，海河流域水资源形势还是乐观的。

城市污水达标排放是城市实施 ET 管理的前提，排放的污水只有达到某种使用标准，包括能够用于生产或环境，才能成为资源，控制其 ET 消耗才有实际意义。因此，水资源管理要实现质和量的统一管理。

工业生活污水必须达标排放，并通过城市污水处理厂处理使其达到再生利用标准。但目前仍有多条河流污水满河，亟待加强排污管理。

（三）优水优用，统一配置水资源

海河流域地下水严重超采，地下水水位远远超过潜水蒸发深度，优先利用地表水，将水储存于地下有利于减少蒸发，用地下含水层调蓄水资源，不仅可以以丰补歉，还有利于改善地下水环境。用地下水进行多年调节，枯水年适量增加地下水开发量，有利于稳定供水。

优先利用地表水，可有效减少地表水蒸发损失。海河流域水面蒸发不仅大于降水量，也大于一般植被蒸腾量。优先利用地表水、降低水库水位，可缩小水库水面面积、减少水库水面蒸发损失。水面蒸发是流域水资源的绝对损失，水库调度可以实行分段汛限水位，汛期在满足防洪安全的前提下，尽量争取多蓄水、减少洪水下泄，供水则应优先使用水库水。

通过水资源优化调度，特别是通过地表水和地下水联合调度，要尽可能保持地下水供水系统，减少供水成本。目前，农村生活用水主要靠地下水，南水北调实施后，大部分农村供水仍要靠地下水，通过综合措施，把地下水维持在可持续利用水平，有利于保障农村供水和经济社会发展。

农村开发利用地下水，不需要配置工程。维持地下水可持续开采水平，可大量节约水资源配置工程费用和能源，符合科学发展观。

水资源配置管理研究，应与供水系统紧密结合。在地下含水层条件较好中小城市，要通过地下水与地表水联合调解以及回灌等措施，尽可能保持地下水供水能力，使含水层成为水资源配置通道。

（四）利用一切手段减少水资源消耗

城市绿化，植树造林，每年秋天要扫除大量落叶，习惯作为垃圾处理，不仅需要处理费用，而且增加了环境压力。据最新观测成果，采取落叶归根措施，不仅可以覆盖树下表层土壤，减少灰尘，增加肥力，而且可以减少 ET。据天津晚报报道，采取落叶归根措施可以减少 37mm 腾发量。在干旱缺水的海河流域，在严重缺水、靠外流域调水维持生存和发展的天津，通过采取落叶归根措施减少绿化区 37mm 水资源消耗量具有重要意义。在干旱缺水地区应推广这一节水措施，其不仅减少 ET，减少水资源消耗，而且有利于环境改善。秸秆焚烧、落叶焚烧的不良习惯要彻底改变。

三、生态环境建设要考虑水资源支撑能力

干旱缺水地区生态环境建设要充分考虑水资源特点和承载能力。在海河流域,水资源过度开发利用,河流、湿地严重萎缩。永定河等河流常年断流,

恢复湿地要考虑水资源特点。湿地在流域生态环境中具有重要地位,其在维持生物多样性、流域防洪、调蓄水资源、满足人们亲水需要以及调节小气候等方面均具有重要作用。分配一定水量保证湿地生态用水是十分必要的,并且要优先保障。但要具体分析每一个湿地在生态环境系统中的作用,宜有取有舍,慎重对待。海河流域湿地平均 ET 为1100mm 左右,约相当于降水的两倍。我国北方干旱缺水地区,有限的水资源没有条件支持大面积湿地,减少地下水开采量,控制地面下沉比恢复湿地更重要。

水土保持生态环境建设要充分考虑水资源支撑能力。山区植树造林、绿化荒山是保护水土资源改善山区环境的基本措施。造林区选择,要充分考虑立地条件,除要考虑地形、土质、气候等因素外,水资源支撑能力是最基本的立地条件。要避免重复多年造林不见林的尴尬局面。在降水不足以森林生态的地区,宜采取封山措施,靠大自然自我修复能力,辅之以人工措施,改善山区环境。此外,还应从全流域水平衡角度选择水土保持措施,以允许水资源消耗量,既目标 ET 作为控制条件优化安排。

随着社会经济发展,人们生活水平提高,人们对生存环境要求也不断提高。一些地方城镇建设通过增加河湖水面,打造环境景观,以满足了人们"亲水"需要,城镇面貌发生了很大变化,但水资源消耗量也大量增加。在我国南方水资源丰富地区增加河湖水面,无可非议,甚至应尽可能增加水面,增加洪涝水容纳区,但在干旱缺水地区值得商榷。海河流域水资源已入不敷出,过量的开发利用已造成一系列生态环境问题,建设北方水城,增加河湖水面会进一步增加水资源紧张局面。

第五节　需要进一步探索的问题

一、建设天地协同的 ET 集成系统

耗水管理的基础是 ET 遥感监测。目前,流域 ET 遥感监测系统已经建成并正常运行,区域估算模型精度经验证可以满足流域尺度的水资源管理需要。2002 年以来的 ET 动态监测结果已经作为一种新的数据源为水资源规划和管理所使用。然而,在灌区农业水资源管理与灌溉指导中需要更为精细精准的 ET 监测结果,新的需求也意味着需要更加完善的一个监测体系 —— 天地协同的 ET 集成系统的建立,提供不同尺度的高精度 ET 监测数据,满足水资源管理各个业务管理对多尺度信息的需求。建设天地协同的 ET 集成系统重在以下几方面的建设。

在海河 GEF 项目支持下,结合海河流域特点已经成功的建成了三个地表通量观测站,与中国科学院在此区域内的两个通量观测站构成了地面通量观测网络的雏形。但是,与水文和气象观测站相比,站点布设仍然偏少,大部分站点限于平原区的农田。因此,根据流域地形、风向特点,在原有观测站基础上,增加梯度风、为气象站和地表通量观测站,

与现有水文气象、地下水观测网络形成水资源要素观测网络,提供流域水循环要素的实时监测。

遥感与地面观测的结合仅表现在模型参数的标定与验证,未来的研究将充分利用布设的地面实时站观测数据,在地气交换原理支持下,构建遥感与地面的蒸散数据同化模型。

在现有 ET 遥感监测系统基础上,集成嵌入地面通量观测网络的观测站数据收集功能,开发入库与预处理功能,得到遥感与地面协同反演的参数;在 ET 协同反演算法研究的基础上,研发相应的功能模块,并与 ET 遥感监测系统进行集成,构建天地协同的 ET 集成系统,为海河流域水资源管理提供不同尺度的 ET 信息,为决策支持系统的研究与建设提供支持。

二、建立流域耗水清单

流域耗水量包含太阳能耗水量、矿物能耗水量与生物能耗水量,各耗水量都是流域耗水管理的对象。太阳能耗水量又可进一步划分为不可控耗水量与可控耗水量,其中不可控耗水量是由自然生态系统的耗水量,而可控耗水量则是由于人类活动引起的耗水量。由于人类生活水平的提高,城市绿地、景观水面与休闲用地面积需求增强,耗水量也将增加;随着工业化的加速发展,特别是资源性缺水地区矿产与能源的开发,工业需水量也将增长,耗水量随之增加;当前,城市化进程快速发展,城镇人口将迅速膨胀,城市生活用水需求将增长,因此,生物能耗水量也将增加。资源性缺水地区降水稀少,地表水资源匮乏,只有通过超采地下水来满足各行业用水需求,从而引发严重的生态环境危机。因此,水资源缺乏地区不仅需要对其可耗水量进行控制,更需要分行业对各耗水户的耗水过程进行追踪,对耗水量进行监控,建立比较完整的面向水资源缺乏地区流域耗水清单,促进流域水资源的可持续发展。

从整个流域角度,分地区、分行业对耗水状况开展年度调查,建立各行业的各用水户的实际耗水量明细表,以农业为例,可结合遥感 ET 监测与区域地籍数据,建立包含农户姓名、所属于乡镇、地块面积、作物类型、灌溉方式、年度取水量、实际耗水量、目标耗水量与产量信息表;工矿企业,可通过调查的方式,建立包含名称、所属乡镇、工业产品数量、取水量、排水量、实际耗水量与可耗水量等信息;生活耗水量,可以以生产队、社区或企事业单位(如学校、医院等)为单元,通过调查的方式,建立包含名称、所属乡镇、人口数量、取水量、排水量、实际耗水量与可耗水量信息;城市绿地、高尔夫球场与景观水面,通过实地调查与遥感 ET 监测的方式,建立包含名称、所需乡镇、面积、土地利用类型、取水量、实际耗水量与可耗水量信息。在各用水户耗水清单的基础之上,根据其所属行业与行政单元,归纳汇总,建立各行业与各地区的耗水清单。

依据用水户个体、行业与行政单元的耗水现状与目标 ET,分各耗水户耗水的时间变化过程,明确耗水超标大户、行业与区域,从而明确流域耗水管理与监控的对象,采取法律与行政措施相结合的方式,促使高耗水用户采取切实可行的措施,减少耗水量,促进区域水资源的可持续发展。

三、向耗水管理转变

干旱与半干旱地区从"供需平衡"为主导的水资源管理理念转换成以"耗水管理"为主要的流域水资源管理理念在学界越来越被重视,学者们越来越清楚地意识到耗水管理的重要性。王浩等(2009)充分论述了"ET 管理"为核心的水资源管理的必要性与可行性,梁季阳(2011)更是疾呼控制蒸发是解决华北地区缺水的第一要务,但是学界亦有反对声,如清华大学的谢森传教授认为很多 ET 不能测(如裸地、路面、建筑物表面)、测不准(遥感监测无法区分生活与工业 ET)、不可控(环境 ET)、难以操作的(不同类型的 ET 难以区分),因此"ET 管理"是不可行的(谢森传、惠士博,2010)。此外,尽管有大量的事实证明许多工程措施节约的取水量并不等同于"真实节水",其有夸大流域节水潜力之嫌,我国通用的灌溉水利用系数只适用于田间尺度,对区域或者流域尺度并不适用,但是要水利工程的管理者、建设者、用水户接受工程措施节约的水量并不等同于真实的水资源节约的观念阻力很大。原因有两个:①取水量的减少:从水循环单环节水量管理上看,通过水库、渠道防渗措施、农田喷灌等节水措施,确确实实显著地减少了取水量,从供水管理者与农田灌溉者的角度出发,很容易认为减少的取水量可以进一步发展有效灌溉面积的错误想法,他们无法意识到取水量的减少的很大一部分比例是靠"窃取"地下水补给与河道生态与下游地区用水而来,耗水量才是区域水资源的真实需求量,只有减少耗水量才是真正意义上的节水。②利益关系:对水资源供水方而言,通过渠道防渗,供水的传送效率增加,下渗减少,达到终端用水户的水量就越多,那么水资源收取的费用就越大;对于工程建设者而言,水利工程与渠道防渗等节水灌溉工程的投资巨大,从利益的角度出发,会排斥耗水管理的观念;对于用水户,尤其是农田灌溉者而言,其通过采用更加先进的节水措施,减少取水量、回水与渗漏量,可以明显减少水费的支出。

在水资源匮乏的干旱与半干旱地区,改变过去需水管理和用水管理的观念,领会、接受与自觉实践耗水管理的理念需要各方的努力。①进一步提高 ET 监测的精度:以谢传森为代表的学者认为耗水管理不可行的学者最主要的怀疑是对 ET 的可控性与 ET 监测精度的质疑,如通过遥感 ET 监测的方式如何区分农业、工业、生活与生态 ET,因为这些 ET 不仅仅包含用水量消耗的部分,还包含自然降水的消耗(谢森传、惠士博,2010)。复杂下垫面区域 ET 监测精度的问题,据统计遥感反演 ET 的相对精度维持在 85% 左右。这些质疑对推动耗水管理的进行是很好的鞭策,对耗水管理理论的细化与 ET 监测精度提出了更高的要求,要消除这些疑惑,实现以"ET 管理"为核心的水资源管理,为水资源的高效利用进行指导,就必须对复杂的蒸发蒸腾结构和效用做出精确的评价。②加强宣传:对于基层管理人员和技术骨干而言,遥感监测 ET 概念的建立需要一个不断深化的过程,ET 应用和 ET 管理更需要多方面的共同努力才能真正实现。流域与地方水资源管理机构工作人员首先要充分意识到耗水管理是现行水资源管理政策的有益补充,在此基础上加强宣传、教育和培训,让各个部门都能对自我进行耗水管理,行政部门要加强法律和政策的制定,从理念、道德和法律层面对水资源进行管理。③公众参与:由于耗水管理对于公众来说是一个新鲜的事物,政府行政机构的宣传对于认识耗水管理是必要的,但是要实践耗水管理的理念则需要公众的参与,如成立社区咨询委员会、农民用水协会,通过宣传与相关措施让公众明白采用耗水管理是以提高水分生产率为导向,不会降低粮食的产量,不会增加负担,这样公众才会接受耗水管理的理念,到最后自觉的实践耗水管理。④建立示范区:在条件成熟的地区,开展流域耗水管理示范,海河流域馆陶县已经将 ET 应用到水资源的分配中,2004 年馆陶县地下水总补给量为 8076.5 万 m³,合 177mm;总开采量 7894 万 m³,合 173mm,差值为 182.5 万 m³,合 4mm,经回归计算,地下水回升 0.05m。项目区总补给 1214.5 万 m³,合 166.6mm;地下水开采量 1099.3 万 m³,合 150.8mm,差值 115.2 万 m³,合 15.8mm,经回归计算,地下水回升 0.2m。

　　供需平衡的水资源管理方式注重供水、需水管理,而对退水没有进行监管,这刺激了灌溉用水输送与田间节水,从而导致生态用水与下游用水的紧张局势,因此,需要对取水与退水进行双重管理,即在划定某一个区域取水水权大小时,同时也决定了该区域必然的下泄水量(水质),如果用户自行循环利用减少排放量,那么他的取水量也将同时被核减。

　　如果用水户采取了先进的节水措施,确实减少了 ET 的消耗,需要制定相应的经济政策对其进行相应的经济奖励。如美国帝国灌区采取了鼓励休耕以用于水交易,灌区与农民签订协议,每亩地休耕五年可得到约 85 美元的休耕补偿,并为休耕者培训寻找新的就业机会等经济手段的刺激。

参 考 文 献

程国栋,赵文智. 2006. 绿水及其研究进展. 地球科学进展,21(3):221~227

梁季阳. 2011. 控制蒸发是解决华北地区缺水的第一要务. 海河水利,4:1~4

任宪韶. 2007. 海河流域水资源评价. 北京:中国水利水电出版社

孙敏章,刘作新,吴炳方. 2005. 卫星遥感监测 ET 方法及其在水管理方面的应用. 水科学进展,16(3):468~475

王浩,杨贵羽,贾仰文,秦大庸,甘泓,王建华,韩春苗. 2009. 以黄河流域土壤水资源为例说明以"ET 管理"为核心的现代水资源管理的必要性和可行性. 中国科学(E 辑):技术科学,39(10):1691~1701

吴炳方等. 2008. 基于遥感的区域蒸散量监测方法——ETWatch. 水科学进展,19(5):671~678

吴炳方,熊隽,卢善龙. 2009. 海河流域遥感蒸散模型:方法与标定. GEF 海河流域水资源与水环境综合管理国际研讨会

谢森传,惠士博. 2010. 水资源的"ET 管理"是不可行的. 中国水利,39~40

Allen R, *et al*. 2005. A Landsat-based energy balance and evapotranspiration model in Western US water rights regulation and planning. Irrigation and Drainage Systems,19(3):251~268

Schultz G A, Engman E T. 2006. Remote Sensing in Hydrology and Water Management. berlin:springer

Wu B, Xiong J, Yan N. 2008. ETWatch:An operational ET monitoring system with remote sensing. ISPRS Ⅲ Workshop

Chen Y H, Li X B, Shi P J. 2001. Estimation of regional evapotranspiration over Northwest China using remote sensing. Journal of Geographical Sciences,11(2):140~148